你的形象价值百万
你的礼仪价值百万
你的口才价值百万

（上册）

宿春礼　编著

哈爾濱工業大學出版社
HARBIN INSTITUTE OF TECHNOLOGY PRESS

图书在版编目 (CIP) 数据

你的形象价值百万；你的礼仪价值百万；你的口才价值百万：全 2 册 / 宿春礼编著 . -- 哈尔滨：哈尔滨工业大学出版社 ,2017. 10

ISBN 978-7-5603-6329-5

Ⅰ . ①你… Ⅱ . ①宿… Ⅲ . ①个人 - 形象 - 设计 - 通俗读物②礼仪 - 通俗读物③口才学 - 通俗读物 Ⅳ . ① B834.3-49 ② K891.26-49 ③ H019-49

中国版本图书馆 CIP 数据核字 (2016) 第 307942 号

策划编辑　常　雨
责任编辑　陈　洁
出版发行　哈尔滨工业大学出版社
社　　址　哈尔滨市南岗区复华四道街 10 号 邮编 150006
传　　真　0451-86414749
网　　址　http:/ / hitpress. hit. edu. cn
印 刷 厂　三河市同力彩印有限公司
开　　本　880mm × 1230mm　1/32　印张 12　字数 312 千字
版　　次　2017 年 10 月第 1 版　2017 年 10 月第 1 次 印刷
书　　号　ISBN 978-7-5603-6329-5
定　　价　59.00 元（全 2 册）

前言

好形象，好机遇；好礼仪，好人缘；好口才，好前程。形象、礼仪和口才是成就卓越人生必备的三大法宝，缺一不可。

著名的形象设计大师安德鲁·阿加西曾说过：“形象意味着一切。”形象的内容宽广而丰富，它并不是简单的穿衣、外表、长相、发型、化妆的组合概念，而是外表与内在相结合给人留下的印象，一个综合的全面素质的体现。它包括你的穿着、言行、修养、生活方式、知识层次、家庭出身等。它在清晰地为你下着定义：你是谁、你的社会位置如何、你如何生活、你是否有发展前途。

人无礼则不立，事无礼则不成。无论你从事何种行业，无论你身居什么职位，也无论你是男人还是女人，无论你是年轻还是年老，都必须重视礼仪。礼仪是人际交往中通用的一种艺术，是人际交往中约定俗成的示人以尊重、友好的习惯做法。在日常交往与合作的过程中，人们的礼仪是否周全，不仅能显示其修养、素质及形象的优劣，而且还会影响到交际与事业的成功与否。

拿破仑曾经说过：“这世界上投入最小、回报最大的便是礼仪了。”礼仪不仅能够为你赢得他人的尊重与好感，更能够为你赢得成功的通行证。所以，我们在平时生活和工作中应真正地做到“重视礼仪，追求细节”，树好自身形象，维护企业形象。这不仅是要求我们在每个环节都应该讲礼仪、用礼仪，还要把所学礼仪用得恰到好处，那样，我们的工作和生活会更加顺畅，我们的社会也将更加温馨和谐。

人与人之间的竞争是智力的竞争，也是口才的竞争。口才决定了我们的价值，决定了我们的成败。社交的得心应手，求职的轻松过关，推销的业绩倍增，职位的直线上升，谈判的无往而不利等都有赖于一张会说话的嘴。有的人总是吃亏，不是得罪朋友，就是耽误了生意，再不然就是家庭不幸福，大多数是由于他们拙于言辞而造成的。拥有良好的口才是获得生存机会、提高生活品质最有效也是最直接的通道。

我们要在这个社会中立足、发展，就必须练就一副好口才。好口才是一种终生受用的特殊技能，会让我们的生活、工作、事业如虎添翼，锦上添花。

本书共分为三篇，深入解析了形象、礼仪、口才在人生中的巨大价值和重要作用，全面阐述了形象、礼仪、口才的基本原理和法则，指出了提升自我形象、修炼优雅礼仪、练就卓越口才的基本途径和方法，从交际到生活、从求职到工作、从说话到办事、从推销到谈判、从庆典到宴会、从会议到辩论、从商务到旅游、从用餐到酒会、从婚丧寿诞到商务活动等，视野广阔，范围广泛，实例丰富，实用性强，是一本让你的人生走向成功必备的实用宝典。

目录

上册

上篇　你的形象价值百万

中篇 你的礼仪价值百万

下册

下篇 你的口才价值百万

上篇

你的形象价值百万

第一章　好形象造就成功

好形象是成功人生的一种潜在资本

生活中，有人潇洒，人见人爱，有人却哀叹自己满腹才学，无人赏识；有人展现真我，活出精彩，也有人却怨苍天无眼，命运不济。为什么同样生活在这个社会中，却有着不同的境遇、不同的结果呢?

生活经验告诉我们，每个人都想追求完美的人生，但很少有人真正去注意自己在社会交往中的形象。这种形象不仅仅是仪容仪表的刻意修饰，更是温柔的性格、积极的心态、高雅的修养带给人的影响力。

一个注意形象并自觉保持好形象的人，总能在人群中得到信任，总能在逆境中得到帮助，也必定能在人生的旅途中不断找到发挥才干的机会，最终做到时刻用自己的风采魅力影响别人，活出真正精彩和成功的人生。

所以，好形象是人生的一种资本，充分利用它不仅能给你的日常生活添色加彩，更有助于提升你的影响力，助你走向成功。

形象是每个人向世界展示自我的窗口，向社会宣传自我的广告，向别人介绍自我的名片。别人从我们的形象中获取对我们的印象，而这个印象又影响着他们对我们的态度和行为。同时，每个人都在这个最基本的互动过程中追逐着自己人生的梦想，实现着生命的价值。

同时，良好的形象有助于增进人际关系，营造和谐气氛，从而促进你的成功。

红顶商人胡雪岩有一次面临生意上的一个很大危机。他在上海新开张的商行遭到当地商人的联合排挤，不久就波及了大本营杭州。一些大客户生怕胡雪岩垮台，闻风而动，都准备中止和他的生意往来。

这天胡雪岩从上海回来了，他们悄悄躲在暗处观看，想看到胡雪岩灰头土脸的样子。结果他们失望了，他们看到的是衣着光鲜、精神抖擞的胡雪岩。

他们还不放心，又跟踪胡雪岩到他的商行去。他们认为胡雪岩会暂停生意进行整顿。可是胡雪岩的商行不仅没有关闭，而且他还亲自坐镇，在柜台上悠然自得地喝起茶来。这一下子他们糊涂了，一个人遭受这么大的打击，竟然还能够如此地镇定从容。最终，胡雪岩的气度征服了他们，他们又对胡雪岩恢复了信心。

其实，当时胡雪岩的处境已是山穷水尽，就是凭他那镇定自若的好形象，才稳住了糟糕的局面。

有人说："形象是一个人的招牌，坏形象会毁了你的一生，而好形象会令你的影响力迅速提升。"这句话一点不错，如果我们能静下心来，认真地树立起自己的好形象，那就好比给自己的人生打造了一块"金字招牌"，能令你在风高浪险的生命历程中从容地经营和成就人生。

每个人都应该明白，好形象是成功人生的潜在资本，如果能够充分运用，将有助于促进你的成功。

对成功充满渴望，塑造出成功者的气场

20世纪70年代，世界拳王阿里因体重超过正常体重20多磅，速度和耐力大不如前，面临告别拳坛的局面。

1975年9月，4年未登拳台、33岁的阿里与另一拳坛猛将弗雷泽进行第三次较量。当比赛进行到第14回合时，阿里已经精疲力竭，处于崩溃的边缘。他觉得自己随时都有可能倒下，几乎再也没有力气迎战第15回合了。然而，阿里并没有放弃，而是拼命坚持着，他心里知道，对方也和自己一样，已筋疲力尽了。到这个时候，与其说在比气力，不如说在比毅力，比谁对成功的渴望更迫切。他知道此时如果在气势上压倒对方，就有胜出的可能，于是他尽量保持着坚毅的表情和势不可当的气势，双目如电。终于，弗雷泽被阿里的气场镇住，感到不寒而栗，以为阿里体力仍佳。阿里从弗雷泽的眼神中发现了这一微妙的变化，他精神为之一振，更加顽强地坚持着。果然，弗雷泽表示愿意服输。裁判当即高举阿里的手臂，宣布阿里获胜。

凭借对成功的渴望，阿里保住了拳王的称号。但当他还未

走到台中央，便眼前一片漆黑，双腿无力地跪在地上。弗雷泽见此情景，追悔莫及。

很多人总爱抱怨："这里条件太差了，什么事也没法做。"他们的说法即使不是全错，至少也可以说是片面的。为什么要抱怨条件差呢？其实，我们只要把对成功的渴望作为日常状态，把在这种状态下产生的那种强烈的摆脱目前不理想状况的心态作为自己走向成功的锐利武器，就可以拥有成功者的气场，利用它，就可以一路披荆斩棘。

不知你是否发现生活中常有这种耐人寻味的现象：一位漂亮的小姐经常挽着的是一位"貌不惊人"的男士；而一位其貌不扬、说不上有什么风度的女性，旁边伴随的却是一位潇洒英俊的男士。成功的道理也是如此相似。常常一个不受女性注目的男士，也许有着对爱情更为深刻的理解，遇到一个他所喜欢的女性，他总是全力以赴、非常执着地追求，结果，他往往赢得最后的成功。我们去做某事的最佳时机就是当你对成功非常渴望的时候，你的气场也处于非常强势的状态。相反，每一次拖延和迟缓、每一次在思想上的犹豫，都会磨蚀我们的决心，削弱我们的气场。正如阿里对成功迫切的渴望，并因此产生了强大的气场，取得了胜利，而弗雷泽对成功的渴望相对较弱，因而气场不足，最终不战而败。

因此，当你感觉到内心深处有一股不可抑制的激情在汹涌奔流时，当你发现你是那么强烈地渴望去做某事时，当你的理想和自我意识发出无声的呐喊时，实际上这是一种标志，意味着你将开始有能力做某件事，并且必须是立即着手去做它。这就是一种因对成功的迫切渴望而产生的强大气场。

还等什么呢？从现在开始，每天强化自己对成功的渴望，不要让这种高能气场冷却或衰弱，而是要让它不断加强。这样，你就会拥有一个成功的形象，你将会离成功的目标越来越近，直至圆满地实现。

个人魅力是你走向成功的“法宝”

松下电器的创始人松下幸之助就是一个颇具人格魅力的管理者。20世纪20年代末，日本经济很不景气，也影响到松下电器。很多企业都纷纷卷入裁员减薪的浪潮中，可松下既不裁员也不减薪，却毅然减产。这种正直负责的态度和宏伟的气概感染了员工，从而在公司内部自发形成一支促销大军，不久就实现了销空库存、全员生产的局面。

拿破仑·希尔指出：“有魅力的人，人人都爱和他交朋友。和有魅力的人相处总是愉快的，他好像雨天的太阳，能驱除昏暗；人人都乐于为他做事，他也能一个人做别人连做梦都想不到的事。一个人能否成功与他的个人魅力有密切的关系，那些能够成功地创造财富的人往往拥有能招财进宝的个性。良好的个人魅力是一种神奇的天赋，就连最冷酷无情的人都能受到他的感染。”的确，你看见某些人，无论他的职位如何，不管他站在哪里，他总能吸引一群人围绕在他的周围，不管他的头衔是什么，总是不由得令人肃然起敬，渴望结交、认识他。为什么会这样呢？就是因为他具有鹤立鸡群的特质——独特的个人魅力。

通常会遇到这样的情况：一个人可以毫不费力、轻而易举地得到某个职位，而另一个人，虽然可能更优秀、更有才能，但费了九牛二虎之力依旧是徒劳无功。这是为什么呢？显然，有魅力的人格是成功的关键。

个人魅力最引人注目的优点是它能够让你更具吸引力。当人们认为你这个人很有魅力时，他们更有可能采取你所建议的行动步骤。

人格魅力常常不反映在大事上，而是反映在很少有人会注意的细节上。面对一个极好的职位，许多人总是对其所要求的条件感到惊愕，因为这些条件，往往是他们从未想过的品质和性格，例如，优雅的举止、谦恭的态度、乐观的精神，以及亲切且乐于助人的性格等。

有出色的才能，但是却缺乏吸引他人注意的魅力，这样的人是如此之多，以至于我们常常听到老板们说，他们决定不聘用某某应聘者，因为他举止欠佳，或者因为他没有风度。没有什么可以替代个人魅力和优雅迷人的风度。尽管大多数人认为，人的风度是与生俱来的，但事实上是可以后天获得的，只不过你要为此承受烦恼和痛苦，就像要成就任何有价值的事业，你要有所付出一样。可见，一个人的个人魅力对他的成功是十分重要的。打造个人魅力是一种长期的行为，是一个人终其一生都要面对的问题。所以，我们在日常生活和工作中不要忽略自己个人魅力的提升，当你拥有卓尔不群的个人魅力，你的形象更加良好时，你的人生才会更加完美。

一举一动中提升信任度

在人们的心目中，成功者总是更容易让人信任。不管他们出现在哪里，人们总是对成功人士特别信任。所以，说话办事时，如果你要想让别人重视自己，你就要有一些让人信任的表现。想要使自己办起事来更为顺利，你不妨在一举一动中提升自己的信任度，使你更像个成功人士。你可以参考下面的做法：

1.显得充满信心

首先你要展现出自信的姿态，走路时要抬头挺胸，说话时不卑不亢，你可以常用肯定的表情，告诉别人对自己有信心。其次，说话时不要吞吞吐吐，要条理清晰、把话说得清清楚楚，让别人感觉到你对自己言语的信心，因而更加容易对你产生信任感。另外，你要有强劲的行动力，说到做到的人，是人们最愿意信任的人。

2.要诚恳地对待别人

实话实说，是诚恳待人的首要条件。除了说实话，你还要信守诺言，所以，许诺一定要慎重，轻易放弃原则、随意许诺的人也是不值得信任的。另外，你要有自己的见解。你还要以本色示人，不要装模作样，装模作样很容易被人看穿。最后要知道的是，不要怕承认缺点，敢于面对自己弱点的人，最易赢得别人的信赖。

3.不要让人觉得你正处在紧张的状态中

要克服紧张，首先要弄清自己在什么场合容易紧张，例如走进正在开会的房间，在上司面前等。你可以故意多到这种场合去，或者练一套放松体操，坚持每天上床前练习，必有收效；也可以在手腕上套一根橡皮圈，感到自己又要紧张了，就悄悄拉几下。

如果要克服紧张时的习惯动作，先要知道自己的习惯动作是什么。习惯动作都是无意识的、不知不觉中做出来的，所以必须留意才能察觉。还要弄清在什么情况下容易出现这种动作，然后再有意识地克服这种习惯性动作。另外，克服自己的习惯性的紧张要有毅力，别指望长期养成的习惯一朝一夕就可以改掉。

4.注意细节修饰

为了使自己看起来更有风度，你还必须注意服装配饰等的细节问题。如果一套笔挺的西装，上面却有一个肮脏的衣领，他人一定会感到不舒服。袜子也是一样，你坐着与人谈话时，脚会不自觉地伸出去或跷上来，袜子也就会暴露在人前，如果不干净、不整洁，就会让人反感。

头发、牙齿、胡子也是应该经常修饰的部分。头发一定不要过长，否则就容易乱、容易脏，要按时理发，使自己的头发保持一个精神的式样。胡子要经常刮，牙齿要经常刷，口中不要有异味，尤其在出去谈判时一定不要吃有异味的食物。这么认真苛刻地注重自己的外表，也是你对对方的一种尊重。

如果你与对方谈判或请对方为你办某件事情的时候，衣衫不整、头发蓬乱，对方会感到不舒服，进而不利于双方的合作。对于自己的细节要时时注意，因为这些细节蕴含着丰富的内容。比如，像公文包、钢笔、笔记本、名片夹、手表、打火机等最好都要讲究些。

第二章　打造生机勃勃的个人形象

活跃的你，投射出积极自信的气场

刚刚记事时，史泰龙就知道他的父亲是个赌徒，他的母亲是个酒鬼。父亲赌输了，打完母亲再打他；母亲喝醉后，同样也是拿他出气。

在拳打脚踢中，史泰龙渐渐地长大了，他经常是鼻青脸肿、皮开肉绽。他跌跌撞撞上到高中时，便辍学了。接下来，街头鬼混的日子让他倍感无聊，而绅士淑女们蔑视的眼光更让他觉得惊心。

他一次次地问自己：难道自己一辈子就在别人的白眼中度过？在一次又一次的痛苦追问后，他下定决心走一条与父母迥然不同的道路。但自己又能做些什么呢？他长时间地思索着。从政，可能性几乎为零；进大企业发展，学历与文凭是目前不可逾越的高山；经商，本钱在哪里……最后他想到了去当演员，这一行既不需要学历也不需要资本，对他来说，实在是条不错的出路。可他哪里又有当演员的条件呢？相貌平平，又没有天赋，再说他也没受过相关的训练啊！然而决心已下，他相信，即使吃遍世间所有的苦，他也不会放弃。

于是，他开始了自己的“演员”之路。他来到好莱坞，找明星、找导演、找制片，找一切可能使他成为演员的人恳求：“给我一个机会吧，我一定会演好的！”但是，很不幸，他一次又一次地被拒绝了，但他并未气馁。每失败一次，他就认真反省，然后再度出发，寻找新的机会……为了维持生活，他在好莱坞打工，干些粗笨的零活。一晃就是两年，他一共遭到了1,000多次拒绝。面对如此沉重的打击，他不断问自己：难道真的没有希望了吗？难道赌徒、酒鬼的儿子就只能做赌徒、酒鬼吗？不行，我必须继续努力！

于是，他又想到了写剧本。这时的他已不是初来好莱坞的门外汉了，每一次拒绝都是一次学习和一次进步，经过两年多的耳濡目染，他大胆地动笔了。

一年后，剧本写了出来，他又拿着剧本遍访各位导演：“这个剧本怎么样？让我当主演吧！”剧本还可以，至于让他这样一个无名之辈做主演，那简直就是天大的玩笑。不用说，他再次被拒之门外。

在他遭到1,300多次拒绝后，一位曾拒绝了他20多次的导演对他说：“我不知道你能不能演好，但你的精神让我感动，我可以给你一个机会，就让你当男主角，看看效果再说。如果效果不好，你从此便断了当演员这个念头吧。”为了这一刻，他已做了三年多的准备，机会是如此宝贵，他怎能不全力以赴？三年多的恳求，三年多的磨难，三年多的潜心学习，让他将生命融入了自己的第一个角色中。终于，幸运女神就在那时对他露出了笑脸。他的电影创下了当时全美最高票房纪录——他成功了！现在，他已经是世界顶尖的电影巨星。

关于史泰龙，他的健身教练哥伦布曾经做出如此评价：

"史泰龙从来不惧怕失败，他的意志、恒心与持久力都令人惊叹。在逆境中，他善于调整自己的情绪，他是一个行动专家，他从来不让自己情绪低落，从不在消极的思想中等待事情发生，他会主动让事情发生。"确实如此。看吧，谁能保证自己被拒绝1300多次而不灰心呢？史泰龙可以！因为他从来不让自己的情绪低落，一直保持着积极的心态，活跃在好莱坞之间，所以他成功了。

积极、活跃的心态，总有一切正面的特点，如正直、诚实、乐观、勇敢、慷慨、包容等。这也是成功包含的优秀品质。在逆境中，人的情绪总会消极、低沉，但是不要一直活在逆境的阴影里，我们要学会调整自己的心态，积极地从逆境中学习经验，这样，即使身处逆境，我们也能保持一颗活跃的心和积极的心态。

每个人都有积极和消极的时候。积极的心态，可以让人保持活跃、积极进取、百折不挠、创造成功，而消极的心态却是灰色的，会令人失去勇气、走向绝望。因此，我们要像史泰龙一样，保持积极的心态，永远有生机勃勃的正面形象，才能引发我们的正面气场，进而走向成功。

活在不抱怨的世界，维系正面气场

孔雀向王后朱诺抱怨。它说："王后陛下，我不是无理取闹来诉说，您赐给我的歌喉，没有任何人喜欢听。可您看那黄莺小精灵，唱出的歌声婉转，它独占春光，风头出尽。"

朱诺听到如此言语，严厉地批评道："你赶紧住嘴，嫉妒的鸟儿，你看你脖子四周，如一条七彩丝带。当你行走时，舒展的华丽羽毛，出现在人们面前，就好像色彩斑斓的珠宝。你是如此美丽，你难道好意思去嫉妒黄莺的歌声吗？和你相比，这世界上没有任何一种鸟能像你这样受到别人的喜爱。一种动物不可能具备世界上所有动物的优点。我们赐给大家不同的天赋，大家彼此相融，各司其职。所以我奉劝你不要抱怨，不然的话，作为惩罚，你将失去你美丽的羽毛。”

孔雀羡慕黄莺清脆的嗓子，所以抱怨自己为什么没有拥有和黄莺一样婉转、美妙的歌喉，却不知道自己的美本来就让其他动物羡慕。由此看来，实际上抱怨者不是本身拥有的条件不够好，而是自己不知足。很多时候当你不断地抱怨自己拥有的条件和资源少不能取得成功的时候，后来的不成功就会排着长队等着你，接连不断地到来。

然而，生活中偏偏有很多人喜欢抱怨。他们抱怨家人、抱怨朋友、抱怨上司、抱怨同事，仿佛只要与他有接触的事或人他都无一例外地抱怨。他们因为这些抱怨每天都在灰暗的心情下度过，不仅损害了自己的气场，还会伤害他人的气场。这样，在抱怨的世界里，每个人都不再轻松。

一位伟人曾说：“有所作为是生活中的最高境界。而抱怨则是无所作为，是逃避责任，是放弃义务，是自甘沉沦。”不论我们遭遇到的是什么境况，光是喋喋不休地抱怨不已，都注定于事无补，还会把事情弄得更糟，而这绝不是我们的初衷。

当你把大量的精力都用在了抱怨别人或者上天不公的时候，用于努力改变局面的时间就少了。大量的抱怨会让你在自己的抱怨声中不断地肯定自己的不幸，在无形之中会在大脑里形成自己成功的道路为什么这样艰难的想法，以及上天对自己不公的想法，所以在下一次困难来临时，又开始抱怨，而如何去战胜困难，如何找到摆脱这种局面的方法早已经被自己抛之脑后。所以爱抱怨的人更容易失败，而且失败是一个接着一个。

面对生活，永远不要忧虑，不要发牢骚。地底下的种子从不抱怨成长的过程中碰到顽固的石头和沙砾，而是不断地把自己柔嫩的绿芽一点一点向上顶出，透过石头和沙砾，坚韧勇敢地生长着，直到露出地面，长出枝叶，并开花结果。

我们都懂得“天道酬勤”的道理，都知道勤奋是成功的必经之路。其实，勤奋也是让我们远离抱怨的一种捷径。勤奋的人总是会想办法处理问题，忙碌的生活占据了抱怨的时间。勤奋会让我们把抱怨的情绪化为积极的行动去改变生活和工作中的不如意，进而提升我们的生活质量，改变我们的人生。

成功的人身上都有一个特点，那就是少说怨言，多多行动。没有任何抱怨，不仅是一种平和的心态，更是一种非凡的气度，一种超俗的境界。我们要把不满的情绪、抱怨的语言在心中化解，我们要明白生活不仅有苦难、残缺，还有幸福和美好。也只有这样，我们才能维系好自身的气场，使自身拥有正面积极、强大向上的魅力，带给周围人或事物一种有益的感召力和影响力。

永葆进取心，成就美丽人生

乔很爱音乐，尤其喜欢小提琴。在国内学习了一段时间之后，他觉得国内的知识自己已经学习得差不多了，再学习下去也不会有什么进步。于是他把视线转到了国外。但是国外没一个认识的人，他到了那里要怎么生存呢？这些他当然也想过，但是为了自己的音乐之梦，他勇敢地踏出了国门，维也纳是他的目的地，因为那里是音乐的故乡。这次出国的费用家里辛辛苦苦地凑了出来，但是家里的情况他也知道，没有什么钱，学费与生活费是如何也拿不出来了，所以他虽然来到了音乐之都，却只能站在大学的门外，因为他没有钱。他必须先到街头上拉琴卖艺来赚取自己的学费与生活费。人生地不熟的，他必须开始讨生活了。

很幸运，乔在一家大型的商场附近找到一位为人不错的琴手，他们一起在那里拉琴。这个地理位置比较优越，他们挣到了很多钱。

但是这些钱并没有让乔忘记自己的梦想。过了一段时日，乔赚够了自己必要的生活费与学费，就和那个琴手道别了，他要学习，要进入大学进修，要在音乐学府里拜师学艺，要和琴技高超的同学们互相切磋，要在将来登上国家音乐厅在那里献艺。乔将全部时间和精力都投注在提升音乐素养和琴艺之中……

十年后，乔有一次路过那家大型的商场，巧得很，他的老朋友——那个当初和他一起拉琴的人仍在那儿拉琴，而他的表情一如往昔，脸上露着得意、满足与陶醉。

那个人也发现了乔，很高兴地停下拉琴的手，热情地说道："兄弟啊，好久没见啦！你现在在哪里拉琴啊？"

乔回答了一个很有名的音乐厅的名字，那个琴手疑惑地问道："那里也让流浪艺人拉琴吗？"

乔没有说什么，只是淡淡地笑着点了点头。

其实，十年后的乔，早已不是当年那个当街献艺的乔了，他已经是一位世界著名的音乐家，他经常应邀在著名的音乐厅中登台献艺，早就实现了自己的梦想。

我们的才华、我们的潜力、我们的前程，如果没有上进心的催化，没有胆量的推动，很可能只是一场镜花水月，当梦醒来，一切也就醒了。一个没有进取心的人，永远到不了人生的巅峰，不能拥有强大的气场和成功的形象。只有那些永远在追求进步的人，才能历经岁月后成为时代的成功者，正如上文中的乔。

生命是储存罐，里边有各种财宝可以挖掘，但是很多人终生见不到这些宝贝，因为他们总是浅尝辄止，人生总是得过且过，没有持续不断探寻的力量，于是，与这些无尽的生命可能性擦肩而过。所以，如果你想寻到那些别人看不到的风景，就必须学会使用进取心的开罐器。只有用不断的进取心和勇气来同生活抗争，你才能从生命的储存罐里尝到甜头。

莎士比亚说："勇气是在偶然的机会中激发出来的。"剑桥教授也常常这样教育学生。除非你让自己时刻保持一种不断进取、接受挑战的态度，否则，你不要指望自己的身上会时时刻刻体现出巨大的勇气和能量。你也就不能创造一个更成功的形象，创造一个更美好的人生。

所以，请记住在就寝前的每个夜晚，在起床时的每个清晨，你都要对自己说："我会做到的，我能行。"并以此坚定自己的信念，然后带着自信、勇敢不断前进，不断追求，相信任何事情都难不倒你，成功者的形象和美丽的人生必然在前面等着你。

健康体魄是好形象的必要条件

如果没有健康的身体，所有的内涵和美好形象就失去了根本的载体。得体的仪容、优雅的举止、恰当的谈吐、内在的修养都要依附健康的体魄才能得以展现，如果没有了健康，再靓丽的容颜、再卓越的能力都不会存在，人就会像一朵几近枯萎的鲜花，没了让人心动的生命力。健康使人充满生机与活力，让皮肤光洁而有弹性，使动作潇洒而稳健，所以，保持好形象，拥有一个健康的体魄绝对是必要条件。

古希腊哲学家赫拉克里特曾这样指出："如果没有健康，智慧就难以表现，文化无从施展，力量不能战斗，财富变成废物，知识也无法利用。”

试想，一个病怏怏的人，谁能相信他有能力胜任一项重要的工作，更不可能作为领导者去带领一个团队。现代社会需要的是精壮强干的人才，美丽的“病西施”并不受青睐。当人们面对你时，希望看到的是一个脸色红润、面容中透着健康的活力与神采的人，这样别人才会信赖你，才会对你寄予成功的希望与信心。

伟大的人物往往更重视健康，他们有着旺盛的生命力，因而身体中焕发出的生命力是巨大的。这种力量就是布瑞汉姆领主连续工作176个小时的狂热；就是拿破仑24小时不离马鞍的精神；就是富兰克林70岁高龄还露营野外的执着；就是格莱斯顿以84岁的高龄还能紧握船舵，每天行走数公里，到了85岁时还能砍倒大树的力量，凡此种种，无不依赖于健康的身体。

而现在，英年早逝的现象并不少见。有些年轻人还不到30岁，就已显得老态龙钟。他们毫无顾忌地挥霍着宝贵的脑力、才能和体格，还不到中年，他们已经把自己的身体弄得像年久失修的机器。他们损耗脑力的方法更是五花八门，比如，动不动就发怒、烦躁、苦恼、忧郁，这些心理与其他的坏习惯比起来，对生命的损害不知道要厉害多少倍！

有一个非常有名的比喻，名利、金钱等都是“0”，而健康是“1”，有了这个“1”，后面的“0”才会有价值、有意义，而如果没有这个“1”，即使再多的“0”也只代表着一无所有。

那么，保持健康体魄需要何种条件呢？

首先，良好的营养和充分的休息对健康都是很重要的。有句话说“会休息的人才会工作”，拥有健康的体魄，你才能以最大的热忱投入工作，你才会有创造的激情与欲望。

另一方面，一个人对于天生的不尽如人意的身体、容貌，没有必要抱着听天由命的态度。比如，一个肤色不好的人，可以通过经常性的饮食调理和锻炼加以改善。牙齿可以运用手术矫正，姿势可以通过训练使之优美，眼睛也可以通过治疗而显得炯炯有神，等等。

健康是身体外表诸因素中最重要的因素。良好的健康状况，会从一个人的眼神、气色、嗓音以及肌肉运动中显示出来。如果健康状况不佳，缺乏生气，就会给人一种衰弱无力，或者似有隐疾而烦躁不安的印象。

所以，如果你要使自己的形象富有吸引力，首先要保持健康。

精神健康的人，拥有朝气蓬勃的形象

有一个悲伤的小男孩，他认定自己就是这个世界上最不幸的人。他因为患脊髓灰质炎而留下了瘸腿和参差不齐且突出的牙齿。所以他很少与同学们游戏或玩耍，老师喊他起来回答问题，他也低着脑袋一声不吭。

在一个平常的春天，小男孩的父亲从邻居家讨了一些树苗，他想把它们栽在房前。他把孩子们叫了过来，对他们说，谁栽的树苗长得最好，就给谁买一件他最喜欢的礼物。小男孩也想得到父亲的礼物，但看到兄妹们蹦蹦跳跳提水浇树的身影，不知怎么的，心里居然萌生出一种阴冷的想法：希望自己栽的那棵树早点死去。因此浇过一两次水后，再也没去理它。几天后，小男孩再去看他种的那棵树时，惊奇地发现小树不仅没有枯萎，而且还长出了几片可爱的新叶子，与兄妹们种的树相比，显得更嫩绿、更有生气。父亲兑现了他的诺言，为小男孩买了一件他最喜欢的礼物，并对他说，从他栽的树看来，他长大后一定能成为一名出色的植物学家。

从那以后，小男孩慢慢变得乐观向上起来。

一天晚上，小男孩翻来覆去睡不着觉，忽然想起生物老师说过植物一般都在晚上生长，他就起身准备去看自己的小树会不会也在晚上长出一截来。当他轻手轻脚来到院子里时，却看见父亲用勺子在向自己种的那棵树下浇洒着什么。顿时，他明白了一切，原来父亲一直在偷偷地为自己栽的那棵小树施肥！他的眼泪悄悄流了下来。

几十年过去了，那瘸腿的小男孩虽然没有成为一名植物学家，但他却成为美国总统，他的名字就叫富兰克林·罗斯福。

身体健康很重要，事实上，精神健康同样重要。只有精神健康，才能充满活力，积极向上，不仅给别人朝气蓬勃的印象，也可以使自己干什么都有精神。甚至，精神健康在某种程度上比身体健康还重要。一旦精神健康被激发，其强大的气场势不可当，身体上的缺陷就显得微不足道了。

那么，怎样的人才是精神健康的人呢？精神健康的人的形象有哪些外在表现呢？

第一，精神健康的人，是热爱生活的。他们对生活充满着希望和信心，他们会含着微笑入睡，怀着动力起床。他们对工作充满热爱和激情，努力实现自己的个人价值及社会价值。他们用愉快的心情、积极的态度，去改变现实，去享受生活。

第二，精神健康的人，是乐观的。他们总是用积极、乐观的情绪来引导自己的生活。在遇到困难的时候，他们不是消极和颓废，不是忧心忡忡，而是在焦虑的消极状态中，去自我调节，去面对现实。

第三，精神健康的人，永远充满活力。似乎他们休息的时间比别人少，但是精神却总是那么足。他们做事从来不会感到疲倦，而把工作当成一种兴趣，富有激情地去完成。他们发挥着自己的能量，不知疲倦，提高自己，也感染别人。

第四，精神健康的人，做事光明磊落。他们从来不去欺骗他人，也不欺骗自己。他们认为，做人，就要胸怀坦荡，做真实的自己。

第五，精神健康的人永远自立。他们从来不会想着去依靠别人，也不会因为别人的劝告或鼓励去改变自己的想法，更不会处于被动地位。他们会在自己的信念下，用自己的方式和计划，去完成自己的事业和人生。

第六，精神健康的人，能够与他人和谐相处。他们善于与他人友好相处，他们能够理解他人，倾听他人，包容他人，不仅有自己的至交好友，也能与周围的人都保持良好的人际关系。

第七，精神健康的人，都是意志健全的。他们能够主动支配自己的行动，明辨是非，当机立断。在做出决定后，他们还能坚持不懈。他们还能调节自己的情绪，有效控制自己的言行。

精神健康的人的特征还有许多，总之，那些向上的、积极的、乐观的、热爱生活和工作的人们，往往都是精神健康的。那么，怎样才能成为这样的人呢？下面简要列举几点。

首先，要对自己有清楚的认识。一个人，必须首先了解自己，只有能够正确全面地认识自己，才能在适当的时候调整自己、发展自己。这里应该注意的是，不要自我感觉良好，认为自己比别人都强。这样别人会对你产生不满，而时间久了，你自己就会常有怀才不遇的感觉，变得牢骚满腹。当然，也不要妄自菲薄，太看低自己。这样就会缺乏进取心，不求上进，甘于平庸。因此，应该正确地认识自己，给自己一个最佳的定位。

其次，要保持人格的完整。一个人的性格，是在个人长期的生活经历过程中逐渐形成的。因此，每个人都有自己独特的人格，有的人脾气急躁，有的人沉静稳重，有的人直率热情，有的人沉默寡言。但是，不管你具有什么样的性格特点，都应该保证自己的性格在行为、思维和情绪等方面的表现是完整与和谐的。

再次，心理要适应环境。马克思主义哲学告诉我们，事物是变化发展的，而我们生存的环境也是在不断变化的。如果你想要精神愉快，心理就得随着环境的变化而变化，并且尽快适应这种变化。因此，一个精神健康的人，不仅能够认清环境，还能适应环境，使自己保持舒畅的心情。

最后，还要保持良好的人际关系。人际关系的好坏，不仅影响工作和生活，还会影响我们的精神健康。因此，必须保持良好的人际关系。因为人是有交际的需要的，与人的正常交往，能够消除我们的孤独感，从而获得安全感和充实感。相反，如果一个人经常离群索居，就容易养成孤僻的性格，时间久了，就会影响精神健康。因此，我们要积极地参加有益的集体活动，保持良好的人际关系。

所以，当我们知道什么是精神健康的人，并努力做到精神健康之后，我们的精神就会越来越饱满，越来越充满活力，我们会显得越来越年轻。而生气勃勃的精神又能使我们的形象永远是正面的、积极的。不仅如此，健康的心理、生气勃勃的精神，还会激发我们的气场能力，使我们工作起来如鱼得水。

第三章　着装成就人，穿出你的好形象

用衣服包装自我，用自信打动他人

美国商人希尔在创业之初，就意识到了服饰的作用，他清楚地认识到，商业社会中，一般人是根据一个人的衣着来判断对方的实力的，因此他首先去拜访裁缝。靠着往日的信用，希尔定做了三套昂贵的西服，共花了275美元，而当时他的口袋里仅有不到一美元的零钱。然后，他又买了一整套最好的衬衫、衣领、领带、吊带及内衣裤，而这时他的债务已经达到了675美元。

每天早上，他都会身穿一套全新的衣服，在同一个时间里、同一个街道与某位富裕的出版商“邂逅”相遇，希尔每天都和他打招呼，并偶尔聊上一两分钟。这种例行性会面大约进行了一星期之后，出版商开始主动与希尔搭话，并说：“你看起来混得相当不错。”

接着出版商便想知道希尔从事哪种行业。因为希尔的衣着所表现出来的这种极有成就的气质，再加上每天一套不同的新衣服，已引起了出版商极大的好奇心，这正是希尔盼望发生的情况。希尔于是很轻松地告诉出版商：“我正在筹备一份新杂志，打算在近期内争取出版，杂志的名称为《希尔的黄金定律》。”

出版商说：“我是从事杂志印刷及发行的，也许我可以帮你的忙。”

这正是希尔所等候的那一刻，而当他购买这些新衣服时，他心中已想到了这一刻。后来，这位出版商邀请希尔到他的俱乐部和他共进午餐，在咖啡和香烟尚未送上桌前，已“说服了希尔”答应和他签合约，由他负责印刷及发行希尔的杂志。希尔甚至“答应”允许他提供资金并不收取任何利息。

发行《希尔的黄金定律》这本杂志所需要的资金至少在3万美元以上，而其中的每一分钱都是从漂亮衣服所创造的“幌子”上筹集来的。

希尔的成功很有力地证明了衣着对一个人的巨大作用，如果当初他根本不注重衣着，那么那位出版商肯定连看都不愿看他，更不会帮他出版杂志了。

据社会心理学家估计，第一印象的93%是由服装、外表修饰和非语言信息组成。服饰是一种无声语言，不但能给对方留下一定的审美感，而且它还能反映出你个人的气质、性格、内心世界。它在很大程度上决定了别人对你的喜欢程度。

美国的心理学者雷诺·毕克曼做了以下有趣的实验：在纽约机场和中央火车站的电话亭里，在任何人都可以看到的地方，放了十美分，等到一有人进入电话亭，约两分钟后敲门说：“对不起，我在这里放了十美分，不知道你有没有看到？”结果退还钱的比率差异较大，询问者服装整齐时占77%，而询问者衣服较寒酸时则占38%。

因此可以看出，衣服一定程度上决定了别人对你的印象和态度。一套得体的服装会带给你自信，从而使别人更愿意与你交往。着装艺术不仅给人以好感，同时还直接反映出一个人的修养、气质与情操，它往往能在尚未认识你或你的才华之前，向别人透露出你是何种人物。因此，在这方面稍下一点功夫，是会事半功倍的。

所以，你要学会用服装来包装自我，选择带给你自信的优质服装，不但可以掩盖你身材的不足，还可以衬托形体的优势，并在心理上消除由于对外表不满带来的焦虑。

优质的服装还可以积极地调整穿衣者的态度，它有强烈的暗示作用，在心理上提示自己表现得要如同自己的服装一样出色。另外，它还能够增加着装人的成就感，让你表现得自豪、沉着、优雅。

因而，你不一定穿自己喜欢的衣服，但你一定要穿让你自信的衣服，它绝对会在很多层面上影响你的工作、你的生活。穿着自信的衣服时，你在三秒钟之内可以抓住别人的视线；如果抓住别人的视线，你在三分钟之内才可以得到别人的注意力；如果得到别人的注意力，才有后面半小时跟别人交谈的机会。所以每天出门的时候，你要先照一下镜子，看看自己有没有穿着吸引别人的服装。

衣着对一个人的影响非常大，一个不讲究衣着、对衣着缺乏品位的人，人际关系的效果势必会受到影响。因此，你若想有个好形象，从现在起，请立即注重你的衣着。用衣装来包装自我，用自信来打动他人。

女性自信着装的三大原则

我们经常说："女性可以用美丽征服世界。"这种美丽，肯定不只是长得美，而是兼含内在与外在和谐统一的美感。而表现外在，最迅速、最有效的就是女性的着装。

当今时代，是崇尚自由的时代，这种自由，也渗透到了穿衣打扮之中。但是，这并不是说我们就可以随便着装了，在必要的场合，遵循着装的基本原则还是必不可少的。如果我们遵循了着装的这些原则，不仅可以使我们看起来更加得体，也会使女性更加自信。下面，我们就介绍一下女性着装的三大原则：

1.季节与着装色彩的搭配原则

一年四季，严寒酷暑，不停地变换。为了保持体温，我们的服装也会随着发生变化。但是，不同的季节，着装的色彩也要遵循一些基本的原则。

（1）春季是万物复苏的季节，因此，这个阶段的着装应采用暖色系的色彩来体现这个季节的生机勃勃。秋季是丰收的季节，也是一个充满诗情画意的季节，此时可采用中间色和中明度色来体现秋天的成熟。

春秋季节是服装种类最多、没有什么特殊限制的季节，可以根据自己的特点和爱好来选择。在面料和款式上，柔软而有光泽的质料比较受人们的欢迎。

（2）夏天气温很高，很容易使人浮躁不安。因此，此阶段的服装色彩应以冷色、浅色为主。尤其是蓝色，能让人眼睛一亮，倍感清新。蓝色与其他颜色搭配也可以相得益彰。在面料选择上，由于人体易出汗，所以应选透气性强、吸湿性好的纯棉、纯麻和丝绸面料。

（3）冬季寒冷，因此可以选用色彩鲜艳、热烈的颜色格调，给人以温暖的感觉。面料上可以选择保温性强的呢、绒、毛料、皮等。

2.流行与适合自己的个性相结合的原则

对于爱美的女性来说，选择当前最流行的服装是必要的。因为流行代表着充满活力、永远年轻的生活态度。但是，也不要忘了是否与自己的个性相符。

每一季流行的清单上，女人最应该注意的是那些适合自己的。女人的装束，不一定每件都是名品，但一个季节至少应该选择一套略高于自己消费能力的高档时装，这会使你自信心倍增。

高级和廉价可以混着来穿。比如一些T恤衫之类的可替代性较强的服饰，可以不必买名牌，只要借鉴一下名牌的款式和色彩就可以了，然后和自己高级的服饰搭配，这样就可以用比较少的钱穿出大牌的品位。

3.总体着装原则

（1）不要在办公室穿太紧、太透、太性感的衣服。如果穿得过于性感，只会使你看起来不专业，像个花瓶，还会影响男同事的工作。

（2）不要穿得过于男性化。

（3）不要盲目追赶时装潮流。

（4）要每天改变上班穿的裙子长度、款式和颜色。

（5）在办公室与人洽谈业务时，不要一会儿脱掉外衣，一会儿又穿上，这样会分散对方的注意力，也会给对方带来不稳定的感觉。

（6）佩戴的饰品不要太低廉、太累赘，这样会给人带来俗气的印象。首饰佩戴应该大方得体。

（7）衣服上不要喷太浓的香水，这样会使人觉得俗不可耐，并且不敢靠近。

（8）不要穿抽丝的丝袜或者露出线条的内裤上班。这样，你的腿形再美，也失去了和谐的美感。

（9）在穿衣打扮之前，先问问自己要和什么样的人会面，再来决定穿什么样的衣服。

（10）衣服的色彩搭配十分重要。一般而言，正式场合，不要穿色彩反差太大的衣服。

总之，合适、得体的着装可以把女性变得更加可爱、更加具有吸引力。从女性自身来说，出色的着装，可以使自己具备饱满的自信和工作热情，进而在工作和社交中给大家留下良好印象，使自己获得成功。

正确穿着西装，尽显魅力风采

西装，又称西服、洋服。它起源于欧洲，目前是全世界最流行的一种服装，也是商界男士在正式场合着装的优先选择。西装的造型典雅高贵。它拥有开放适度的领部、宽阔舒展的肩部和略加收缩的腰部，穿在男士的身上，会使之显得英武矫健、风度翩翩、魅力十足。20世纪初，一些家庭主妇纷纷走向社会，参加工作，有的身居要职。随着妇女地位的提高，她们纷纷仿效男性穿潇洒的西装，于是女式西装应运而生。女式西装受流行因素影响较大，但根本的要求是要合体，一般为上衣下裤或上衣下裙，能够突出女性体型的曲线美，应根据穿着者的年龄、体型、皮肤、气质、职业等特点来选择款式。

随着国际化的不断深入发展，西装在全世界范围内都受到越来越多的关注。各种职业人士都被要求穿上西装，展示出自己稳重的魅力形象。然而，并不是说穿着西装，你就可以魅力十足，令人刮目相看了。西装的搭配、面料、样式、剪裁等都会使两个穿西装的人之间有天壤之别。

美国作家福斯特刻薄地认为："西服过大、过小、过短、过长都会让穿衣者看起来像是西服以外的异来之物，我们因此断言：他不懂得穿衣之道，他还没有吸纳足够的现代文明，他或许穿着别人的西服。无论如何，他肯定缺乏品位。"

所以，穿西装也要讲究方法，女士穿西装最应注重的就是和谐和搭配。

女式西服没有固定的穿着方式，穿着时需注意：无论哪种西装，首先要合体，女式西服套装应能突出女性的体型美。

一般女式西服最好选择质地较好的纯毛面料，西服上装与下装不一定要颜色相同，只要颜色和谐即可。

女士穿西服需要考虑年龄、体型、肤色、气质、职业等特点。年龄较大或较胖的女性可穿一般款式的西服。

女士穿西服还要注意服装与服饰的和谐。一般可选择飘带领的顺色衬衫；里边穿高领毛衣时，还可以佩戴精巧漂亮的胸花。注意，应避免看到里面穿的保暖衣。

此外，还要注意皮鞋、皮包的式样，颜色要与西服的颜色搭配谐调，优美大方的发型也要与穿着的西装谐调。

男士穿西装的讲究就会更多一些。男人的西装依扣式的排列，有单排和双排之分。

穿单排扣西装，多为三件式，即配背心一件，但是近来已不一定穿背心，而且相沿成习。坐下时，为求舒适，西装扣是可打开的，但站起来或走路时，应扣上西装的上扣，否则不雅。

至于穿双排扣西装，则不必穿背心，应扣上扣及暗扣，扣扣子是尊重他人的行为。

西装是潇洒与美的化身，但并不是说任何西装穿戴在任何人身上都一定能产生美感。事实证明，西装只有与穿戴者的气质、个性、身份、年龄、职业以及穿戴的环境、时间协调一致时，才能真正达到美的境界。

古希腊“和谐就是美”的美学观点在服饰美中得到了最充分的体现。既然服饰的美在于和谐统一的整体视觉效果，那么，服饰穿戴基本原则也许会使你从中得到某些启示，从而能正确地穿着西装，尽情展现你迷人的魅力。

男士穿西装还有这些细节要讲究

西装是商业人士必不可少的服饰，在办公室、会议厅、宴会上、谈判桌上，凡是商务活动触及的范围，到处都是西装笔挺的人们。然而，人人都会穿西装，但不是人人都能穿好西装，因为很多人不知道，穿西装还有很多细节要讲究。

1.穿西装最讲究“露三白”

穿西装讲究“露三白”，即是衬衫领子露白，前胸露白以及衬衫的袖口露白。衬衫袖口露白有一定的国际标准：大多比外套长2厘米左右，过长过短都不好。在标准范围内，个子高的人袖口露白应该短一点，而个子矮的人则应该露白多些。

2.全身颜色不宜超过三种

一般来说，穿西服时，包括上衣、西裤、衬衫、领带、鞋子以及袜子在内，全身的颜色不宜超过三个色系，否则容易给人一种混乱、不庄重的感觉。

3.怎样扣纽扣有讲究

在一般性的正式场合，穿着单排两粒扣或单排三粒扣的西装时，都应扣好最上面的纽扣，而将最下面的纽扣解开。避免当你坐下时腹部隆起而显得臃肿窝囊，而且不会让你的形象过于呆板。但是穿双排扣西装的话，则一定要将扣子全部扣上。

4.穿西装只能配皮鞋和深色棉毛袜

穿西装时，只能搭配皮鞋，并且要保持皮鞋的清洁光亮，当你参加重大商务活动或是社交活动时，出门前一定要擦亮皮鞋，这是对宾客的尊重，也是对自己形象的尊重。穿西装时，袜子也要有讲究，必须是深色的棉毛袜。千万不能穿白色或其他浅色的袜子，更不能穿尼龙袜。袜子应该长到你的小腿肚，以免你坐下时露出腿上皮肤和体毛而有失庄重。

5.口袋不是什么东西都能装

无论哪种西装，其外侧口袋装东西都是有讲究的。上衣外侧左胸袋一般不放东西，要放也只可以放置装饰性的口袋巾或参加宴会时的鲜花；外侧下方的两个口袋除临时装名片等需要用的小物件外也不宜放其他东西，切忌把口袋装得满满的，看起来鼓鼓的；内侧左右的胸袋可以放钢笔、名片夹或者钱包，但也不宜放过厚的东西，以保持平坦。

6.穿西装要讲究合身度

穿西装应避免肥大或者过于窄小，只有合身的西装才能修身，让你显得更加挺拔有型。一般而言，合身剪裁的西装要保证肩线与袖笼尽量不能改，袖长的修改幅度不能超过3厘米，身长修改不能超过1.5厘米，避免西装下缘太靠近口袋而显得有点奇怪。西裤最好是长到接触脚背，太短的西裤成了“吊脚裤”，会显得不够大气。裤腰不能过大或过小，以合扣后可插入一手掌为宜。上衣和西裤要相协调，不能上面过宽、下面过窄，反之亦然，一定要保持统一的合身度，以构成和谐的整体。

当你把这些细节都注意到后，你一定会穿出最有气势的西装，无论在什么场合，你都会是最吸引眼球的那一个。

以合适的装扮“服人”，让他知道你是适合做事的人

王敏是某校文秘专业毕业生。在同学们的眼中，她择业优势大多了：学习非常好、学生会干部、号召力强……而更让一些女生羡慕的是她天生丽质，再配上前卫的着装，在校园中，堪称是鹤立鸡群。

一家著名的大公司要招聘文秘人员，王敏递交了个人简历。很快公司通知她面试，王敏立即“行动”起来。她几乎试穿了衣橱中应季的所有衣服，最终选定了时下最流行的那套“韩装”，连她自己都觉得镜中的人太酷了！接着，她又精心地搭配了一对同样是时下最流行的耳环，亮晶晶的耳环使她看

上去更加光彩夺目，酷似韩国的明星。

王敏满怀信心地走进公司，按照预先的准备，镇定地回答了几位面试官的提问，出来的时候，她觉得自己志在必得。但她万万没有想到，正是那套“韩装”使自己名落孙山，而那副金光闪闪的耳环令一切全泡了汤！

知道吗？你的穿着代表了你的观点，你的衣服无声地向大家说明了你是一个什么样的人，做过什么样的事。如果面试时的衣着不合适，人们就会有疑问：你是否了解这个公司？你是否适合这个公司？

要知道，企业要的是可以做事情的人，而不是演员，一味追求靓丽的穿着，而不去想自己的形象是否和所要求的职业形象相吻合，那结果就可想而知了。

不合时宜的着装，会给人造成一种错觉，那就是：这个人层次、品位肯定不高。如果是这样，那你离失败也就不远了。

不同的角色决定了自己所要塑造的形象也是不同的，每个人从事的工作的性质决定了衣着的正式程度。不管你从事的是什么职业，你一定要根据你的职位，以合适的装扮“服人”，让他知道你是适合做事的人。

约翰是一家公司的律师，他总是希望树立自己权威和能干的形象。和约翰一样，如果你的工作环境比较保守，那么你就应该穿得比较正式。在银行、保险等金融部门，一套很正式的服装是必需的，这样你的顾客才会信任你。

女性由于职业不同，在社会上扮演的角色不同，因而对服装等有着特殊的要求。如果你是个女记者，你就免不了与各种人打交道。为了使采访、调查工作顺利进行，你就得想方设法创造轻松愉快的气氛，切忌给被访者以压力，影响采访工作。因此你的穿戴要使人感到和蔼可亲，让人愿意与你接近。国外有人曾专门对教师的服饰进行过调查，发现教师衣服的颜色、手工、款式足以影响中学生的态度、注意力和行为方式。

当一位45岁左右的女教师穿着色泽淡雅、质地柔软、式样简洁的服装时，常会被学生们看作是一个有权威的母亲形象。但如果年轻的女教师也如此穿着，却会造成难以驾驭的情况，她必须穿较严肃的服装才能使学生信服。总的说来，教师的服装以典雅朴素、线条流畅的款式为好，颜色可选蓝、淡绿、灰褐、骆驼黄、深红褐色等。用以上颜色搭配服装，效果较理想。女医生、女律师、女工程师、女会计师等不同职业的女性着装也有不同要求，所以，要注意结合职业特点来着装，以显示出女性的工作能力和气质风度。

在人们的传统意识中，一个人穿着白大褂就容易被别人当成医生，穿着法官服就又会觉得他既有丰富学识，又有高高在上的司法权威。最普遍的情形是，一个身着运动服的人总是会使人感觉到青春和活力，而各种制服和民族服装无不被人们与某种特殊的形象气质联系在一起。

演员在排戏时有一个有趣的现象：穿上正式演出服装之后的彩排总会让观众觉得演员的演技提升了一个档次，即使是业余的票友，穿起漂亮的演出服装也会让他人和自我都油然产生一种颇具专业演技的感觉。

因此，你在穿衣打扮时，就要充分考虑到自己的职业需要，想一想你所在的行业，你希望别人如何看你，你希望以后在这一领域做怎样的发展，然后再选择与自己相符的服装。

避开职业着装的五大忌讳

在日常工作中，讲究仪表特别重要的一点，就是要规范自己的服饰。莎士比亚曾经说过，一个人的穿着打扮，就是他的教养阅历和社会地位的标志。所以，对职业装最基本的要求是得体、整洁、典雅。一般而言，着装有“破、脏、怪、乱、短”的忌讳。

1.忌破

破，是指服装破损、伤残。任何一个公司都不能允许职员穿着破损的衣服来工作，这是对公司形象的一种损害。要是职员在办公时所穿的服装这儿撕开一个口子、那儿烧了一个窟窿，甚至连纽扣也不齐全，是难以使人相信其工作认真、严谨的。所以，纵使因为不慎，而使自己的办公服装“挂花”，你也要尽快采取补救措施，如更换、缝补等，而不宜令其为外人所见。

2.忌脏

脏，就是懒于换洗衣服，使自己的衣服皱皱巴巴，满是油污、汗迹、汤渍，甚至令人看不出衣服本来的颜色，或是其异味令人掩鼻。整天穿着脏兮兮的衣服上班的人，多会给人一蹶不振的感觉，而且还会让人怀疑其心灰意冷，对生活丧失了信心。务必要牢记，工作再忙，身体再累，都不能成为自己整天穿着脏衣服来办公上班的理由。

3.忌怪

怪，就是指着装过分怪异奇特。就目前而论，着装怪异主要可分为三种：其一，是款式过异，如“乞丐装”就是一例；其二，是搭配过异，即不按常规进行搭配，比如把长衫穿在里面，而将短衫穿在外面；其三，是穿法过异，即不依照正常的方法穿着服饰，例如，把衬衫围在腰上，把太阳镜支在头顶。作为职业人士，这种着装过异的做法是不可取的。

4.忌乱

乱，就是穿着衣服不合规范。如把适合于在办公时穿着的服装穿得不像样子，上衣不是穿在身上而是披在身上，裤管与袖口非要卷得高高的不可；或是把本不协调的服装强行搭配在一起，如以西装上衣配牛仔裤、健美裤，穿西装套装时配布鞋、凉鞋、旅游鞋等。

5.忌短

短在这里是指着装过于短小，将不应显露在外的肌体暴露了出来。根据礼仪规范，为了自重，一般来说，职业人士在办公时，背心、马夹、短裤，都是不适宜穿着的。同时应当指出，职业人士在办公时的着装应当大小、长短合身。切不可使之过于短小、不合身甚至捉襟见肘，显得自己有些小家子气。

总之，在职业着装打扮方面，我们必须塑造端庄、自然、大方、简约的良好形象，并符合自己的身份和工作需要。

面试服装要得体，为推销自我服务

在面试的时候，得体的服装是必要的。你的着装始终要为推销你自己服务。所以，我们要花些心思来选择合适得体的衣服，让得体又不抢风头的着装来为自己做推销。因此，你要记住以下几个原则：

一般情况下，穿深颜色的衣服合适，这样会让考官觉得你真诚、踏实；和别人着装比较相近的情况下，你可以用一点小的东西来装点自己，让自己显得更有活力，比如说小丝巾等。

你的服饰一定要适应应聘职位工作的需要，根据所应聘的工作性质和类型，确定自己的穿着，这是一个较稳妥的做法。一般来说，最保险的面试服装就是男性穿着西装领带，女性穿着裙装。

以下为你具体解读一些行业穿衣密码：

（1）如果你应聘和艺术有关的行业，如时装、广告、设计、出版等，你需要尽量凸显个人特色、天分与品位。你可以穿便裤和夹克、各种颜色的衬衫，搭配裙子或长裤的上衣，未必要同色，也可以有些图案，男生还可以加一条很个性化的领带。

（2）如果你应聘企业文化较传统、保守的行业，如金融、法务、国际贸易、保险等，你需要以正式的套装与西装作为面试时的基本配备。

（3）如果你应聘国家机关的公务员，你需要衣着端庄，体现稳健踏实的作风。

（4）如果你应聘电脑程序、互联网络、录影科技等行业，你需要穿着一种富于时代感的简约风格服装。流线型西装、干净利落的毛衫、高科技面料做成的适体的夹克和时髦的T恤衫，几乎已成为这些领域的新制服。

（5）如果你应聘公司企业，尤其是外企，需要注重整体形象的漂亮、明快。

（6）在少数特别的行业，比如演艺界等个性化较强的领域，你的服装就不需要循规蹈矩，但也不可显得太古怪招摇。

当你不知道穿什么好时，不要忘了那句老话："好吃不过茶泡饭，好看不过素打扮。"因此，无论你应聘的是什么类型的机构，朴素大方是你面试着装的基本窍门。

素色打扮把穿衣人的气质品位、审美情趣、着装水平以及技艺都显示出来。因此，当你不知道穿什么去面试时，朴素的着装至少让你不会贻笑大方。着装最根本的原则是合适。着装要整洁合体，讲究搭配合理、色调和谐，如果你的服装不合适，再好的款式和面料都不能派上用场。

在面试时，穿上一套简单大方、干净朴素的套装或西装一定不会出错，穿长裤并熨烫笔挺，衬衫最好选白色的，白色配哪种颜色的服装都比较合适。

体型丰满的人衣料以薄厚适度为宜。胖人切忌穿大花纹、横花纹、大方格图案的服装，否则只会夸张体型。体型瘦高的人，一般不宜选用竖条纹的服装，选用质感厚实的衣料会使你看上去精神抖擞。

西装颜色以素净颜色为宜，不用只选名牌，但要有好的面料和做工。服装颜色以淡雅或同色系搭配为宜，不要过于花哨，形式不宜暴露，尽量少些装饰。

男生较好的面试服装是深色的西装、白衬衫、深色袜子、黑色的系带浅口皮鞋和同色系的领带。女生西装颜色以中性为主，避免夸张、刺眼的颜色，下身应以裙装为主，裙装的长度应在膝盖左右或以下。据调查显示：有95%的女性在面试成功时都是穿裙子的。

剪裁合宜、简单大方的套装，比两件式上下身搭配的服装更能建立权威感与专业性。

因此，当你面试不知道穿什么好时，与其追求新潮，不如穿得正式一点、素净一点，并根据不同的行业选择不同的穿着。这样不仅可以提升自己的形象，还可以保证自己是面试时的焦点，巧妙地推销自己。

领带系多长最能显出气势

王峰是一家房地产公司的业务员，每天都穿着西装、打着领带上班，向客户推介房屋。他身高1.75米，身材匀称，穿起西装来很挺拔，他的业务水平也很不错，几次被评为优秀业务员。按照公司总部的规定，各个地方年度的优秀业务员都可以代表分公司到总部所在地参加年会，可是王峰却从未参加过，都是由其他优秀业务员去参加。他很纳闷，但是又不知道原因是什么，他壮着胆子问了一下领导。

领导说："小王啊，你别介意啊，我们不让你去不证明你的能力不行，而是因为这个年会是我们公司最重要的集会，每个分公司都会选形象最好的人去做代表，也是给分公司增光嘛。”王峰更不解了，自己的形象难道不好吗？他又咨询了一个专业的形象设计大师，大师看了看他的打扮，轻轻一笑：“你的领带让你丢了分！”“怎么会呢？我这个可是名牌的！”“但是你系得太高了，都在腰带之上，太小家子气了，任何商业人士一看到，就觉得你没有气势，当然，人家不可能告诉你这些小问题。”

领带是男人个性的宣言，是男人展示自己的窗口；领带是西装的灵魂，是男士西装最抢眼的饰物。任何一个男人都应该想一想，自己选择的领带体现了一个怎样的自我。王峰的领带打得过高，就无声中展示出了一个不大气的形象，让公司和同事对他失去了信任感。

因此，领带虽然只是一个小小的配件，但是领带的长度却有着不可忽视的作用。英国剧作家奥斯卡·王尔德曾说过：“学会系好领带是男人生活中最严肃的一步。”要想让领带成为西装的“画龙点睛”之处，就要学会系领带，掌握好长度是第一也是最重要的一步。

成人日常所用的领带通常长约130~150厘米。领带打好之后，外侧应略长于内侧。其标准的长度，应当是下端正好触及腰带扣的上端，这样，当外穿的西装上衣系上扣子后，领带就不会因为过短而动不动就从衣襟上面跳出来，领带的下端也不会因为过长而从衣襟下面“探头探脑”地显露出来。

总而言之，让领带显出气势，就要保持领带的底部三角正处于腰带的中间。一旦长于腰带就会显得不精干，而拖拉在腰带之上，则显得小家子气。

另外，为了保证你能根据自身的情况把握好领带的长度，你最好不要在正式场合选用难以调节其长度的“一拉得”领带。

第四章　仪态要美化，形象才优化

面容修饰，铸出亮丽容颜

面容是人的仪表之首，也是最能动人之处，所以面容的修饰是仪容美的重头戏，特别是在社交场合，对于面容的修饰更为重要。

由于性别的差异和人们认知角度的不同，男女在面容美化的方式、方法和具体要求上是不同的，他们有着各自不同的特点。

1.男士面容的基本要求

男士面容最基本的地方，体现在胡须上。男士应该养成每天修面剃须的良好习惯。如果实在想蓄须的话，男士朋友们也应该从工作的角度出发，看工作是否允许，并应该经常修剪，保持卫生。不管是留小胡子还是络腮胡，整洁大方是最重要的。而没有留胡子的人，在出席各种公共场合或社交活动的时候，切不能胡子拉碴地去。

2.女士面容的基本要求

一般来说，女士的美容化妆应特别注意如下几点：

（1）化妆的浓淡要考虑时间、场合的问题。

随着时间与场合的改变，女士化妆应有相应的变化。白天，在自然光下，一般女士略施粉黛即可；在工作的时候也应以清新、自然的妆容为宜。而在参加晚间的娱乐活动时，浓妆比淡妆更好。

（2）化妆治标而不治本，属消极的美容，应提倡积极的美容。

面部的皮肤比我们想象中更娇嫩，任何不科学的外部刺激都会对其产生不同程度的损伤。正如大家所知道的，任何化妆品中都含有一定量的化学物质，这些化学物质对皮肤多少都会有不良的刺激。不少女士喜欢浓妆艳抹，这样也许会为她增添几分妩媚，但事实上，这是消极美容，会对皮肤产生一定程度的伤害。因此，要想使面容的仪表更好，最好的方法是采用体内调和的美容法。

首先，在生活中要多多参加户外体育活动，促进表皮细胞的繁殖，使表皮形成一层抵御有害物质的天然屏障。其次，良好的心境与充足的睡眠也是不可少的。这对皮肤的新陈代谢有一定的作用，也会使面容有光泽。再次，合理的饮食也不可忽略。多喝水，多吃富含维生素C较多的水果蔬菜等，少吃辛辣、高糖、高盐的食物。最后，坚持科学的面部护理与按摩也是十分重要的。它能促进血液的循环，使面容更加红润健康。

无论男性女性，都应该注意自己的面容修饰，让亮丽的容颜增加你的吸引力。

不同的脸形，不同的修正美容技巧

除了可以通过化妆技巧对不同的脸形做修正外，还可以通过其他一些方法对脸形做技巧修改，给你的个人形象加分。

1.圆形脸的修正法

（1）发型修正法。圆形脸的人可以通过采用强调法和弥补法来处理发型。前者，可以将头发处理为短发，向上梳露出脸的轮廓。后者可以采用偏分的直发，用两侧的直线弥补脸部的曲线条，头顶的部分要尽量蓬松，并让发根直立。

（2）领型修正法。用拉长的直线形领，平衡过于圆滑的下巴曲线。

（3）首饰修正法。项链要选择若有若无的直线，吊坠最好选择方形的。耳环要选择小三角形或小正方形的，最好挑选那种在阳光下才会显现的闪光材料。

2.长形脸的修正法

（1）发型修正法。互补和强调是运用发型修正脸形要遵循的两大原则。互补的作用是“避短”，强调的作用是“扬长”。

但是在日常生活中我们却更愿意选择比较保险的互补法，来达到“避短”的作用，而且越是年龄大的人越爱用互补法。

针对长形脸来说，最好让一部分头发盖住前额，让脸的长度变短一点。另外还要把脸颊两侧的头发做成圆滑的弧线或大卷，以产生蓬松丰满的感觉，利用视错觉让脸蛋儿变胖一点点。

（2）领型修正法。可选择一字领、弧形领、高领及樽形领，从视觉上缩短脸的长度。

（3）首饰修正法。在项链和耳环的选择上要注意回避那种有拉长感觉的设计。可以挑选短链条、包颈设计的，同时注意不要挂吊坠。耳环方面，可以挑选有向外扩张感觉的耳扣，以及大圆环、大粒珍珠等。

（4）丝巾修正法。圆弧形的丝巾轮廓比较合适。一般可采用包住脖子的系法，丝巾最好在侧面或者后面打结。

（5）眼镜修正法。椭圆形框架的眼镜比较适合长脸的人，眼镜框要比本人的脸颊稍稍宽出一点才不显得脸过长过窄。

3.菱形脸的修正法

（1）发型修正法。将头发向两侧分拢，呈弧形并遮盖住前额部分。

（2）领型修正法。领子的开头可参照长形脸的人的领型选择。

（3）首饰修正法。首饰的佩戴可以参考长形脸的人。

（4）丝巾修正法。丝巾的佩戴方法也可以参照长形脸的人。

（5）眼镜修正法。稍宽的圆形镜框的眼镜比较适合菱形的脸。

4.方形脸的修正法

（1）发型修正法。将头顶的发向上梳理，盘成高髻，或将头顶的头发整理得很蓬松，呈弧线。两侧的头发可以修剪成有动感的曲线或有层次的碎发。

（2）领型修正法。领子采用向下发展的领型最好，比如大U字领。

（3）首饰修正法。选择圆点状的耳环最好。

（4）丝巾修正法。丝巾需要系成正面有花结的下挂式。

（5）眼镜修正法。方形脸的人宜佩戴稍稍上翘的弧线形镜框的眼镜。

不同的脸形有许多不同的修正方法，但是无论是通过哪种方式来修改脸形，都需要经过一段时间的摸索才能找出最适合自己的修正方法。所以，即使一两次没修正好也没关系。如果能请专业人士给予一定的指导，就能够事半功倍。

另外还有一点不能忽略，随着年龄的增长，人的脸形也会有或多或少的改变，所以修正的技巧也一定要随时进行调整。

好形象从“头”出发

按照一般习惯，一个人注意和打量他人，往往是从头部开始的。而头发生长于头顶，位于人体的“制高点”，所以更容易先入为主，引起重视。鉴于此，要想打造良好形象，首先应该从“头”出发。

1.勤于梳洗

头发是人们脸面之中的脸面，所以应当自觉地做好日常护理。不论有无交际应酬活动，平日都要对自己的头发勤于梳洗，不要临阵磨枪，更不能忽略此点，疏于对头发的“管理”。

通常理发的间隔，男士应为半月左右一次，女士可根据个人情况而定，但最长不应长于一个月。洗发，一般可以三天左右进行一次。至于梳理头发，更应当时时不忘，见机行事。总之，头发一定要洗净、理好、梳整齐。

如有重要的交际应酬，应于事前再进行一次洗发、理发、梳发，不必拘泥于以上时限。不过切记，此类活动应在“幕后”操作，不可当众“演出”。

2.发型得体

发型，即头发的整体造型。在理发与修饰头发时，对此都不容回避。选择发型，除个人偏好可适当兼顾外，最重要的是要考虑个人条件和所处场合。

（1）个人条件。个人条件，包括发质、脸形、身高、胖瘦、年纪、着装、佩饰、性格等，都会影响发型的选择，对此切不可掉以轻心。

在上述个人条件里，脸形对发型的选择影响最大。选择发型时，一定要考虑自己的脸形特点，例如，国字脸的男士最好别理板寸，否则看上去好像一张扑克牌。Ω发型，则主要适合鹅蛋脸的女士，头发的下端向外翻翘，可展示此种脸形之美。要是倒三角脸形的女士选择了它，就不太好看了。

（2）所处场合。在社会生活中，人们的职业不同、身份不同、工作环境不同，发型自然也应有所不同。总而言之，在工作场合抛头露面的人，发型应当传统、庄重、保守一些；在社交场合频频亮相的人，发型则应当个性、时尚、艺术一些。至于前卫、怪异的发型，大约只有对艺术工作者才是适合的。

3.长短适中

虽然说想要头发或长或短完全是一个人的自由，但是从社交礼仪和审美的角度来说，头发到底该多长或多短是有讲究的。具体来说，其受以下几个因素的影响：

（1）性别因素。男性和女性的区别，在头发长短上就有所体现。一般大家的观点是：女士可以留短发，但是却很少理寸头；男士的头发虽然也可以稍长，但是不宜长发披肩、扎辫子之类的。

（2）身高因素。从美观的角度来说，头发的长度在一定程度上应该与个人身高有关。以女士留长发为例，头发的长度应该与身高成正比。如果一个矮小的女生，头发却长过腰，反而会显得自己的个头更矮的。

（3）年龄因素。如果一头飘逸的长发出现在少女的头上，会有相得益彰的感觉。但是如果一位六七十岁的老奶奶却留很长的头发，则会让人感觉有些怪异，且显得自己没有多大的精神。

（4）职业因素。职业对头发的长短也有一定的影响因素的。比如，野战军的战士通常会理寸头，这是为了方便负伤的抢救，但是商政界人士则不适合这样。对于在商界工作的女士来说，头发最好不过肩，而且应以束发、盘发作为变通；男士则不宜留鬓角和发帘，长度最好以不触及衬衣领口为宜。

4.美化、自然

人们在修饰头发时，往往会有意识地运用某些技术手段对其进行美化，这就是所谓的美发。美发不仅要美观大方，而且要自然，不宜雕琢过重或是不合时宜。

在通常情况下，美发的方法有四种形式，它们分别是：

（1）烫发。烫发，即运用物理手段或化学手段，将头发做成适当形状的方法。决定烫发之前，先要看一下本人发质、年龄、职业是否合适。如果一个不到20岁的女孩子烫了大波浪卷的头发，就会显得老气横秋。

（2）染发。发色不理想，或是头发变白，即可使用染发剂令其变色。对中国人而言，将头发染黑无可非议，而若想将其染成其他颜色，甚至染成多色彩发，则需三思而行。

（3）作发。作发，即运用发油、发露、发乳、发胶、摩丝等美发用品，将头发塑造成一定形状，或对其进行护理。作发的要求与烫发的要求大体相似。

（4）假发。头发有先天缺陷或后天缺陷者，均可选戴假发。选择假发，一是要使用方便，二是要天衣无缝，不可过分俗气。

控制体重才是对形象负责任的态度

人的形体美在很大程度上与体重有关系，一个身材臃肿的人给人的印象很难会是干练的，而一个身材过于干瘪的人也会给人无精打采的感觉，而且一般来说，体形不好的人都会显得比实际年龄要老。由此可见，体形对一个人的形象有很大影响，及时控制自己的体重不仅是时代潮流的需要，更是一种对个人形象负责任的态度。

控制体重是一项长期的工作，需要不断坚持和长久的耐心。要控制好你的体重，有很多方法可以选择，你可以不断地尝试，选出适合自己的。但一般来说以下三点是必须要注意的：

首先，要长期控制食量。一般来说，食量应掌握在七八分饱，不能到十分饱，更不能有饱胀的感觉。中国传统的中医养生也讲究“食不过饱”。长期控制食量是件比较困难的事情，最忌在坚持一两天或一段时间后，再大吃一顿，这样不仅不能达到控制体重的目的，还会损害身体的健康。人的胃是有伸缩功能的，如果能把控制食量长期坚持下来，胃的伸缩也会维持在相应的平衡状态下，人就不会再有太多的饥饿感，控制体重就成为身体能够适应的良性循环。

其次，要避免高脂肪和过油的食品。在我们日常饮食中，身体所需要的脂肪含量一般是足够的，不需要再额外补充脂肪。过多地摄取脂肪会造成身体脂肪堆积，严重影响身体健康和形体美。过油的食品不仅会使人长胖，还会加速皮肤的衰老，应该避免吃这些食品。

最后，最好不要吃甜食。在我们的日常饮食中，糖分的摄取已经很充足。所以，甜食在节日的时候稍微吃些就可以了，平时最好不要吃太多。

饮食是控制体重最为重要的一个方面，另外一个方面就是运动。选择一项适合你的运动，并且长期坚持下去，对控制体重也是非常有帮助的，而且还会让你的身体更健康、更有活力。将自己的体重控制在一个合理的范围之内，无论对于男人还是女人来说都是非常有益的，这会让你拥有形体美，也会让你的心态变得更年轻。需要特别注意的是，饮食控制体重时一定要注意营养的搭配和均衡，否则以牺牲健康为代价，可就得不偿失了。

好习惯让你拥有苗条健康的体形

其实，想要拥有好体形并不困难，不用挖空心思去寻找减肥药，也不用辛苦地饿肚子，只要你能够长期坚持健康的生活方式，注意一些小细节，苗条又健康的身材就离你不远了，你的形象也会随之发生可喜的变化。

（1）如果你真的很胖，就不要害怕承认自己肥胖的事实。勇于接受自己、喜欢自己，才能真正下定决心尝试减肥。

（2）不要一边看电视（看书）一边吃零食，这是女性经常会犯的错误。但是这样会让人不知不觉吃下三倍以上的食物，这绝对是会导致肥胖的坏习惯。

（3）不勉强吃下更多的食物。很多人会因为舍不得丢掉吃不了的美食而勉强吃下过多的食物，节俭是个好习惯，但是这并不意味着你的身体可以接受。

（4）晚上九点后绝不进食。如果你一直有吃夜宵的习惯，尝试以水果、青菜或是高纤饼干代替。记住，一餐夜宵的热量储存等于你一天三餐的总和。

（5）避免到提供自助餐的餐馆去吃饭。看着那么多可随意取用的食物，很少有人能克制自己。

（6）谢绝饮料，以白开水代替。因为不管糖分多么低的饮料，热量也是很可观的。

（7）在单位和家中准备好低热量的饮料和零食，免得一有饥饿感，就忍不住上街去买冰淇淋或薯条。

（8）养成每日定时排便的习惯，这样能够让体内的毒素顺利排出。有时候毒素的累积，也正是体重迟迟不降的原因。

（9）上下班时提前一站下车，然后步行到工作地点或回家。

（10）无论是在单位还是在家里，尽量选择爬楼梯，减少使用电梯。

（11）养成定时做运动的习惯。不要太过激烈，或许一些轻松的伸展操比剧烈的运动容易坚持并有效果。定时散步、做早操等活动不仅会令你的瘦身之梦成真，还大大有利于你的健康，一举两得。

（12）不要用吃东西来抗压。好多女性都有这种习惯，这样的情绪发泄方式不仅不利于健康，对于瘦身也是一大阻碍。

这些都是日常生活中的一些小细节，只要稍加注意就能做到，所以有人说：减肥是一种生活态度，就看你能不能长期坚持。但是，为了拥有一个良好的形象，做一点这样的努力也是值得和必需的。

得体的妆容要遵循“八字箴言”

每个女人都应该学一些基本的化妆技巧，这是女人爱自己的一种表现。化妆不仅能改变女人的外在形象，还能改变女人的内心，让女人更自信、更从容地面对人生。爱美而聪慧的女人都应该懂得用化妆来弥补容貌的缺憾，色彩、线条、层次……这些化妆技巧能让女人瞬间焕发光彩。

看看下面的“八字箴言”并加以熟练运用，你也可以成为化妆高手。

正确： 正确是化妆最基本的要求，是化妆一定要把握的基本原则。比如画眉毛，要知道眉毛正确的起始点和高度、角度等原则，否则即使你画得再用心，也难免会给人不顺眼的感觉。

一般来说，眉头的起始位置和内眼角的位置是一致的，“三庭五眼”所说的“五眼”便是在两个眉头之间可以放下一个眼睛的长度，如果眉头超出内眼角，两眼之间距离过短，人会显得压抑，相反，如果两眉间距离过宽，人会显得呆板、缺乏活力。因此，在初学化妆时，一定要搞清楚各部位化妆的基本要求。

精致： 精致其实是化妆过程中比较容易达到的，只需要在化妆过程中多一些细心和耐心，再加上每时每刻保持形象不松懈的意识，就能使自己的妆容给人以精致的感觉。比如涂口红时一定要注意边沿是否整齐清晰，粉底是否薄厚均匀，有无浮粉现象，眉毛修得是否整齐，有无杂乱现象，等等。要做到精致，需要的只是你的反复练习和坚持不懈。

准确：准确是在正确基础上的进一步要求，掌握了正确的化妆原则，在具体操作时还要做到准确，准确地把正确的化妆原则体现出来。比如说唇形化得好不好，不能单从大小、厚薄等方面来评价，还要学会与自己的脸形、气质及将要出席的场合相匹配。要达到准确的化妆效果，需要经过充分的练习。

和谐：和谐是化妆的最高境界，和谐的妆容能自然而得体地表现出你的个性和品位。和谐包含三个层面，一是妆面的和谐，表现在各个部位的化妆上，风格、色彩都要统一，比如眉形如果是属于柔美型的，那么唇形也要画成柔美型的；如果眼影是暖色调的，那么口红也要相应地涂成暖色调的，这样才能在整体上达到一种和谐的效果。和谐的第二个层面是妆面与整体形象的搭配。面部妆容要与你的发型、服饰、饰物等相搭配。和谐的第三个层面是妆容与外环境的和谐搭配。比如你要表达的气质、情感，将要出席的场合，你的职业，等等。

化妆不仅仅是一种美化外表的手段，同时也是情感的表达，它可以体现出女人的生活态度。妆容精致的女人能够传达出她热爱生活、尊重别人、在乎自己以及积极的生活态度，这样的女人往往具有无穷的魅力。

职业妆，展现出神采奕奕的专业形象

办公室女郎们需要展现出神采奕奕的专业形象，因此整个妆面一定要给人非常干净的感觉。不要使用过于浓烈鲜亮的色调，这样与办公室的冷静气氛不协调。

1.打底

打底是整个妆面的关键。粉底务必要按照皮肤的肌理快速轻柔地推开，由上到下或者是从大面积再到细部的顺序都可以，一定要打得薄而透。

2.眉妆

眉毛要清淡自然，颜色跟发色越接近越好。眉形太过生硬或眉毛颜色太浓都会给人不易亲近的印象，所以画眉之前要先用眉刀修出完美的眉形。画完以后用眉刷顺着眉头至眉尾方向刷几遍，让色泽均匀。

3.眼妆

眼妆是整个妆容中很重要的一环。而眼妆的重点又在睫毛。先用睫毛夹把睫毛夹卷，然后刷上增长的睫毛膏。睫毛膏的颜色最好选择黑色的，大方得体。眼影可以根据你的肤色以及服装的颜色来选择。

4.唇妆

职业女性最好都备有口红。口红的色泽比唇彩、唇蜜等都要暗沉，但这样的颜色亮度才能够表现你的成熟美。可以用与嘴唇颜色接近的唇线笔先描出唇线，然后涂口红就方便多了。口红经常需要补妆，应该先用纸巾抹掉唇上余色，重新用护唇膏涂抹一遍再补色。

5.腮红

并不是所有的场合都需要涂腮红，但是腮红的确能让你有充满健康的好气色。职业女性因为工作压力或是缺乏锻炼带来的脸色苍白，运用腮红都能够很好地修饰。用腮红刷由太阳穴位置往嘴角方向斜刷上腮红，这样脸部就会有收缩的效果。霜状腮红用指腹就能轻松上色，切记一定要推匀。

不要忘记最后的定妆。用粉饼或散粉在脸上扑上一层薄粉就可以让妆容持久而清爽。

生活妆，淡雅妆容更动人

生活妆比起职业妆更讲究淡雅，不妨来个流行的“裸妆”吧。裸妆并不是让你完全素面，而是更细致地描画，让你看起来不像化过妆，却比素颜更美、更动人。

1.底妆

底妆也是裸妆的重点，清透、自然是它的基本要求。选择与皮肤颜色最接近的粉底，肌肤颜色偏黄的人可以选择带有紫色或是粉红色的饰底乳，肤色偏红的人可以选择绿色的饰底乳。用手轻拍推匀，最好不要使用化妆海绵，否则容易产生厚重感。在T区用稍亮的粉底提高亮度。

2.眉妆

描画眉毛的重点是让眉头处尽可能保持原有的形状，看起来自然为佳。

跟职业妆相比，裸妆不求睫毛乌黑浓密，而要求根根分明的自然感。取少量睫毛膏，轻刷上睫毛就可以。

同样，裸妆的眼影不宜选用夸张的颜色，可以先用淡咖啡色的眼影分层次打出眼部的立体感，再用米白色提亮眉骨和眼头。

3.唇妆

唇妆可以选择与唇膏或唇彩颜色相近的唇笔，画出自己喜欢的唇型，再用唇刷沾上填满双唇。

确定了以上妆容，裸妆就大体完工，最后扑点散粉定妆。至于腮红，可有可无，若是觉得气色不太好，用浅粉色系腮红轻轻打一下即可。

宴会妆，适度浓艳没问题

晚妆一般也被称为宴会妆，之所以被称为晚妆，是因为化此妆容所处的时间基本上为夜里。化妆浓重而立体是晚妆的最大特点。与职业装和生活妆等日妆相比，晚妆有着自己的特点。

晚妆的妆色比较浓艳。因为晚间社交活动一般都在灯光下进行，且灯光多柔和、朦胧，不易暴露出化妆痕迹，反而能更加突出化妆效果。如果妆色清淡，就显不出化妆效果。因此，晚妆应化得浓艳些，眼影色彩尽可能丰富漂亮，眉毛、眼形、唇形也可作些适当的矫正，使其更显得光彩迷人。

化妆之前，先在面部和颈部涂一层滋润霜，以便发挥粉底的妆效。底粉的颜色一定要比自己的肤色深，再仔细地用海绵扑打妆底粉，使其均匀遮盖。如果眼下的眼晕很黑，应在打妆底粉前涂上遮瑕霜。

先将眉毛用眉毛刷整形后，沾些金色眼影在眉毛上。

在颧骨凸出处，涂上浅色的虹彩光的胭脂；在颧骨凹陷处，涂上深色的不泛光的胭脂。为了在夜间显得更有光泽，还可以在颧骨凸出处原来涂有的浅色虹彩胭脂上面再加一层白金色的眼影，使其增加亮度。

眼妆也是晚妆的最重要环节，并且很强调眼影。在上眼睑部位涂上些眼影，并用眼影在眉骨与上眼睑之间涂出分界线，再用淡色和虹彩色眼影，使眉骨部的色彩亮丽起来。在上下眼睑画眼线，颜色要深。因为深色的眼线在夜间更能衬托出眼睛的明亮和深邃。但需注意的是不要将整个眼睛画成圈，这样会显得眼睛小。在下眼睑高出的地方，要用蓝色的眼影或眼线笔涂上几笔。然后分次涂上睫毛油。涂完第一层睫毛油后，用眉毛刷梳开睫毛，并除去多余的睫毛油，再用透明的蜜粉刷在睫毛上。

口红可以使用珍珠色或金色，使嘴唇显得更艳丽。

最后用淡色的眼影在鼻子、颧骨和下颌处，作最后的轮廓描绘；用白色眼影修饰双颊的顶端、鼻梁和下巴。最后用虹彩透明的蜜粉定妆，再用粉刷整理。

舞会妆，将最闪亮的你展现出来

舞会妆是适合于灯光昏暗的舞会场合，因此化妆应为浓妆。粉底要遮盖力强，保持持久。眉毛可浓一些，深一些。眼部化妆可略夸张一些，用色可大胆些，可使用防水睫毛液。腮红可浓重一些，口红也可用明艳亮丽，甚至是珠光的。

此妆容的重点在于大胆使用绿色化妆金粉。

（1）上粉底。可选用明亮的粉底油膏，涂得要多一些、厚一些，掩盖住脸部的瑕疵。

（2）涂颊红。宜选用朱红色、玫瑰红色的胭脂，从眼向耳做放射状涂抹。越离眼睛近处越浓，逐渐变淡。

（3）眼妆。化妆时，上眼皮晕染棕色，施色要薄；下眼皮尾处描入黑色眼线，在下眼皮眼线旁涂光泽唇膏，然后用棉签蘸上绿色金粉压上去。这一用法也可用于眉的化妆，使眼睛、眉毛闪闪发光。

（4）睫毛膏可以以细致而耀眼的宝石色泽点缀于睫毛末梢，缔造全方位耀眼舞会妆的水晶妆容。

（5）鼻子。鼻子略塌的人不妨以深色眼影画上鼻形，至于鼻子已经很挺的人，除非拍照，不要再强调鼻形。

（6）涂口红。口红可选用玫瑰红色的唇膏，然后再抹光泽唇膏，再染入金粉。发型可以随意一些，选择彩色喷发剂喷洒在头发上，以增加发型的华丽感，也可用假发，这对职业女性是最简便易行的办法。

（7）指甲油可用艳丽的、闪光的颜色。参加舞会时，难免会有出汗的情况，所以要随身带好化妆盒，以便随时补妆。

在一米左右所散发的香味，是最能使人接受的香味

法国的一位很有名的服装设计师让模特儿在一个比较高的天桥上来表演他的服装。为了引起人们的注意，他特地嘱咐模特儿改变往常把香水洒在颈部和上身的做法，而把大量香水洒在腿上，结果效果非常差。因为在她们走路时，坐在下面的人很容易就闻到了浓烈的香味，这强烈的香水味让观众们感觉到很不适，大家也没有心情欣赏表演了，这当然对时装表演是大有坏处的。

一部好莱坞名片《闻香识女人》生动形象地说明了香水在人际交往中所蕴含的缕缕情怀。恰当地喷洒香水，能够令自己更加引人注目、更出色。然而，运用香水不当，则会像上述事例一样，取得适得其反的效果。香水就如同“必杀技”，用得好则轻松获胜，失误了往往会伤害到自己。所以，喷香水一定要讲究方法，要注意以下事项：

1.香水要喷洒或涂抹在适当的地方

香水一般洒在耳朵后面或是手腕上，手臂内侧和膝盖内侧也是合适的部位。除了直接涂于皮肤，还可以喷在衣服上，一般多喷在内衣和外衣内侧、裙下摆以及衣领后面。而面部、腋下的汗腺、易被太阳晒到的暴露部位、易过敏的皮肤部位以及有伤口甚至发炎的部位，都不适合涂香水。

若想保持香味持久，不妨搽在丝袜上。当你希望香味持久，又希望香气由下而上散发缭绕，搽在大腿内侧、脚踝内侧、膝盖内侧以及长筒袜上是很好的方法。

2.使用不要过量，避免产生适得其反的效果

使用香水时要注意一个浓度问题，欧洲人和中东人因为体味大和习惯问题，用的香水会比较浓，我们没有必要效仿西方，因为大多数东方人还是习惯淡雅的香味，浓烈的香味往往

会起到令人反感的作用。如果你想发挥好香水的作用，就一定要谨记这条香水使用黄金原则：在一米左右所散发的香味，是最能使人接受的香味。

3.应该根据场合和自己的角色来选择适合的香水

在工作时，应用清新淡雅的香水，这样才不会给人以唐突的感觉；在运动旅游场合，就应用各品牌中标有“运动”字样的运动香水；而在私下亲密的时刻，当然可以用浓烈诱人的古典幽香了。在白天和冬季由于湿度低，香水应相应增加浓度。

另外还应选择适合自己的香水。香水是无形的装饰品，没有比香水能更快、更有效地改变一个人的形象的了，你的香水也在表述着关于你的个性、品位、修养等信息，所以，选对适合自己的香水，有助于你形象的树立。

4.香水不仅仅是女士的宠爱，男士也应该适当使用香水

随着时代进步、人们审美情趣的提高，男士用香水也越来越被人们所接受。时至今日，很多男士都被古龙水等淡香水所吸引。古龙水不仅仅可以驱除臭味，而且有格调、有品位，是高雅的男士的正常消费品。

现在，香水几乎已成为衣着的一部分了。无论是擦式的还是喷式的香水，在英文中都用wear（穿着）这个动词。由此可见人们对香水的重视程度了。男士或女士出席正式场合时选用合宜的香水并适当使用，就能够表现出优雅和品位，能更好地改变一个人的形象。

第五章　拥有良好的气质修养，提升完美形象

优雅的气质来自完美的内心

孔雀常为自己有一身美丽的羽毛而得意，它认为自己可与人类的皇后相媲美。遗憾的是，鸟类中几乎没谁把它当成最有气质的皇后来看待。

一天，有只鹤刚好经过孔雀身边。

“喂，你就不能停下脚步看我一眼吗？”正在开屏的孔雀喊住了步履匆匆的鹤。

“对不起，我还有很多事情要做，没时间欣赏你的羽毛。”鹤说完，又迈开了大步。

孔雀却拦住了鹤的去路，并嘲笑它，讥讽它灰白色的羽毛，说：“我的衣饰像个皇后，不仅有金色还有紫色，还具有彩虹所有的色彩，而你呢，你的翅膀上连一点点彩色也没有。”

“这一点儿都不错，但是我一飞上天，声音闻于星空，而你却只能在地下来回闲逛。”

孔雀因为有一身漂亮的羽毛，就理所当然地认为自己最高贵、最有气质。它趾高气扬地去嘲笑鹤，却不知道气质来自于内在心灵而不是外表、衣饰。气质是内在的自然表现。

人们往往对举止粗鲁、不讲文明的人嗤之以鼻，即使这种人腰缠万贯，也没有人愿意把他们当上宾看待。但优雅的人则不同，即使他们没有钱，即使他们没有什么名声、地位，就凭他们的优雅举止，便能有一个良好的形象，足以赢得人们的尊重。

优雅是从内而外释放出来的气质，它来自你的内心。对于一个人而言，优雅的气质主要包括以下四个方面：

（1）吸引力。来源于内心的涵养、对礼仪的理解、优雅的谈吐和得体的穿着。

（2）良好的形象。包括仪容、仪表和仪态。

（3）好修养。包括品德修养和文化修养。

（4）好心态。是人们在感情、事业、生活中如鱼得水的保证，也是增添自身魅力的重要法则。

优雅是一种恒久的时尚，当优雅成为一种自然的气质时，这个人一定显得成熟、温柔，更加吸引别人的关注和喜爱。

美貌或许会离去，但是优雅的魅力却历久弥新，所以，人必须学会改变自己，去读书、学习、发现、创造，它能让你获得丰富的感受、活跃的激情。要学会爱自己、赞美自己，善待自己也善待别人，让生活充满意义，让内心更加完美，让气质更加优雅。

优雅是不分阶层、贫富贵贱的，它是一种处乱不惊、以不变应万变的心态。真正的优雅来自完善的内心，是充实的内心世界、质朴的心灵形之于外的真挚表现，是自信的完美个性的体现。而所有的这些都来自于你所受的教育、你的自身修养以及你对美好天性的培植与发展。

那么，什么样的人才是具备优雅气质的人呢？

1.装扮得体、举止大方

不可能每个人都拥有美貌。如果你的长相并不十分出众，那你就要懂得改变自己，弥补自己的先天不足，通过服装、发型等把自己装扮得体，显示出你特有的魅力。在言谈举止中要落落大方，既有女性的温柔，又有高雅的气质。人的高贵并非指要出身豪门或者本身所处的地位如何显赫，而是指心态上的高贵。高贵的人往往会给人生活的信心和勇气，因为他们生命里潜存着一种净化心灵、激励斗志的人性魅力。他们不媚俗、不盲从、不虚华，最让人欣赏。

2.富有同情心

优雅的人都有一份同情心，对弱者或是受到委屈的人们总会表示出由衷的同情，并理解他们，给他们以适当的安慰和帮助。

3.心地善良、宽容待人

善良是人的特性。假如你有一颗善良的心，并且待人宽厚，从不苛求他人，而且经常帮助一些老人、小孩子，那么，即使你不是很漂亮，你不俗的优雅气质依然会让人心动。

4.健康、开朗、乐观

身体是生活的本钱，只有健康才能让自己活力四射，趋于完美。优雅的人开朗乐观，遇到挫折时敢于认真面对，用他的韧性，在克服困难的过程中寻求属于自己的幸福。

5.有理想和自信

优雅的人对未来有着崇高的理想，他们追求事业上的成功，用充满自信的目光看待每一件事和每一个人。人们往往也更欣赏这种乐观自信的人。

6.兴趣广泛

优雅的人有着广泛的兴趣爱好，并能持之以恒。

人的美丽在于心灵之美。试问有哪个人不想成为优雅的人？那就从现在做起，丰富你的内心，提升你的气质，做个优雅的人，塑造良好的形象，让自己散发永久的魅力。

好的气质来自对真、善、美的追求

一个阴云密布的午后，大雨瞬间倾泻而下，行人纷纷逃到就近的店铺躲雨。这时，一位浑身湿淋淋的老妇步履蹒跚地走进费城百货商店。看着她狼狈的样子和简朴的衣裙，售货员对她很冷淡。

这时，一个年轻人诚恳地对她说："夫人，我能为您做点什么吗？"老妇莞尔一笑："不用了，我在这躲会儿雨，马上就走。"随即，老妇人又心神不定了。不买人家的东西，却借用人家的屋檐躲雨，太不近情理了。于是，她开始在百货店里转起来，哪怕买个头发上的小饰物，也能给自己躲雨找个光明正大的理由。

正当她两眼茫然时，那个小伙子又走过来说："夫人，您不必为难，我给您搬了一把椅子，放在门口，您坐着休息就是了。"

两个小时后，雨过天晴，老妇人向那个年轻人道了谢，并向他要了张名片，就颤巍巍地走了出去。

几个月后，费城百货公司的总经理詹姆斯收到一封信，写信人要求将这位年轻人派往苏格兰收取装潢一整座城堡的订单，并让他负责几个大公司下一季度办公用品的采购任务。詹姆斯震惊不已，匆匆一算，只这一封信带来的利益，就相当于他们公司两年的利润总和。

当他以最快的速度与写信人取得联系后，才知道这封信是一位老妇人写的，而她正是美国亿万富翁"钢铁大王"卡内基的母亲。

詹姆斯马上把这位叫菲利的年轻人推荐到公司董事会。毫无疑问，当菲利收拾好行李准备去苏格兰时，他已升格为这家百货公司的合伙人了。那年，菲利22岁。

随后的几年中，菲利以他一贯的踏实和诚恳，成为“钢铁大王”卡内基的左膀右臂，在事业上扶摇直上、飞黄腾达，成为美国钢铁行业仅次于卡内基的富可敌国的灵魂人物。菲利29岁时，已经为全美国近百家图书馆捐赠了800万美元的图书，他希望用知识和爱心帮助更多的年轻人走向成功。

人的形象有外在形象与内在形象之分，而气质就是这种内在形象的最主要的组成部分，它虽然包括衣着与修饰方面的格调，但这格调却无疑源于内在。因为它不是毫无主见地模拟，而是通过个人的选择与认定。好的气质来自对真、善、美的不懈追求。

人的内在美是美的核心，人的素质是决定性因素。一个人外形无论修饰得多么靓丽，如果没有内在美也是不会有风度、气质和魅力的。正是认识到内在气质是形象的主要决定力量，现在的许多形象设计也都渐渐地趋向于注重人体内在美的培养了。

一个人的成功，有时并没有想象中那么复杂，也不需要艰难历程，伟大生活的基本准则都包含在最日常的言行之间。也许，正如上文菲利传奇的成功经历一样，一句亲切的话语、一个友善的致意或一项小小的援助计划，本身就蕴藏着成功的契机。因此，如果在生活中懂得处处为别人奉献爱心和真诚，不经意间你就会邂逅幸运之神。

善良是生命中的宝物，善良即是伟大。虽然善良的人并不具有丰功伟绩，但是他却可以把人从痛苦的深渊中拯救出来，一个善意的举动足以改变一切。

毫无疑问，人人都希望自己在别人心目中的形象是“美”的。首先自己要追求美，然后才能把美化为自己形象的一部分。

对真、善、美的追求，使你拥有了善良的心地、宽广的胸怀、平和的处世态度。待人谦虚而有自信，积极向上而不嫉妒倾轧，欣赏别人的美而不自卑，了解自己的长处而不嚣张，勇于负责而不跋扈。这种优良的品德会形成一个人雍容典雅的气质。有这种气质的人自然举止从容，态度大方，而有一种高雅之美。

善恶相生相克，它们同时存于你的一念之间。心生恶念，你的世界就是地狱；弃恶从善，地狱也会变成天堂。在现实生活中，如果一个人始终保持一颗追求真、善、美的心，那么有什么困难不能克服呢？因为这种由内而外滋生的气质形象毫无疑问将吸引到别人的欣赏和帮助。

仁爱是一种拥有好形象的法则

曾经在拥挤的长途汽车中发生过这样一件事，让李刚至今想来还是感慨万千。

当时他的座位是临窗的三号，还没等他坐稳，一个踩他脚的小山似的女人，一屁股将四号座位压得“咯吱”一下子，李刚的地盘被她侵占去三分之一。盛夏乘车摊上这样的“芳邻”，他只能自认倒霉了。

他的这排座位是三、四、五号。五号座位上是位不满20岁的姑娘，一副近视眼镜架在高挺的鼻梁上，表情丰富的脸上清晰地写着对四号邻居的厌恶。原来，五号的“疆土”也遭到那女人的“扩张”。只见五号几乎愤然地急挥纸扇，把女人呛人的汗酸味扇到李刚这边来。李刚心中非常恼火，但又不便说她。

汽车在公路上飞驰，闷热的空气与发动机的“哼哼”

声胜过催眠曲，车上的乘客有差不多半数在打盹。四号的眼皮也在合拢，小山似的身躯慢慢向五号倾斜。李刚说他当时真是幸灾乐祸起来，心里想着：身边女人灰衣服上那汗渍斑斑的“盐碱地”，可以从俏姑娘那里得到一点香水味了。

只一会儿，五号由表情讨厌到怒气升腾，从“厌而远之”到奋起反击：她架起胳膊肘顶四号的胖脸。然而四号的客人却是任你五号怎样明顶暗碰，都撞不开她的梦门。最后五号愤中生智，猛然一闪身，让四号趴扣在座位上，随之，车内一阵窃笑。

四号从突然破碎的梦中惊醒，艰难地支起身，很难为情地低下头玩起自己的胖指头来。

车行至某县城，那位五号姑娘也开始打盹，不由自主，她的秀发委屈地贴在四号的“盐碱地”上。渐渐地，五号的头滑到了四号的胳膊弯里了。李刚惊异地发现，那个胖女人并没有回敬姑娘一个闪身，反倒尽量保持平稳，让姑娘舒服地依着她。四号的右臂一定是很累了，她用左手去托扶着右臂。

不知怎么，李刚心里一下子泛起一股说不清的滋味，不禁对四号低声说：“大嫂，弄醒她吧。”

她答非所问：“俺家大妞也这般大，年轻人爱困。”

这位大嫂或许并不懂得什么人生大道理，但是她朴实无华的外表之下隐藏的是一颗金子般的“仁爱”之心，正是这颗心让她本不出众的形象灿烂生辉。

即使你外表再美，而你内心空虚、冷漠无情，那又有什么用呢？即使你家财万贯，却为富不仁，那你也不会赢得别人的真情。如果你有一颗仁爱之心，那么呈现在别人面前的也是一个宽厚爱人的高大形象。一颗美好的心灵与你的形象息息相关。

拥有“仁爱”之心的人才能胸襟开阔，真正地做到待人热情、友善、乐于助人，才能在人际交往中立于不败之地。遗憾的是，生活中有些年轻人对别人常抱有一种敌对情绪，不懂得用一颗仁爱之心拥抱生活，这样对己对人都是极为不利的。相反，拥有一颗仁爱之心的人才会让他们的形象更加深入人心，生活事业也都将眷顾于他。

学着去爱别人吧，你仁爱的形象会让你的人生之路走得更好。

谦虚是提升形象的一种大智慧

爱因斯坦是20世纪世界上最伟大的科学家之一。然而，在他的晚年，他还在不断地学习、研究。

当有人问他：“您的学识已经非常具有影响力，何必还要孜孜不倦地学习呢？”爱因斯坦并没有立即回答他这个问题。他找来一支笔、一张纸，在纸上画上一个大圆和一个小圆，对那位年轻人说：“在目前情况下，在物理学这个领域里可能是我比你懂得略多一些，正如你所知的是这个小圆，我所知的是这个大圆。然而整个物理学知识是无边无际的。对于小圆，它的周长小，即与未知领域的接触面小，它感受到自己的未知少；而大圆与外界接触的这一周长大，所以更感到自己的未知东西多，会更加努力地去探索。”

一席话真是令人回味无穷。爱因斯坦的形象之所以伟大不仅仅因为他取得了辉煌的成就，更因为他孜孜不倦的追求和一如既往的谦虚态度。谦虚向来是有影响力的人具备的品德，是以一种退后的姿态提升形象的大智慧。古往今来，越伟大的人往往越谦虚。而我们平凡人也可以运用这一智慧来提升自己的形象，生活中的各个场所都可以是表现谦虚的平台。

工作中的谦虚就是当你身居某个有影响力的位置时，并不认为这个职位就非你莫属，离了你地球就不会转动，而是想到还有很多优秀人才也能胜任，只是缺少像你一样的机会，从而做到爱岗敬业、一丝不苟。

工作中的谦虚是当你取得某项成绩、获得某项荣誉时，并不认为就是一己之功，而是离不开领导的关爱、组织的培养和同事的协作，从而把鲜花和掌声当成一种鞭策和鼓励，当成新的开始。

事实上，没有一个人能够有足够的资本骄傲。因为任何一个人，即使他在某一方面具有影响力，也不能够说他已经彻底精通，任何一门学问都是无穷无尽的海洋，都是无边无际的天空……所以，谁也不能够认为自己已经达到了最高境界而停步不前、趾高气扬。如果是那样的话，则必将很快被他人赶上并超过。

虚怀若谷、虚心好学才能容纳真正的学问和真理，才能取人之长、补己之短，日益完善自己，从而拥有更美好的形象。

诚实让你的形象具有说服力

下面是一位网友的真实经历：

“那年，我和朋友亚峰一起去深圳打工。到了深圳，我们在大街上盲目地奔波近半个月，终于打听到一家广告公司要招聘办公室文员，我们前往应聘。那家公司待遇优厚，参与竞聘的人不少。面试结束后，主试者说还要面试一次，叫我们七天后去报到。

“七天后，我们早早地到了公司。公司老总亲自给我们安排了当天的工作，我们每人分到一大捆宣传单，到指定的街道各自发放。

“我抱着传单，来到了划定的地盘，见人就发给一张。有的人接，有的人理都不理，有的接过去就随手扔在地上，我只好捡起来重发。忙碌了一整天，可手上的传单还剩厚厚的一沓。

“下午五点，我拖着满身的疲惫回公司交差。走进办公室，我看见其他人都已经回来了。亚峰一看到我就说，你怎么还留那么多传单在手中？我一看大家手上都是空的，心头就慌了。

“老总问我发了多少。我涨红着脸，把剩下的传单交给了他，难为情地说：‘我干得不好。’在回住地的路上，亚峰一个劲儿地骂我傻，还告诉我他的传单也没发完，剩下的全都扔进了垃圾桶，看来其他人也是如此。我恍然大悟，恨自己不开窍，心想这份工作肯定没指望了。

“结果却出人意料。那次招聘中，我是唯一被录用的。我感到很纳闷，去公司报到时，我问老总原因，老总说：‘一个人一天能发放多少传单，我们早就测试过。那天我给你们的传单，用一天时间肯定是发不完的。答案就这么简单！’

“如今，我早已离开了那家公司，但那一次求职经历我却终生都不敢忘记，它让我明白了一个受用一生的道理：诚实是金，别人对你的信任，首先来自你对别人的诚实，这是提升自己影响力的一条法则。”

良好的信誉能给自己的生活和事业带来意想不到的好处。诚实、守信是形成强大亲和力的基础——诚实守信会使人产生与你交往的愿望，在某种程度上，会消除不利因素带来的障碍，使困境变为坦途。

以诚相待是人际交往中最重要的砝码。大多数矛盾都能用诚信的办法解决。只要真诚待人，就能赢得良好的声誉，获得他人信任，将潜在的矛盾化解在无形之中。

生活和工作中有这样一些人，他们所说的话人们愿意相信，他们提出的建议人们也愿意采纳，在别人心中他们总是值得信赖的朋友，因此他们说话做事都比其他人更具有影响力。这样的人身上也许具有许许多多的优良品质，但有一条是绝不可少的，那就是言行一致，信守承诺，这是获取他人信任的首要条件。

社会学家曾经做过抽样问卷调查，题目是：你认为人类最好的美德有哪些？在回收的问卷中，虽然不同民族对人类美德所列的种类及排列顺序有所不同，但有一点却是共同的：诚实守信都被排在前三位之内。

尽管这只是抽样调查，但却说明了一个普遍的真理：全世界各民族都一致认为，对人真诚和讲信用是人类必不可少的重要美德，这是做人的根本，也是与人和睦相处的最佳良方。诚实守信能让一个人的形象更加伟大，吸引许多人围在他身边。

诚信并不是写在脸上的，它是深入人的骨髓血液的对人、对己的一种负责态度。

诚实不但是一个人立身处世的基本原则之一，也是社会对人的一项基本要求。在现代社会中，诚实就是品牌，诚实就是财富，诚实可靠者良好的个人形象将会为你赢得持久的人气，助你在社会中获胜。

由此可见，诚信不但具有道德价值，而且还蕴含着巨大的经济价值和社会价值，一个人有诚信就会很轻易地得到别人的帮助和支持，最终成就一番事业。

诚信所带来的有一种类似“品牌效应”的结果，也就是说，诚信是社会所弘扬的一种道德准则和价值观念。如果一个人被公认为诚实守信，那么他就会有更多的优势，他的话别人就会信，别人也愿意与他交往和合作。而那些满嘴谎言者，早已臭名远扬，大家都避之不及，更不会与之做真心的朋友了。这就好比是商业中的品牌，知名品牌、优质品牌，其本身就有价值，只闻其名，无须看货，便知是好产品，在市场上自然就吃得开，有长久的生命力。

所以，诚信让你的形象具有说服力，会给你带来长远利益，它是一种取之不尽、用之不竭，但又花钱买不来的东西。而且，我们要想获得良好的人际关系，也只能采取对等原则"以诚换诚"，对人不诚者也得不到别人真诚的对待。

才情是一件美丽又耐穿的衣裳

才情是人们的魅力之本。才情就像一杯清香的茉莉花茶，意味深远，令人回味无穷。难怪有人说："才情是穿不破的衣裳。"

富于才情的人，善于对日常的思维方式和行为方式进行艺术的提炼。例如，遇人、遇事如何以有效的思维方式，迅速采用最恰当的接待方式，以便使行为方式表现出稳重有序、落落大方的风度。

富有才情的人，具有令人赏心悦目的优雅举止。他们待人接物落落大方，懂得尊重别人，同时也爱惜自己。

真正富有才情的人，具有一种大气而非平庸的小聪明，是灵性与弹性的结合。

具体来说，才情美的魅力主要体现在以下几个方面：

1.突出的个性

人的相貌往往具有最直接的吸引力，而后，随着交往的加深、全面的了解，真正能长久地吸引人的却是他的个性。因为这里面蕴含了他自己的特色，是在别人身上找不出来的。正如索菲亚·罗兰所说："应该珍爱自己形体的缺陷，与其消除它们，不如改造它们，让它们成为惹人怜爱的个性特征。"

2.丰富的内心

有理想、有知识，是内心丰富的两个重要方面，这是现代人必不可少的。知识将使人的魅力大放光彩。除此以外，还需要宽广的胸怀。法国作家雨果说过："比大海宽阔的是天空，比天空宽阔的是人的胸怀。"

3.高雅的志趣

高雅的志趣会使你的气质锦上添花。每个人的气质不尽相同，这和人的人品、性情、学识、智力、身世经历和思想情操是分不开的。要想有优雅的气质和风度，就必须有良好的教育和修养。

4.优雅的言谈

言为心声，言谈是窥测人们内心世界的主要渠道之一。在言谈中，对长者尊敬，对同辈谦和，对幼者爱护，这是一个人应有的美德。

才情是天上的彩霞，具有才情的人的一抹微笑、一个眼神、一句睿智的话，都值得你回味、心醉。因此，多做一些有益身心的事吧，在潜移默化中培养你的才情，并成为一个富有才情的人。才情是一件美丽又耐穿的衣服，为你的形象恒久增色。

中篇

你的礼仪价值百万

第一章　礼仪之美关系成功

好礼仪是成功的“通行证”

在社会交往中，人们必须遵守一定的规矩和准则，才能体现人的优雅风范，才能保证文明社会得以正常维系和发展。礼仪，是人际交往的通行证，更是成功的通行证。

懂礼仪、讲礼仪是成功的基本要素。礼仪是通向成功的道路，例如在应聘的时候，“前三分钟是关键”。因为招聘时不可能给一个应聘者很多的时间，但前三分钟内他举手投足间表现的气质，待人接物的态度与方法却可以看出他是否就是聘者需要的人。所以，除了有比较扎实的专业基础与实践经验，还需要礼仪来美化个人。

美好的礼仪既可以美化你的形象，也可以美化你的人生。

孟德斯鸠曾说："我们有礼貌是因为自尊。礼貌使有礼貌的人喜悦，也使那些受人礼貌招待的人喜悦。"由此可见，一个人的礼仪无论是在生活、职场或者社交领域内都起着重要的作用，不仅可以使我们拥有一个优雅的生活环境，也为职场成功奠定了良好的基础，同时建立了和睦、友好的人际关系。

古人云：礼之所兴，众之所治也。任何一个个人或者企业，一刻也离不开礼仪。对于个人而言，学习礼仪可以提高素质。一个知书不达礼的人，是不可能成功的。因为一个优秀人才，不仅应当有高水平的专业知识，还必须有良好的道德品质修养和礼仪修养。礼仪是良好品德修养的表现形式，也是良好道德品质养成的重要途径之一，良好的道德品质需用彬彬有礼的方式去体现。而对于一个企业，礼仪可以赢得合作伙伴更多的信任，维持良好的合作关系，并得到更多的支持。可见，学习礼仪，掌握行为准则，不仅可以丰富礼仪知识，塑造优雅形象，还可以为个人或者企业赢得一张通往成功的"通行证"。

漂亮潇洒是天生的，优雅风度可以后天培养

相貌漂亮潇洒，是天生的资本，举止优雅有风度却是后天培养的，即便是相貌再漂亮的人，若举止失态，也会令人生厌，而优雅风度却能赢得大家的尊重。如果把容貌和出身看成是一个人的先天资源的话，那么良好的礼仪就是后天资源，先天资源我们不能掌控，后天资源我们却可以通过学习获得。

良好的礼仪是每个人都具有的后天资源。如果你没有潇洒漂亮的外表，你可以通过修炼自己的举止修养，用良好的形象和风度为自己赢得成功。

现今社会上流行着一句话，礼仪是一个人最佳的推荐信。人无礼，无以立。懂得了礼仪就可以立身，走遍天下。优雅的

风度和气质是礼仪素养的外在表现，容貌有形，优雅无形。容貌易逝，但优雅可以永存。

外表固然重要，但是一个人的优雅风度更重要。幸运的是，虽然我们不一定会拥有骄人的容貌，但通过学习和培养，我们可以拥有让人羡慕的优雅气质。优雅的风度和礼仪素养是每个人个性的沉淀。每个人的习惯、个性与内在修养不同，因而每个人表现在外面的风度就各不相同。无论你从事何种职业，何种年龄，只要努力提升，每个人都可以成为一个优雅知礼的人。

如何来提升自己的礼仪修养，培养出自己优雅的气质呢？

1.我们要努力地去丰富自己，提升自己

我们要提升自己的礼仪修养，就要从提升自己的内涵入手。优雅是一种由内而外散发的东西，要通过很多方面，经历很长的时间培养起来的，包括你接受的教育，你的品位，还有你后天的努力等等。外在美可能几个小时就能学到，但是内在的优雅却是要修炼的，而且绝对需要时间的打磨。只要坚持下去，突然有一天，你会听到有人赞美你，“你的举止很优雅！”做到优雅出众，就要不断提高自己的知识、品德修养，不断丰富自己，多读书，多思考。阅读可以丰富你的头脑，同时也会增加你思维的敏捷度；思考会使你变得智慧，久而久之，也会提高自己的言谈和举止。也只有真正从内心改变自己，才能达到持久的效果。当然，谈吐和适当的装扮也很重要。说话时要注意分寸，巧妙措辞，避免使用一些低俗和粗鲁的语言，礼貌地回答别人的问题，使自己的言谈举止既大方得体，又不显得矫揉造作。同时还要多关注一些关于时尚、服饰、配饰方面的信息，要学会选择适合自己的服装，让自己出现在任何场合都能衣着得体。

2.要优化自己的内心世界

优雅来自一个充实向上的内心世界。如果一个人没有理想的追求，内心空虚贫乏，是谈不上优雅的。品德是优雅的另一重要方面。为人诚恳，心地善良是不可缺少的。文化水平也在一定的程度上影响着人的优雅。此外，还要胸襟开阔，内心安然。

3.用智慧提升自己

古人说胸有诗书气自华。读书可以明事理、慧心智，更重要的是能寻找自己的精神家园。阅读，可以改变一个人的灵魂、禀性、气质，皆会浸润在一个真正的读书人身上，并通过其言行举止不知不觉地透露出来。因此人要优雅与智慧，就离不开阅读。

4.注意自己对他人的态度

优雅也可以来自你的言行举止。待人接物时，要做到热情而不轻浮，大方而不傲慢，自然就表露出一种高雅气度。狂热浮躁或自命不凡，就是气质低劣的表现。要能稳定自己的情绪，能忍辱谦让，关怀体贴别人。忍让并非沉默，更不是逆来顺受，毫无主见。相反，开朗的性格往往透露出大气凛然的风度，更易表现出内心的情感。

5.不要忽视仪表

在社交场合，必须注意仪表的端庄整洁。在社交活动时，适当地修饰与打扮是应该的。切忌在社交场合疲疲沓沓，不修边幅。

对内我们要提升内在素养，对外我们要塑造良好的形象，通过优雅迷人的风度和彬彬有礼的形象，让良好的礼仪素养为人生增添华彩。

从优秀到卓越，你要懂点礼仪

2008年11月5日正午，美国做出了一个伟大的决定，历史上第一次，一个黑皮肤的人站在美国的权力之巅，而又是什么让他感动美国?

政界人士引领潮流风尚从来不是什么新鲜事，大选和时尚从来都是相辅相成的。

从参加美国大选的那一刻起，奥巴马的衣着打扮就成为普罗大众的穿衣风向标。其衣着和品位更是成了大选中两大阵营明争暗斗比拼的焦点。美国作家马克·吐温说："着装成就人。"奥巴马的魅力让不少人觉得他连穿泳裤都比对手好看。有时，选举不完全是理性的行为，有时是感性的行为。在北卡罗来纳州的夏洛特举行的竞选集会上，奥巴马谈起逝去的祖母而当场潸然泪下，让在场所有人为他的眼泪而黯然神伤；而在"艾伦·德杰纳里斯"的舞蹈秀，他虽自叹不如妻子但无疑却展示领袖可爱的一面。有人曾夸张地说，奥巴马之所以能够在"超级星期二"后一口气拿下11个州的胜利，是因为其得体的举止能够"通吃"20岁至40岁间的女性选民。

奥巴马的成功当然不仅仅在于他的外表和能力，也在于他的礼仪素养，他永远都呈现出一副得体的姿态，谦和好礼帮助奥巴马获得了很多的支持，因而赢得大选。研究得出，一个人成功与否，与他所学的专业及才能仅有13%的关系，而和他能否拥有良好的人际关系，则有87%的关系。而是否懂得礼仪，直接影响人际关系。可以说，礼仪修养直接决定着一个人能否成功，礼仪是你质的飞跃的过程，想要从优秀到卓越，你必须懂得礼仪。

不可或缺的几项礼仪资本

礼仪是成就一生的重要资本，社会生活中，懂礼仪者在无形当中为自己增加了成功的砝码，而礼仪作为资本也包括诸多方面，概括而言，主要有以下几点：

1.得体的着装资本

古今中外，着装从来都体现着一种社会文化，体现着一个人的文化修养和审美情趣，是一个人的身份、气质、内在素养的无言的介绍信。从某种意义上说，服饰是一门艺术，服饰所能传达的情感与意蕴甚至不是用语言所能替代的。在不同场合，穿着得体、适度的人，给人留下良好的印象，而穿着不当，则会降低人的身份，损害自身的形象。

2.良好的仪容、仪态资本

好的仪容、仪态对人们参与社交的作用是不可轻视的，它在很大程度上影响着一个人的社交活动的效果。心理学研究表明，人们比较重视与不相识的人第一次见面后所形成的直观感觉，而这种感觉的效果的优劣直接影响到交往的继续进行。因此，端庄、整洁、美好的仪容、仪态，可以使别人对你产生好感，留下深刻而美好的首次印象，从而为交际活动打下基础。

3.优雅的谈吐资本

沟通是双方传递信息的桥梁，是双方思想感情交流的渠道。优雅的谈吐在人际交往中占据着最基本、最重要的位置。交谈是我们生活中一项必不可少的活动，从一个人的言谈间可以看出他的个人修养与气质。优雅的谈吐作为一种表达方式，能随着时间、场合、对象的不同，而表达出各种各样的信息和丰富多彩的思想感情。能为交往创造出和谐融洽的气氛，建立、保持、改善人际关系。

4.良好的习惯资本

良好礼仪习惯的养成，必须经过长期艰苦的实践锻炼才能达到。孔子常说："吾日三省吾身。"意思是说，一天之中要多次检查自己的言行是否符合"礼"。王阳明也要求人们有"省察克治之功"，细细检查反省自己，毫不留情地把自己身上的一切好利好名等非道义的东西全部"扫除廓清"。而良好的礼仪习惯，有助于提升个人修养，把自己培养成为具有高素养的人才。

5.高尚的品德资本

品德是一个人走向成功至关重要的因素。高尚的品德是礼仪修养的组成部分，每个人的成长轨迹，都会与其品性有着千丝万缕的联系。因为在社会这个群体组织里，个人品德决定着别人对自己的看法，大家对自己的认可程度，从而形成大家对自己的期待和认识，那么，无形中就确立了你在群体中的价值和地位。

第二章　相识礼仪：得体的谈吐为你加分

介绍礼仪，走向熟悉的第一步

无论是工作还是生活，经常需要在他人之间架起人际关系的桥梁。而介绍就是社交和商务场合中互相了解的一种基本方式，它是人们互相认识不可缺少的手段。正确的介绍可以使素不相识的人相互认识，商务人士也可以通过落落大方的介绍，显示良好的交际风度。在社交中，介绍通常包括自我介绍与他人介绍。

介绍：由陌生走向熟悉的节点

自我介绍通常适用于以下场景：在交往中与不相识者相处时，当不相识者要求自己作自我介绍时，当我们有求于人而对方对自己不甚了解时，旅行途中与他人不期而遇，并且有必要与之建立临时接触时，当我们需要自我推荐，自我宣传时，欲结识某些人或某个人，而又无人引见时。

他人介绍，又称第三者介绍，是经第三者为彼此不相识的双方引见、介绍的一种交际方式。他人介绍，通常是双方的，即对被介绍双方各自作一番介绍。有时，也可进行单向的他人介绍，即只将被介绍者中的某一方介绍给另一方。为他人作介绍时需要把握一些基本的礼仪要求。

了解和掌握介绍礼仪的基本技巧，有助于人们找到通往交际殿堂的钥匙，获得良好的“首因效应”，从而有机会拓展社会商业。本章主要讲述了自我介绍、为他人作介绍和集体介绍及介绍顺序的礼仪。

什么时候该作介绍

适当地介绍时机可以给对方留下深刻的印象，如果是对方正忙于工作，或是正与他人交谈，或是大家的精力集中在其他人或事情上的时候，此时介绍的效果一定不会好。因此，应该知道什么时候该作介绍。

一般如遇下列情况时，是自我介绍的适宜时机：

（1）初次登门拜访不相识的人。

（2）与不相识者处一室时。

（3）在聚会上与身边的陌生人共处。

（4）打算介入陌生人组成的交际圈。

（5）前往陌生单位，进行业务联系时。

（6）他人请求自己作自我介绍时。

（7）在旅途中与他人不期而遇而又有必要与之接触时。

（8）初次利用大众传媒，如报纸、杂志、广播、电视、电影、标语、传单，向社会公众进行自我推荐、自我宣传时。

在为他人作介绍时，如遇到下列情况，就有必要进行介绍。

（1）本人的接待对象遇见了其不相识的人士，而对方又跟自己打了招呼。

（2）陪同上司、长者、来宾时，遇见了其不相识者，而对方又跟自己打了招呼。

（3）在家中或办公地点，接待彼此不相识的客人或来访者。

（4）受到为他人作介绍的邀请。

（5）打算推荐某人加入某一方面的交际圈。

按照什么顺序介绍

有时需要介绍自己熟悉而对方互不相识的同事或朋友，很多人知道什么时候应该介绍，却不注意介绍的先后顺序，甚至可以说不懂介绍的顺序。一般来说，介绍时应该遵守如下礼仪规范：

1.按身份介绍

如果需要介绍的双方在身份、地位上有差别，要先介绍位卑者给位尊者认识；介绍非官方人士给官方人士；介绍一般客人给身份较高的客人；介绍年轻的给年长的；介绍后辈给前辈；介绍公司同事给客户；介绍自己公司的同事给别家公司同行；介绍本国同事给外乡同事等。

2.按性别介绍

把一位男士介绍给女士时，应先提女士的名字，然后再提男士的名字。但如果你要介绍一男一女相识，而男士年纪比女士大得多，则应该是将女士介绍给这位男士，以示尊敬长者。

3.介绍时的禁忌

切忌向有身份、有地位的人介绍他不屑于认识的人，这是社交场合的冒失行为，你要有把握不会引起对方的反感才行。

集体介绍，顺序有讲究

集体介绍是他人介绍的一种特殊形式，是指介绍者在为他人介绍时，被介绍者其中一方或者双方不止一个人，甚至是许多人。

集体介绍时的一般顺序是：

1.双方人数差别较大

在被介绍者双方地位、身份大致相似，但双方人数有明显送别，应先介绍人数少的一方，后介绍人数较多的一方或多数人。

如果被介绍者在地位、身份之间存在明显差异，特别是当这些差异表现为年龄、性别、婚否、师生以及职务有别时，地位、身份明显高者即使人数较少，甚至仅为一人，仍然应被置于尊贵的位置，先向其介绍人数多的一方，再介绍地位、身份高的一方。

2.被介绍的双方人数均多

双方介绍若需要介绍的一方人数不止一人，要按位次尊卑顺序进行介绍。先介绍位卑的一方，后介绍位尊的一方；或先介绍主方，后介绍客方的顺序。在有些场合下，也可采取笼统的方法进行介绍，如“她们都是我的同事”等。

3.人数较多的多方介绍

当被介绍者不止两方，而是多方时，应根据合乎礼仪的顺序，确定各方的尊卑，由尊至卑，按顺序介绍各方。如果需要介绍各方的成员，也应按由尊到卑的顺序，依次介绍。

另外，如在会议、比赛、会见、演讲、报告时，可以只将主角介绍给大家，而不需要一一相互介绍。

主动介绍他人与自己

让你来为未曾谋面的两个人作介绍是社交中经常遇到的事，双方对彼此的第一印象与你的介绍有着不可忽视的联系。因此，我们在介绍他人时应当态度积极、主动向前，并以动作及言语来配合。

当你以热情的方式为双方作介绍时，不仅可以充分表现你的涵养与素质，还可以让双方有一个愉快、融洽的相识氛围。因此，这就需要我们掌握正确的介绍方法。

（1）为他人介绍时，要注意顺序。应把男子介绍给女子，把年轻的介绍给年长的，把地位低的介绍给地位高的，把未婚的女子介绍给已婚的妇女，把儿童介绍给成人。

（2）为他人作介绍，要先了解双方是否有结识的愿望，做法要慎重自然，不要贸然行事。最好先征求一下双方的意见，以免为原来就相识者或关系不好者作介绍。

（3）用尊称介绍。当你为双方作介绍时，最好用较为尊敬的称呼来介绍，这不仅可以表现出你对被介绍方的尊重，并且可将这种尊重传达给被介绍的另一方。

另外，作为被介绍者，应当表现出结识对方的热情，目视对方，除女士和年长者外，被介绍时一般应起立。但在宴会桌上和会谈桌上只需微笑点头有所表示即可。

实事求是地介绍自己

自我介绍是人际交往中有效扩大自己的交际范围的一种有效方式，通过自我介绍可以广交朋友，而且有助于自我展示、自我宣传。因此，在作自我介绍时，要尽可能地实事求是，不过分夸耀自己，也不贬低自身。

为了让对方信任自己，我们在作自我介绍时需要注意以下事项：

1.介绍要素

自我介绍的内容包括以下几项基本要素：本人的姓名、供职的单位以及具体部门、担任的职务和所从事的具体工作。这些要素，在自我介绍时，应一气连续报出，这样既有助于给人以完整的印象，又可以节省时间。

2.介绍语不宜太长

自我介绍时要注意把握时间，介绍语要言简意赅以尽可能地节省时间，介绍时间以半分钟左右为佳。不宜超过一分钟，而且愈短愈好。话说得多了，不仅显得啰唆，而且交往对象也未必记得住。为了节省时间，作自我介绍时，还可利用名片、介绍信加以辅助。

3.态度自然

自我介绍时既不能唯唯诺诺，又不能虚张声势，轻浮夸张。态度一定要自然、友善、亲切、随和。并且还要表示出渴望认识对方的真诚意愿，如果你态度热忱，对方也会热忱。

4.语气自然

自我介绍时语气要自然，语速要正常，语音要清晰。在自我介绍时应镇定自信、落落大方、彬彬有礼，这样能给人以好感；如果你流露出畏怯和紧张的情态，结结巴巴、目光不定、面红耳赤、手忙脚乱，则会被他人轻视，将会影响彼此间的沟通。

被他人介绍，要欣然接受

有时候，被同事或者朋友介绍给他人的情况也是时常发生的。当被介绍者在介绍者询问自己是否有意向认识某人时，一般应欣然接受。并且要表现出认识对方很高兴的样子。

为了介绍者和被介绍的一方留下一个良好的印象，当我们被他人介绍时，应该做到以下几点：

1.微笑起身

当介绍者走上前来为被介绍者进行介绍时，一般都应起身站立，被介绍者除了女士和长者外。此时被介绍者要面带微笑，大方地目视介绍者或对方，表现出谦和的态度。如果被介绍是在会谈进行中或宴会等场合，可以微微欠身致意。

2.主动示好

介绍后，应主动与对方握手，问候对方，表示非常高兴认识对方。一般情况是身份高的一方和年长者理应主动示好，身份低的一方或年轻者，应根据对方的行为做出相应的反应，如果对方主动与你握手，你应立即将手伸出去与对方相握。当双方身份相当时，你可主动、热情地对待对方。

另外，如果你实在不愿意认识对方或被介绍，应向介绍者说明缘由，取得谅解。

礼貌用语，拉近人与人之间的距离

使用礼貌用语，是人类文明的标志，也是全世界共同的心声。使用礼貌用语不仅会得到人们的尊重，提高自身的信誉和形象，而且还会对自己的事业起到良好的辅助作用。

恰当使用文明用语

在我国，政府有关部门向市民普及文明礼貌用语，基本内容为五个词："请""谢谢""你好""对不起""再见"。在实际的社会交往中，日常礼貌用语远不止这5个词。归结起来，主要可划分为如下几个大类：

1.问候语

人们在交际中，根据交际对象、时间等的不同，常采用不同的问候语。例如在中国实行计划经济的年代，由于经济发展水平不高，人们面临的首要问题是温饱问题，因而人们见面的问候语是："你吃了吗？"今天，在中国不发达的农村，这句问候语仍然比较普遍，而经济比较发达的农村和城市，这句问候语已经很少听到了。

人们见面时的问候语是"您好""您早"等。在英国、美国等说英语的国家，人们见面的问候语根据见面的时间、场合、次数等不同而有所区别。如双方是第一次见面，可以说"How do you do？"（您好），如果双方第二次见面，可以说："How are you？"（您好）。如在早上见面可以说："Good morning"（早上好），下午可以说："Good afternoon"（下午好），晚上可以说："Good evening"（晚上好）或"Good night"（晚安）等。在美国非正式场合人们见面时，常用"Hi""Hello"等表示问候。

2.欢迎语

交际双方一般在问候之后常用欢迎语。世界各国的欢迎语大都相同。如"欢迎您"（Welcome），"见到您很高兴"（Nice to meet You），"再次见到您很愉快"（It is nice to see you again）。

3.敬语

敬语主要指的是在人际交往活动中蕴含着的对他人表示敬重、礼让、客气等内容的语言表达方式。敬语是谈吐文雅的重要体现，是展示谈话人风度和魅力的必不可少的基本要素之一，是尊重他人并获得他人尊重的必要条件，是人际交往达到和谐融洽境界的推动因素。

一般而言，敬语的类型可归结为这样几种：

（1）问候型敬语，即人们彼此相见相互问候时使用的敬语，通常有："您好""早上好""久违了"等等。问候型敬语的使用既表示尊重、显示亲切、给予友情，又充分体现了说话者有教养、有风度、有礼貌。

（2）请求型敬语，请求别人帮忙时所使用的一类敬语，这类敬语通常有"请""劳驾""请多关照""承蒙关照""拜托"等多种不同表达方式。

（3）道谢型敬语是指当自己在得到他人帮助、支持、关照、尊敬、夸奖之后表达谢意时所使用的敬语，这类敬语最简洁、及时而有效的表达就是由衷地道一声"谢谢"。除此之外，属于这种类型的敬语还有"承蒙夸奖""不胜荣幸""承蒙提携"等。

（4）致歉型敬语。在现代生活中，人际交往的层面不断扩大，人际关系的网络也日趋复杂，这使得人与人之间的摩擦时有发生。而当自己的行为对他人造成伤害或消极影响时，最平常的致歉型敬语即是："对不起""请多包涵""打扰您了""给您添麻烦了""非常抱歉"等。

当然在人际交往活动中，敬语的使用是非常普遍的，除了上述四种类型外，在这样一些场合下也常用敬语：如等待客人说"恭候"；请人勿送说"留步"；陪伴朋友说"奉陪"；中途先走说"失陪"；向人道贺用"恭喜"；赞赏见解用"高见"；欢迎消费者用"光顾"；谈及老人年岁用"高寿"；称小姐年龄用"芳龄"；说他人来信为"惠书"等。但是不管运用何种敬语，在表达上都要注意：首先，敬语的使用要本着诚心诚意的原则，不能只是作为形式上的应付或敷衍塞责。其次要根据不同对象、不同场合、不同氛围灵活掌握敬语的使用，既要体现出彬彬有礼，又要不落俗套。再次，使用敬语时还应认真、直接，不要含糊不清，同时还要注意对方的反应，并辅之以必要的体态语言。总之要力求通过敬语的表达使从事人际交往的人们在心里产生反响和共鸣，达到感情的进一步交流。

4.谦语

谦语亦称"谦辞"，它与"敬语"相对，是向人表示谦恭和自谦的一种词语。谦语最常用于在别人面前谦称自己和自己的亲属。例如，称自己为"愚"，介绍亲属称"家严、家慈、家兄、家嫂"等。自谦和敬人，是一个不可分割的统一体。

尽管日常生活中谦语使用不多，但其精神无处不在。只要你在日常用语中表现出你的谦虚和恳切，人们自然会尊重你。

在社会交往过程中，常常会出现由于组织的原因或是个人的失误，给交际对象带来了麻烦、损失，或是未能满足对方的要求和需求，此时应使用致歉语。常用的致歉语有：

“对不起”（Sorry），“很抱歉”（So sorry），“请原谅”（Pardon），“打扰您了，先生”（Sorry to have bothered you, sir），“真抱歉，让您久等了”（So sorry to keep you waiting so long）等。

真诚的道歉犹如和平的使者，不仅能使交际双方彼此谅解、信任，而且有时还能化干戈为玉帛。道歉也有艺术。

在人际交往中，有些人有时放不下架子或碍于面子，不愿直接道歉，这也是人之常情。其实，道歉的方式很多，道歉时可采用委婉的手法。例如：今天的交际对象是你以前曾经冒犯过的人，那么你可以说：“真是不打不相识啊，俗话说得好，不是冤家不聚头，来让我们从头开始！”道歉并非降低你的人格，及时得体的道歉也充分反映出你的宽广胸襟、真诚情感和敢于承担责任的勇气。

有些时候，如果由于组织的原因或个人原因给交际对象造成一定的物质上、精神上的损失或增加了心理上的负担，在道歉的同时还可赠送一些纪念品、慰问品以示诚心道歉。

5.祝贺语

在交际过程中，如果你想与交际对象建立并保持友好的关系，你应该时刻关注着交际对象，并与他们保持经常性联系。例如：当你的交际对象过生日、加薪、晋升或结婚、生子、寿诞，或是你的客户开业庆典、周年纪念、有新产品问世或获得大奖等，你可以以各种方式表示祝贺，共同分享快乐。

祝贺用语很多，可根据实际情况需要进行选择。如节日祝贺语：“祝您节日愉快”（Happy holidays），“祝您圣诞快乐”（Merry christmas）；生日祝贺语：“祝您生日快乐”（Happy birthday to you）；当得知交际对象取得事业成功或晋升、加薪等，可向他表示祝贺：“祝贺你”（Congratulations）。常用的祝贺语还有：“恭喜恭喜”“祝您成功”“祝您福如东海，寿比南山”“祝您新婚幸福、白头偕老”“祝您好运”“祝您健康”。

此外还可通过贺信，在新闻媒介刊登广告等形式祝贺。如：“庆祝大连国际服装节隆重开幕！”“××公司恭贺全国人民新春快乐！”等等。总之，在当今社会，适时使用祝贺用语，对交际来说有百益而无一害。

6.道别语

交际双方交谈过后，在分手时，人们常常使用道别语，最常用的道别语是“再见”（Goodbye），若是根据事先约好的时间可说“回头见”（See you later）“明天见”（See you tomorrow）。中国人道别时的用语很多，如“走好”“慢走”“再来”“保重”等。英美等国家的道别语有时比较委婉，常常有祝贺的性质，如“祝你做个好梦”“晚安”等。

7.请托语

在日常用语中，人们出于礼貌，常常用请托语，以示对交际对象的尊重。最常用的是“请”，其次，人们还常常使用“拜托”“劳驾”“借光”等，在英美等国家，人们在使用请托语时，大多带有征询的口气。如英语中最常用的“Will you please...”（请问你能……）“Can I help you？”（你想买点什么？）“Could I be of service？”（能为您做点什么？）以及在打扰对方时常使用“Excuse me”，也有征求意见之意。日本常见的请托语是“请多关照”。

8.称呼，拉近人与人的距离

在生活中，一句恰当温柔的称呼往往能拉近人与人之间的距离。亲切的称呼可以很好增进人与人之间的感情，也可以促进有效的沟通与交流。不懂称呼或不会称呼的人，称呼的名称或语气很生硬，甚至引起对方反感。

中国素有“文明古国、礼仪之邦”的美称，自古以来，在使用称呼时十分讲究。人际交往，礼貌为先；与人交谈，称呼在前。正确、恰当地掌握和运用称呼，是交往中不可忽视的一个重要环节。

在人际交往中，无论各国、各民族的习惯差异有多大，以礼相待总是相通的。当商界人士互相见面或被他人介绍时，依照常例，应起身站立，热情认真地向对方打个招呼，这是最普通的礼节。如果我们使用尊敬的亲切、儒雅的称呼，可以使交往的双方感情融洽、心灵沟通，并会缩短彼此间的距离。

在日常生活中，我们除了亲属外，还需要与社会上不同年龄、不同性别、不同行业、不同职务和职称的人交往。恰如其分、恰到好处地称呼别人，会给对方留下好印象。为此，我们首先需要了解有关称呼的礼仪规范。

工作中的称呼庄重而规范

在职场上，我们应当采用正式的称呼，以显示庄重而规范。一般说来，在实际的工作中，大致有以下几类称呼：

1.职务性称呼

职务性称呼是工作中最为常见，它以交往对象的行政职务相称，以示身份有别并表达敬意。如“董事长”“总经理”等。这种只称呼行政职务的方式多用于熟人之间。

如果是在行政职务前加上姓氏，则适用于一般场合。如“汪经理”“李秘书”等。如果在行政职务前加上姓名，则多见于极为正式的场合。如“王刚董事长”“林荫主任”等。

2.职称性称呼

当我们在工作中遇到有中高级技术职称者，可用职称性称呼。尤其是在需要强调对方的技术水准的情况，更应这么做。

一般地，熟人之间经常仅称技术职称。如“总工程师”；在技术职称前加上姓氏，多用于一般场合。如“严律师”；在行政职务前加上姓名，则常见于十分正式的场合。如“李静伟研究员”。

3.学衔性称呼

学衔性称呼以示对对方学术水平的认可和对知识水准的强调。它适用于一些有必要强调科技或知识含量的场合。熟人之间仅称学衔，如“博士”。一般性交往常常在学衔前加上姓氏，如“侯博士”。较为正式的场合常在学衔前加上姓名，如“侯钊博士”。

4.行业性称呼

当我们在不了解交往对象的具体职务、职称、学衔，有时不妨直接以其所在行业的职业性称呼或约定俗成的称呼相称。

一般情况下，常以交往对象的职业称呼对方。例如，可以称教员为“老师”，称医生为“大夫”，称警察为“警官”，等等。此类称呼前，一般均可加上姓氏或姓名。

当然也可以其约定俗成的称呼相称。例如，对公司、服务行业的从业人员，人们一般习惯于按其性别不同，分别称之为“小姐”或“先生”。在这类称呼前，亦可冠以姓氏或姓名。

工作外的称呼亲切而自然

在日常生活中，所使用的称呼应当亲切、自然、合理。既不可过于随便，又不能太严肃，否则很可能会弄巧成拙。在工作之外的称呼大致上有以下几类：

1.对亲属的称呼

对自己的亲属，一般应按约定俗成的称谓称呼，但有时为了表示亲切，不必拘泥于称谓的标准。如对公公、婆婆、岳父、岳母都可称为“爸爸”“妈妈”。亲家之间为表示亲密、不见外，也可按小辈的称呼来称呼对方。但对外人称呼自己的亲属，要用谦称。

2.他人的亲属

称呼他人的亲属，一定要敬称，以示尊重。一般可在称呼前加“令”字，如称呼对方的父母亲为“令尊”“令堂”，称呼对方的儿子和女儿为“令郎”“令爱”等。对其长辈，也可加“尊”字，如“尊叔”“尊祖父”等。

3.朋友之间的称呼

如果对方是自己的朋友或熟人，称呼既要亲切友好，又要不失敬意，一般可通称为“你”“您”，或视年龄大小在姓氏前加“老”“小”相称，如“老张”“小刘”。

4.尊称长者

对有身份者或长者，可用“先生”相称，也可在“先生”前冠以姓氏。对德高望重的长者，可在其姓氏后加“老”或“公”，如“郭老”“夏公”，以示尊敬。

正式场合的称呼避免有失尊敬

有时候，我们在称呼对方时要尽可能地使用较为正式的称呼，尤其是在较为严肃的场合，更应如此，以示尊重对方。如在公务交往中称呼不当，将有失敬于被称呼者。因此，我们要切记不可犯了下面几类忌称：

1.错误的称呼

有些人在称呼对方时往往是粗心大意、用心不专，结果导致错误的称呼。常见的有误读，由于不认识被称呼者的姓名，而念错了对方的姓名。我国人名中的一些姓氏本身就是多音字，很容易被人误读。

2.不适当的称呼

不适当的称呼多是在正式场合使用了不当的称呼。如有人在正式场合，以“下一个”“12号”等替代性称呼去称呼他人；如同事之间使用的非正式的简称应用于正式场合也不够恰当，如把“范局长”简称为“范局”，把“周校长”简称为“周校”等，均不可使用于正式场合。

3.不通行的称呼

有一些称呼，仅仅适用于某一地区，或者仅仅适用于国内。一旦超出一定范围，就有可能产生歧义。如，北京人称别人为“师傅”，山东人则习惯于称呼别人为“伙计”，这类地区称呼在其他地区往往难以“畅行无阻”。

另外，在国内，“同志”是常用的称呼，但绝对不宜用于称呼一般的外国人。

4.庸俗性的称呼

在公务交往中，一些庸俗而档次不高的称呼，绝对不宜使用。在正式场合，不论对外人还是自己人，最好都不要称兄道弟。动辄对他人以“朋友”“兄弟”“死党”“哥们儿”“姐们儿”相称，往往只会贬低自己的身份。张口闭口“张哥”“李姐”“王叔”，不仅不会使人感到亲切，反而会让别人觉得称呼者的格调不高。

5.绰号性的称呼

一名有教养的人绝对不可擅自以绰号性称呼去称呼别人。尤其是一些对他人具有侮辱性质的绰号，则更是应被禁止使用的。因此，不管是自己为别人起的绰号，还是道听途说而来的绰号，都不宜使用。

涉外交往中的称呼根据对象区别对待

由于世界上各国的文化差异及习俗、宗教等方面的差异，在称呼上往往与国内常用的称呼有所不同。在与国际友人交往时，准确地称呼是对对方最基本的尊重。

在一般性的涉外交往中，根据交往对象的职业或其他属性的不同，对对方的称呼应有所区别。

1.商界人士

称呼商界人士时，多以“女士”或“先生”来称呼对方，同时加上对方的姓氏或姓名。例如，“玛丽小姐”“比尔·盖茨先生”，等等。需要注意的是，在有些国家，人们并不习惯于称呼交往对象的行政职务。

2.政界人士

与政界人士打交道时，一般称呼行政职务，还可同时加上“小姐”“女士”或“先生”等称呼。如果对方的职务较高，也可称呼为“阁下”。例如，“总理先生阁下”。但在美国、德国、墨西哥等国家，却并无“阁下”之称。

3.军界人士

与军界人士交往时，多习惯于称呼其军衔，而不称呼其职务。有时只称呼军衔，例如，“将军”等；也可在军衔之后加上“先生”，如，“少校先生”；也有的是在军衔之前加上姓氏，如，“朱可夫元帅”；将军衔与姓氏、“先生”一起相称最为正规，如，“布莱德雷上将先生”。

4.社交界人士

“小姐”“女士”“先生”等称呼适用于一切社交场合。在一些国家称呼妇女时须谨慎：已婚者应称之为“夫人”，未婚者应称之为“小姐”，在不知其婚否的情况下多以“女士”相称。

在大多数情况下，“小姐”“夫人”“女士”“先生”均可与姓氏或姓名一并称呼。与姓氏合称，适用于一般场所。与姓名合称，则显得非常正式。

5.王公贵族

称呼来自君主制国家的王公贵族时，必须采用其规范性称呼。“陛下”是对国王、王后的称呼；对国君之母，应称之为

"王太后"或"太后"；"殿下"通常用来称呼王子、公主及国王的兄妹；对拥有爵位、封号者，则必须直接以其爵位、封号相称。例如，"大公""勋爵""爵士"等。在某些国家，拥有爵位的贵族亦可被称为"阁下"或"先生"。

6.社会主义国家或兄弟党人士

对此类人士，一般可以称之为"同志"。"同志"这一称呼，大都可与姓氏或姓名构成合称。需要注意的是，"同志"这一称呼不宜滥用。

7.其他人士的称呼

对宗教界人士，一般只宜称呼其神职。对教育界、科技界、卫生界、司法界人士一般应以其职称、学衔为主要内容。

小名片大学问

名片根据内容、用途及使用场合的不同，在活动中根据名片主人数量和身份的不同，名片可分为社交名片，夫妇联名名片、名片以及集体名片四类。人员在不同的场合，根据不同的需要，面对不同的交往对象时，应当使用不同的名片。

1.社交名片

社交名片，指的是以私人身份在社交场合进行交际应酬时所使用的名片，也就是个人名片。一般而言，社交名片的基本内容包括两个部分：一是本人姓名，以大号字体印在名片正中央。姓名之后无须添加任何性头衔。二是联络方式，以较小字体印在名片右下方。具体内容包括家庭住址、邮政编码、住宅电话、互联网址等。一般不宜将自己的手机号留在名片上。社交名片只用于社交场合，为表示"公私有别"，通常与公务无关，因此一般不印有工作单位以及行政职务。

如果本人不喜欢被外界打扰，则可根据具体情况对自己的联络方式的内容有所删减，例如可删去住宅电话一项。必要时，可以不印任何联络方式，而仅留姓名一项内容。

2.夫妇名片

一种特殊形式的名片便是夫妇名片。在场合中，高层人士往往会偕同夫人一起参与交际应酬。如果此时与人交换名片，夫妇各自为政，不仅在行动上显得麻烦，有时也会产生不必要的误会。而如果同是高层，夫妻中只有一人与客人交换名片，则显得过于失礼。在这种情况下，就可以采用夫妇联名名片。名片上的基本内容同样只包括姓名和联系方式两项，或只有姓名一项。所不同的是，夫妇名片同时印有夫妇两人的姓名。一般而言，两人姓名不宜印成上下两行，则应印刷成一行以示尊敬平等。

夫妇名片在联名赠送礼品或投寄问候信函的场合中使用。要注意的是，如果需要夫妻中的某一方递交名片，手头又只有夫妇名片时，宁可不交换名片，也不要因此而涂去另一方姓名，涂抹名片是一种很不得体的做法。

3.商务名片

对于商务人士来说，最标准、使用最频繁的名片形式便是商务名片，应用于各种商务活动中。按照惯例，标准的商务名片应由具体公司及部门、本人称谓及职务、联系方式等三项基本内容构成。

（1）所属公司及部门。标准的商务名片应详细记录供职公司名称、所在的部门等内容，二者均应采用正式的全称。但一枚名片上所列的单位或部门不宜多于两个。如果确实有两个以上的供职单位和部门，或同时承担着不同的社会职务，则应分别印制不同的名片，并根据交际内容、交往对象的不同分发不同的名片。

（2）个人称谓及职务。在商务名片的称谓部分，应由本人姓名、行政职务、技术职务、学术头衔等几个部分所构成。

但后面两项内容，尤其学术头衔往往可有可无。名片上所列的行政职务一般不宜多于两个，且应与同一名片上的具体归属相对应。

（3）联系方式。联系方式通常由单位地址、邮政编码、办公电话及手机号码等内容构成，家庭住址、住宅电话，则不宜列出。至于传真号码、互联网址等内容则应根据具体情况决定是否印于其上。单位的联络方式同样应与同一名片上所列的具体单位或部门相对应。

以上所述三项内容既要完整无缺，又应排列美观。通常，具体归属与联络方式应以大小相似的小号字体分别印于名片的左上角与右下角；职务头衔则应以较小字体印于姓名的右侧；本人姓名应以大号字体印于名片正中央。

4.集体名片

集体名片，实际是商务名片的集体表现形式，通常是指在对外商务活动中，以整个部门，尤其是那些对外交往较为频繁的部门，其主要成员集体对外使用的名片。

集体名片其特殊之处在于在名片上列出某一集体的每一位主要成员的具体称呼，并按职务高低自上而下依次排列，在基本内容构成上与其他公务名片没有任何区别。使用集体名片不仅可以节省费用，而且还有助于维护和宣传集体。这种名片所使用的场合有一定的局限性，同夫妻联名名片相似，需要谨慎使用。

发名片，“优先权”给他人

根据礼仪规范，当处在一群彼此不认识的人当中，尽量不要主动派发名片，最好让别人先发送名片。发名片时，为了更好地遵循“把优先权让给他人”的原则，我们还要注意以下细节：

1.名片要有选择地发

在商业社交活动中尤其要有选择地提供名片，才不致使人以为你在替公司搞宣传，拉业务。尤其不要在一群陌生人中到处传发自己的名片，这会让人误以为你想推销什么产品，反而会因此不受重视。

2.发名片不打扰他人

对于陌生人或巧遇的人，不要在谈话中过早发送名片。因为这种热情一方面会打扰别人，另一方面有推销自己之嫌。

3.不向年长者发名片

尽量不要向年长者发送名片，除非对方要求，否则不要在年长的领导面前主动出示名片。

4.不在用餐时发名片

无论参加私人还是商业餐宴，名片皆不可在用餐时发送，因为此时只宜从事社交而非商业性的活动。

5.发名片也有时机

如果需要发名片，最好在刚见面或告别时发送，但如果自己即将发表意见，则在说话之前发名片给周围的人，这样更有利于他们快速记住你。

递名片时要郑重其事

递名片给他人时，要郑重其事，应该起身站立，走上前去，要用双手拇指和食指执名片两角，让文字正面朝向对方，递交时目光要注视对方，微笑致意，可顺带一句简短的问候语。

一般地位低的先向地位高的递名片，男性先向女性递名片；当交换名片不止一人时，应先将名片递给职务较高、年龄较大者；如分不清公众的职务高低和年龄大小时，则可先和自己对面左侧方的人士交换名片。

如果对方是少数民族或外宾，最好将名片上印有对方认得的文字那一面面对对方。将名片递给他人时，应同时说“请多指教”“今后保持联系”“我们认识一下吧”，或是先作一下自我介绍。

如果是与多人交换名片，一定要依次进行，讲究先后次序，或由近而远，或由尊而卑。不能挑三拣四，采用“跳跃式”，否则容易被人误认为厚此薄彼。

交换名片时，如果双方是坐着的，应当是起立或欠身递送，递送时可以介绍自己的名字、身份、单位，并说：“这是我的名片，请收下。”切忌单用食指和中指夹着名片给人，也不能把名片文字倒过来递送，这也是不礼貌的行为。

切勿以左手递交名片，不要将名片背面递给对方或是颠倒着递给对方，不要将名片举到高于胸部，也不要低于腰部以下。交换名片时如果名片用完，可用干净的纸代替，在上面写下个人资料。

接名片，请伸出你的双手

在公共社交中，通常要接受他人发放的名片，但就是这一瞬间的小动作，也是有礼仪规范的。为了感谢他人把名片给我们，我们应该用双手郑重地接过名片。具体来说，应该重点做好以下细节：

1.双手接

接收他人递送过来的名片时，应尽快起身或欠身，面带微笑，用双手的拇指和食指接住名片的下方两角，口称“谢谢”或“十分荣幸”。

2.认真读

名片接到手后，应认真地从头至尾看一遍，如果是初次见面，最好是将名片上的重要内容读出声来，对对方的组织名称和职务应读出重音，以示敬重。如果遇到难读的文字，应马上询问读法，“很抱歉，您的名字应怎样称呼？”这样询问非但不失礼，而且使对方觉得受到尊重，是讲究礼貌的表现。

3.妥善放

在会谈中，接过对方的名片后可放在自己的名片夹里，然后把名片夹放在你的右手斜前方位置。如果是多人场合，最高职位者的名片应放在你的名片夹的最上方，其他人的名片可以直接放在桌面上。另外，不要将拿到的名片看也不看，随手放入口袋；或一直让它放在桌子上不收起来；或把名片卷起来，随意折叠。这些都是失礼的行为。

握手礼仪，尊重从掌心传递

据说早在人类的远古时代，握手礼仪就产生了。当时，人类的生活还处于狩猎和战争环境中，人们手上经常拿着石块或棍棒等武器。当他们遇见陌生人时，如果大家都无恶意，就要放下手中的东西，并伸开手掌，让对方抚摸手掌心，表示手中没有藏武器。这种习惯逐渐演变成今天的“握手”礼节。

握手：从掌心开始的交流

在现代交往中，握手是一种礼仪，通常是在相见、离别、恭贺或致谢时相互表示情谊、致意的一种礼节，双方往往是先打招呼，后握手致意。

一般说来，握手往往表示友好，是一种交流，可以沟通原本有隔膜的情感，可以加深双方的理解、信任，可以表示一方的尊敬、景仰、祝贺、鼓励，也能传达出一些人的淡漠、敷衍、逢迎、虚假、傲慢。

人与人之间、团体之间、国家之间的交往都赋予这个动作丰富的内涵。握手的次数也许数也数不清，印象深刻的可能只有几次：第一次见面的激动，离别之际的不舍，久别重逢的欣喜，误会消除、恩怨化解的释然，等等。

握手时，双方距离一米为宜，双腿立正，上身略略前倾。手掌和地面垂直，手尖稍稍向下，从身体的侧下方伸出右手。伸手时，四指并拢，拇指适当张开，再以手掌与对方的手掌相握（拇指根部相抵）。

握手的礼仪细节：

（1）握手时注意力度，过轻或过重都是失礼的，一般以上下摇动一到三次为准。握手时最佳的做法是稍微用力，但是不能太狠。有的人为了表示自己的热情而刻意用力握手，其实握手无力确实是一种缺乏热情的体现，但是每个人本身握手的自然力度其实可以在其外表个性和自然表现中察觉，过于刻意的用力握手是完全可以被人轻易察觉的，这样的力度不但不会为“热情”加分，反而有些失礼会减分。

（2）一般和人家握手时间不能太短也不能太长，所谓“过犹不及”。一般和人握手最佳的做法是三到五秒钟，当然也不要一碰就跑，如果是表示鼓励、慰问和热情，而且又是熟人的情况，时间可以稍微延长，但最长也不应长过30秒。跟任何人握手，时间是很重要的一个点。例如，不太懂礼仪的男士握着女士的手长时间不放，这反而是一种不尊重。

（3）在社交场合，握手时谁该先伸出手是礼仪规范的重点，通常应该按照以下的次序：应由职位或身份高者先伸出手；女士先向男士伸手；已婚者先向未婚者伸手；年长者先向年幼者伸手；长辈先向晚辈伸手；上级先向下级伸手；主人先向客人伸手；客人告辞时，应先伸出手来与主人相握。

（4）握手时双目应注视对方，微笑致意或问好。与别人握手时不能三心二意、东张西望；不要用左手与他人握手；不要在握手时争先恐后；不要在握手时戴着手套；不要在握手时戴着墨镜；不要在握手时将另外一只手插在衣袋里；不要在握手时面无表情，不置一词。

如果在抽烟时需要与人握手，千万不要换手持烟去握手，而是应该把烟放下，再伸手相握。在任何情况下拒绝对方主动要求握手的举动都是失礼的。

握手的手位方向

握手礼仪之中，手位也是有讲究的，就是手伸出来的伸法。一般情况下，标准化的手位应该是手掌与地面垂直，无论是掌心向下还是向上的手位都是禁忌而不可取的：

（1）掌心向下：掌心向下给人一种傲慢的感觉，自认为是大人物，“俯视芸芸众生”。掌心向下只有交警指挥交通时才会见到。

（2）掌心向上：一般情况下掌心向上是表示谦恭。但平时最好别伸，搞不好就成“乞讨状”。一双手同时握住对方的手的手位在专业讲法叫“手套式握手”，又叫“外交家握手”。除非是熟人之间表示故友重逢、认真慰问或者热情祝贺，外人不用这种方式，尤其是对异性。一般而论，我们是用一只手去握对方的一只手，手掌握着对方的手掌，而不是握人家的手腕，除非人家没有手掌，但也不要仅仅握对方的手指部分。

握手次序遵循“尊者决定”的原则

日常生活中，我们在与人见面或道别时，总会习惯性地与对方握手，却不知道握手也有讲究。根据礼仪规范，握手时双方伸手的先后次序，应当在遵守“尊者决定”原则的前提下，具体情况具体对待。

“尊者决定”的意思是说，通常应由位尊者首先伸出手来，即尊者先行。位卑者只能在此后予以回应，而绝不可贸然抢先伸手，否则就是违反礼仪的举动。因此，当两人握手时，首先应确定握手双方彼此身份的尊卑，然后由此而决定伸手的先后。

在握手时，之所以要遵守“尊者决定”的原则，因为握手往往意味着进一步的交往的开始，如果位尊者不想与位卑者深交，便大可不必伸手与之相握。换言之，如果位尊者主动伸手与位卑者相握，则表明前者愿意与后者有下一步的交往。

握手次序遵循“尊者决定”的原则，既是为了恰到好处地体现对位尊者的尊重，也是为了维护在握手之后的寒暄应酬中位卑者的自尊，从而可以使双方避免不必要的尴尬。

个人和群体握手的顺序：

（1）由尊而卑：如果在场的人是一个单位的或一个家的人的话，地位高低是很容易分清的。握手由地位高的开始依次往下排。

（2）由近而远：周围有四五个人，或者在宴会厅门口排队，领导排队迎候客人，就不能跳越，应该伸手和最近的人开始握手。群体和个体握手，个体没有伸手，群体的同志就不能先伸手。（举例：某个体到一个公司去做报告，主人派一个司机和一个女办公室主任随同专车来接，个体应该先和女士握手，但司机却先伸手了，这让个体很尴尬。）

（3）顺时针方向前进：围在一个圆桌上，或者坐在一个客厅里面，四面都有人，握手的标准化做法是主人先和自己右手的人握手（右手的人一般是主宾），然后按顺时针方向前进。顺时针方向前进从国际上来讲是一种比较吉利的方向。一般在社交场合人们不喜欢倒时针走，除了运动会入场式或轿车在酒店大堂停车（交通规则要求）、追悼会或遗体告别等情况外。

握手的不雅姿势与禁忌

正确的握手姿势不仅是联络感情、加深理解的一种有效的问候方式，而且还有利于双方利用肢体语言来沟通心灵。在社交中，如果我们误用了不正确的握手姿势和对方握手，势必会造成对方的反感，从而影响交往的正常进行。

1.双手迎握

双手迎握，即用双手握住对方的一只手，它能让被握的人感觉受到特别的重视。常出现在与领导人照相的场合。但这也成为一种“社交自杀行为”，因为如果你和一个刚刚认识的人这样握手，往往会被对方认为你有些虚伪。

如果你与一个深入交谈过并互生好感的人在即将分开时这样握手，则会给对方留下非常深刻的印象。但对于异性，最好不要这样握手。

2.死鱼式握手

死鱼式握手也叫轻微式握手，是说在握手时只轻轻握住对方的手指部位，而不是把对方的整个手掌握住，这样会有敷衍之嫌。尤其是当眼睛不注视对方，随便轻轻碰一下对方的指尖就松开，是一种不尊重对方的握手方式。

3.折筋断骨式握手

有人在握手时，习惯用力紧握住对方的指关节。这种握手方式传递出专横、傲慢和盛气凌人的信息。容易被人误认为挑衅，好像表示你要在气势上压倒对方。当一个人采取这种方式与他人握手时，他的双臂往往也是僵直的，这同样说明了他希望与对方保持一定距离。

还有人在握手时，用一只手扶住对方的肘部，这个动作会让人觉得你是一个过分热情、神经紧张的人。同样会让人感到有点虚情假意。

除了握手的不雅姿势外，还有一些握手禁忌需要掌握：

（1）最重要的禁忌，心不在焉：不看着对方，心不在焉的握手不如不握。

（2）除非没有右手，否则必须伸出右手：一般握手，尤其跟外国人握手，如印度人，左右两只手往往有各自的分工，只用右手行使礼节；另外在英语文化中“右”是上位，是好的位置；而“左”是下位，是不好的位置。

（3）握手时戴手套：国际惯例只有女士在社交场合戴着的薄纱手套可以不摘。此外一般用的御寒的手套一定要摘。

（4）在国际交往中，尤其是到西方国家去，握手要避免所谓双手交叉握着对方的双手，即所谓“交叉握手”。

问候要亲切

问候是社交中最基本的礼仪，碰上熟人应当问候。如果视而不见，则显得自己妄自尊大。尤其是当我们在被介绍给他人之后，应当问候对方。若只向对方点点头，或是只握一下手，通常会被理解为不想与之深谈，不愿与之结交。

问候语不一定具有实质性内容，而且可长可短，需要因人、因时、因地而异。问候语应当删繁就简，不要过于程式化。问候语应带有友好之意、敬重之心，既不容许敷衍了事般地打哈哈，也不可用以戏弄对方。日常生活中常见的问候有以下几种：

1.一般性的问候

日常生活中的问候语包括“早上好”“下午好”“晚上好”“您好”“很高兴认识您”“请多关照”等。

2.问候熟人

跟熟人寒暄，用语可亲切一些，我们可以这样问候，“去哪儿”“忙什么”“身体怎么样”“家人都好吧”“好久没见了”等；也可以具体一些，“你气色不错”“您的发型真棒”等。

3.初次见面的问候

跟初次见面的人寒暄，最标准的说法是：“您好”“很高兴能认识您”“见到您非常荣幸”。也可以说“久仰”“幸会”，这样给人感觉文雅一些。要想随便一些，也可以说“您的小孙女好可爱呀”“今天的风真大”等。

4.社交场合的问候

为了避免误解，在社交场合中最好以“您好”“忙吗”为问候语，最好不要乱说，以免牵涉到个人私生活、个人禁忌，引起别人反感。

5.特殊情况下的问候

日常生活中，我们常常会在一些特殊的场景中意外遇到熟人，此时的问候需要视具体情况而采取相应的问候方式。这里就具体场景而给出一些适当的问候语：

（1）在路上相遇熟人时，如果对方太匆忙你可以边走边打招呼，但是如果遇到朋友或者很亲密的熟人，最好停下来，身体面朝对方打招呼。当熟人在你的前方，此时不要从身后大声喊对方或者突然从身后拍对方的肩膀，这样不仅会惊吓到对方，也显得自己没有修养。

（2）如果是出入会议室，要注意在给客人上茶之后再问候。当你在座位时，上司找你说活，回答问话的时候不要坐在座位上，要站起来。

（3）在洗手间或电梯里与人相遇时，即使是第一次见面，目光接触的一瞬间，眼露微笑，也会使凝重的气氛变得温馨起来。

（4）如果是在街上偶遇朋友，不要贸然问候，而要见机行事。如果对方当时的情况不适合打扰，那就不要打招呼。如看到往常打扮讲究的女性这次不加修饰地去购物了，或在外面看到了自己公司的人在谈恋爱，在对方还没有注意到自己时，悄悄离开，也是一种关怀。

（5）偶遇不知姓名只是面熟的人。在问过“您好”之后，可以说一些无关紧要的关于天气方面的话题，还可以称赞对方“您的包真漂亮”“发型很漂亮”等。

不管是在什么特殊情况下问候都不应过分，同时问候的时候应暂时停止其他动作，双手自然交叉在身体前方，注意不要妨碍其他人。

熟人相见，语言问候要适当

熟人相见，如果不说话只是点点头，就显得不够热情，给人以冷漠的感觉。所以，熟人见面最好要用语言来问候对方。但熟人问候时，语言要适当，切不可过于随便，容易引起对方的反感或不悦。

熟人相见，问候语应根据不同场合、不同对象灵活使用，总的原则是越简单越好。

1.一般性问候

一般熟人相见，使用频率最高的问候语首推“你好”，另外还有“好久没见，近来可好（怎么样）”等。遇到关系较近的朋友，除了问候致意外，还可以问问对方家人的情况，并请他代为问候。如“伯父父母近来好吗？”“你孩子一定很可爱吧，有空带他到我家来玩。”

2.问候语要适当

在国内，尤其是一些女性朋友在见面时，爱以一些有关胖瘦、服饰的话作为问候语，“小王，几天不见，又胖了”，对方听了心里会不太舒服。“小张，你今天穿的衣服真时髦啊”，对方听了不知是恭维还是讥讽，心里很别扭。

3.不能过于随便

有些问候不适用于熟人间，如“吃了没”“上哪儿去”等，看似很具体，却因过于随意而失去了美感和问候的效果。

目前，随着社会的发展和进步，人们越来越喜欢用“你好”来表达见面时的喜悦和礼貌。当然，熟人之间也有一些动作问候，比如紧紧握住对方的手，或者一个热烈的拥抱，这种情况一般是关系密切的很久不见的朋友间的问候方式。

无论在公司还是在路上，若遇见熟人，要主动打招呼，互相问候，不能视而不见，把头扭向一边，擦肩而过。这是最基本的礼貌要求。但也不宜聊个不停，影响他人走路。另外就是打招呼最常用的就是“你好”，千万不要使用“吃了吗”“干什么去”这类极不合时宜的问候语。有个笑话说某人习惯用“吃了吗”打招呼，以至于碰到刚从厕所里出来的熟人也这样打招呼，结果招致一顿骂。还有，像“忙什么呢”这类问候性的打招呼要少用，因为有干涉别人隐私的嫌疑，很令人讨厌。

很多人都有这样的感受，就是在路上遇到不很熟悉的异性很觉尴尬，不打招呼显得不礼貌，打招呼又不太好意思，或怕对方误会。正确的做法应该是，一位女士偶然在路上遇见不很熟悉的男士，理应点头招呼，但不要显得太热情，亦不要用冷冰冰的面孔来点头；一位男士偶然在路上遇见不太相熟的女士，应首先打招呼，但表情不可过分殷勤。

见到很久不见的老朋友，不要大声惊呼，也不要隔着几条马路或隔着人群就大声呼唤，如果边喊边穿马路，那就可能会有危险了。寒暄之后，如果还想多谈一会儿，应该靠近一些，避开拥挤的行人，不要站在来往人流中进行攀谈。

两人以上同行遇到熟人时，你应主动介绍一下这些人与你的关系，如“这是我的同事”，但没必要一一介绍，然后应向同伴们介绍一下你的这位熟人，也只要说一下他（她）与你的关系即可，如“这是我的邻居”，被介绍者应相互点头致意。

如果男女两人一同上街，遇到女士的熟悉朋友，女士可以不把男伴介绍给对方，男士在她俩寒暄时，要自觉地隔开一定距离等候，待女伴说完话后继续一同走；女士对男伴的等候应表示感谢，且与人交谈的时间不可太长，不应该让同伴等很长时间。如果遇到男士的熟朋友，男士则应该把女伴介绍给对方，这时女士应向对方点头致意。如果是两对夫妇或两对情侣路遇，相互致意的顺序应是：女士们首先互相致意，然后男士们分别向对方的妻子或女友致意，最后才是男士们互相致意。

打招呼时有一个最基本的问题，就是不要为了表示亲切而牵涉到个人私生活，把个人禁忌方面的话语拿出来“献丑”，打了招呼反而引起对方的不快。

招呼就是招呼，不要太多繁杂。其实一句普通的带着微笑的“您好”，就已经很能够拉近两人的距离了，再添加的内容反倒成了累赘，给对方以拖沓、不利索的感觉，甚至于不希望下次见到你。

人际关系的融洽离不开一定的情感因素，而一定的情感表达常常通过一定的问候予以传递。

向辈分高的人鞠躬问候

当我们在与辈分长、地位高、年长者见面时，问候时最好要行一个鞠躬礼，以示尊敬与虔诚。鞠躬问候常用于日本、韩国、朝鲜等多数东方国家。我们在行鞠躬礼时要注意以下事项：

1.还以鞠躬礼

当别人向你鞠躬，你若不以鞠躬礼相还，是不礼貌的，别人可能会误解你，以为你自认为高人一等，或不愿意接受别人的好意，都会伤害向你鞠躬的人的感情。

2.地位较低的人要先鞠躬

如果对方的辈分比你高或者地位比你高，你需要先向对方行鞠躬礼。当对方还礼时，地位较低的人鞠躬要相对深一些。

3.男子鞠躬时，手放身体两侧，手掌贴大腿外侧

日本人在表示恭敬时要将手放在双膝上。女子鞠躬时，双手互握于体前。

另外需要注意的是在对日本人、朝鲜人的鞠躬礼，每次必须同样还礼。而欧洲人则更喜欢拥抱的礼节，有时还伴以贴面和亲吻，但在商务活动中，一般不行此礼。

第三章　用餐基本礼仪：见食忘礼不可取

不同用餐方式的礼仪原则

在吃的礼节上，不同的国家或文化常存在着许多差异，你认为礼貌的举动，如代客夹菜、劝酒，欧洲人可能感到很不文雅或反感。尽管西方各国间有着诸多不同，但还是有许多礼节是通用的。随着社会的发展，中西交流的日益频繁，我们接触西餐的机会越来越多。为了能使你在初尝西餐时表现得举止娴熟，那么你应该了解一些通用的礼仪要求。

1.应邀礼仪

因为主办者必须事先决定席位以及做好料理安排等方面的准备工作，所以被邀请者应尽快向对方答复出席意愿。你可在邀请函所附之回条注明参加意愿后，尽快回函或者以电话告知。这样一来，可使主办单位的准备工作进行得更加顺利。

答复的方式可以是口头（电话）的，也可以是书面的。如应邀，可以在表示感谢之后说“期待着八月八日前去参加宴会”“我很高兴前去”等。如不能应邀，可说“由于事先已另有约会，很抱歉不能参加，对失去这一机会表示十分惋惜”之类的话。如已答复应邀，以后又因有其他更重要的事，而导致你无法前往参加，则更应真诚地向主人致歉并很好地加以解释，使主人相信你确实是不得已而加以谅解。

当你应邀参加别人的家宴时，可以带一束表示友谊的鲜花，或者带点小礼品，送给女主人，主人会感到十分高兴。但不带鲜花也没有关系。大型庆祝招待会，也可以在当天送花，应视双方关系及历来做法而定，没有具体的限制。

2.签到须知

一般来说，所有的宴会都是于开始前30分钟开始受理签到。不过届时签到柜台一定会挤满签到的来宾，因此建议在宴会开始前15分钟左右抵达较好。一旦知道会比预定时间晚到时，请事先告知主办者。办完签到手续之后，若是付会费制的宴会应当场付款，若是礼金也应在此时交给签到人员。

3.休息室等候

若主人提前备有休息室，你可以在宴会开始前在休息室里等候。只不过休息室通常不一定能容纳所有人，所以应以主宾和长辈为优先。如果休息室人员已满，你可以选择在休息室外不干扰到他人的地方等候。

当你进入休息室时，应由里面的位置开始坐起，并静静地等待宴会开始。若是参与祝福性质的宴会，并在休息室里碰到主办者的家人或亲戚朋友时，要说些祝福的话语和他们寒暄。

进餐时仪态礼仪

用餐时，上臂和背部要靠到椅背，腹部和桌子保持约一个拳头的距离，两脚交叉的坐姿最好避免。记得要抬头挺胸地吃，在把面前的食物送进口中时，要以食物就口，而非弯下腰以口去就食物。正式西式料理的套餐中，常依不同料理的特点而配合使用各种不同形状的刀叉，并不是一开始就全部摆出来的。说到全套，很容易使人联想到在餐桌上摆满银器的画面，而现在大都是以点用两三道单品料理的方式为主流。

使用刀叉进餐时，刀叉和汤匙按照使用的先后顺序排列。最先用的放在离主菜盘最远的外侧，后用的放在离主菜盘近内侧。假如先上主菜再上沙拉，就要把主菜叉子放在沙拉叉子的外侧，从外侧往内侧取用刀叉，吃西餐要左手持叉，右手持刀；左手食指近在叉子把上，右手食指按在刀背上。汤匙则用握笔的方式握住即可。切东西时左手拿叉按住食物，右手执刀将其切成小块，用叉子送入口中。使用餐刀时，刀刃不可向外。

进餐中放下刀叉时应摆成“八”字形，刀刃朝向自身，表示还要继续吃。每吃完一道菜，将刀叉并拢放在盘中。如果是谈话，可以拿着刀叉，无须放下。不用刀时，可用右手持叉，但若需要做手势时，就应放下刀叉，千万不可手执刀叉在空中挥舞摇晃，也不要一手拿刀或叉，而另一只手拿餐巾擦嘴，也不可一手拿酒杯，另一只手拿叉取菜。要记住，任何时候，都不可将刀叉的一端放在盘上，另一端放在桌上。

就餐服饰的选择

赶赴任何宴会，你都要注意自己的着装是否得体、妆容是否得当、饰品是否符合身份等，因为价值百万的外在形象将有助于你玩转整个宴会现场，成为宴会上最受欢迎的人。这里向你推荐几个赴宴的着装方法。

宴会西装、衬衫与领带的搭配

目前，西装是当今最常见、最标准、男女皆宜的礼服。男士选择西装以宽松适度、平整、挺括为标准。西装最大的特点是外观挺括，穿着舒适，能使穿着者显得稳重高雅、自然潇洒。西装与衬衫、领带、皮鞋、袜子、裤带等是一个统一的整体，只有彼此间统一、协调，才能衬托出西装挺括的美感。西服上衣一般不能与其他裤子搭配着穿。在颜色的选择上，藏青色、灰色和铁灰色是象征权力的颜色，蓝色意味着友善，而精致的细条纹图案则可以为你的服装增添一些情趣和变化。

领带的下端应长及皮带上下缘之间或不短于皮带的上缘。领带与西服的颜色要互相衬托，而不要完全相同，暗红色、红色和藏青色可以用做底色，主要的颜色和图案要精致，不抢眼。最好选择真丝面料，优雅且四季皆宜。图案可选择小巧的几何印花和条纹，带有柔和图案的涡旋纹面料也是不错的选择。衬衫、领带与西装三者的搭配要和谐。西装和领带的花纹不能重复。如果衬衫是白色的，西装是深色的，那么领带就不能是白色的，而应是比较暗的颜色；如果衬衫是白色的，西装的颜色朴实淡雅，领带就必须华丽、明爽一些。当然，除了衬衫、领带、西装的色彩协调应充分考虑外，这三者的色彩关系还应该结合你的肤色、年龄、职业、性格特征等来选择。

宴会上巧搭西装配件

为了给所有与宴者留下好印象，玩转宴会现场，切忌不修边幅前去赴宴，而要做好宴请的着装准备，要完美到一个小细节，做宴会现场的完美绅士。说到绅士就不得不提到西装，而西装配件搭配得完美与否，对于宴会上的个人形象来说，也具有十分重要的价值。

腰带应是真皮材质，颜色应为黑色、棕色或暗红色。皮带的颜色应与鞋相配，皮带扣的造型要简洁。

赴宴穿着深色西装，则袜子选择深色为宜，或者是西装和皮鞋之间的过渡色。袜子的颜色宜选与长裤相配或相近的。而穿黄褐色裤子时例外，这时袜子应与鞋相配。穿黑皮鞋一般选择黑色袜子。袜子要长及小腿中部，尼龙袜或薄棉袜均可。如果穿着棉毛裤，应该用袜子覆盖住可能会露出的腿脚部分，以免有邋里邋遢之感。

出席宴会一般应穿皮鞋，不能穿凉鞋、球鞋或旅游鞋，除非请柬上有服饰指示是便服。首先，选择黑色系带皮鞋为上上之选；其次，可以选择深咖啡色皮鞋。鞋的颜色不应浅于裤子。黑皮鞋可以配灰色、藏青色或黑色西服，深棕色的鞋配黄褐色或米色西服的效果最佳。此外，皮鞋的鞋面一定要整洁光亮。

宴会位次排列四原则

宴会一般没有太多讲究，但假如需要进行桌次的排列，可以参照宴请时桌次的排列进行。位次的排列，可以遵循四个原则。

1.右高左低原则

两人一同并排就座，通常以右为上座，以左为下座。这是因为中餐上菜时多以顺时针方向为上菜方向，居右坐的因此要比居左坐的优先受到照顾。

2.中座为尊原则

三人一同就座用餐，坐在中间的人在位次上高于两侧的人。

3.面门为上原则

用餐的时候，按照礼仪惯例，面对正门者是上座，背对正门者是下座。

4.餐位有别原则

高档餐厅里，室内外往往有美丽的景致或高雅的演出，供用餐者欣赏。这时候，观赏角度最好的座位是上座。在某些中低档餐馆用餐时，通常以靠墙的位置为上座，靠过道的位置为下座。

把握埋单规则，不要乱抢风头

虽然说酒桌埋单，要看谁是主动邀请者，因为酒宴的目的不仅仅是朋友之间的聚会，有时也含有功利目的，那到底应该谁来埋单呢？

男人埋单彰显自己的风度

男士结账是长久以来请客吃饭的习惯，也是餐饮的基本规则。结账时，如有女士在场，特别是一男一女的场合，依礼貌付账的应是男士。女士不必坚持付账，也不用因别人付了账而心怀歉疚。一般一对男女朋友，不但应由男士结账，连召唤侍者过来都应由男士来做。在男女的交往中，男人来埋单是种身份和修养的象征。若是男士吃完饭后大大咧咧地往那一坐，剔牙喝茶毫无掏钱埋单之意，那女士对他的印象绝对会大打折扣。

同时，陌生男女或者是同事、朋友聚会吃饭，男人埋单是风度的体现。当然这种情况也并不一定非要男人埋单，但如果在座的有好几位男士，有人抢着埋单，有人却视而不见甚至借故开溜，你会对谁印象更好呢？埋单付账这类事，虽然琐碎，却能从细微之处体现出一个人的品行。主动埋单的男人，多半慷慨宽厚，不会算计得失、斤斤计较，跟这样的男人打交道会比较舒服。

谁请客谁埋单天经地义

人与人交往应酬，谁请客就应该由谁埋单，这本是天经地义的事情。可是，很多时候却存在着“请客不埋单”的情形。这种现象尤其在一些所谓的公务往来中屡见不鲜。很多人请客吃饭时爽快不已，就是到埋单的时候左推右躲，总想着推给别人。

其实，请客吃饭，从感情上来说，是你自愿的，所以由你埋单也是天经地义的。一般情况下，请客吃饭应遵循谁请谁埋单的原则，但如果主办方有上下级不同的人参加，应由下属完成结账工作（下属只是负责现场付费，实际上埋单的还是领导）。而主人又分“当然主人”和“临时东道主”两种。“当然主人”指进餐厅之前就已决定了的，比如大家预先公推的，或某人召集和表示请客的。“临时东道主”指临到结账之际，争着做东的人。对于前者，主人早已确定，付账问题比较简单，后者比较麻烦。如果你有意要做东，应先选好一个靠近外边的有利位置，也可付账前悄悄交给服务员或收银台，反正以诚相见，既然有心请客，就要学会避免结账时出现抢着埋单的现象。

请客最好带足现金

人们现在越来越习惯于刷卡消费，但中国的很多餐厅都还是习惯收现金，所以千万别忘了带足现金，以免发生让人尴尬的情况。但是，也有一些特殊原因，比如钱包落家里了，或者吃完后才发现现金不够，等等。万一发生这种情况，就尽量不要让被请的人觉察出你身上的钱不够，可以找借口让他们先行离开，再打电话让朋友或家人送钱来，否则客人会误会你请客的心不诚，而对你产生误解，影响彼此间的合作。

现在的人们出去吃饭或消费，多半不喜欢带现金，可是毕竟刷卡消费在国内还没有完全实行，尤其是在一些餐厅，由于新开业或者其他原因导致刷卡系统不尽完善，所以请客吃饭还是应该带足了现金，免得被人误以为存心想吃“霸王餐”，而给对方留下不好的印象，从而误事。

宴请中结账有何技巧

宴请中的每一个细节都不应当忽视，尤其是结账这种当着客人面进行的活动，更要稳健有礼，展示出主人的风度与气质。具体而言，结账有以下几点需要注意：

（1）用餐完毕准备离去时，要利用服务员经过你身边的机会，轻声唤住他，有礼貌地要求结账。

（2）结账时，主人千万不要高声呼唤服务员，或有吹口哨、敲打餐具等行为，这会显得没有教养。另外，这也会影响邻桌客人用餐的情趣与安宁。

（3）如果等埋单已经等了10分钟，则可以起身穿上外套，这样，马上就会有服务人员主动现身。

（4）一般来说，埋单应该坐在自己位子上进行。但尽量不要让服务员当着客人的面口头报账，更不能让服务员将账单不分主次地递到客人的手里，以免造成客人的尴尬。

（5）账单经查对无误，准备付账时，主人要把钱放在结账的夹子或盘子中，再用账单将钱盖住，而不使客人看到你所付的金额，以免造成双方的尴尬。

总而言之，我们在餐厅用餐完毕之后，服务员送来账单，表示“哪一位结账”，即意味着除了主人之外，不愿让其他人过目账单。因为客人不看账单，不问付账的金额，是餐桌上最基本的礼貌。

如何得体地中途离开餐桌

当你参加宴会时，不管是中途离席，还是宴会结束后离席，都不能悄无声息地离开。常见一些宴会进行得正热烈的时候，因为有人想离开，而引起众人一哄而散的结果，使主办人急得直跳脚。还有一些人酒足饭饱之后，连声招呼都不打就离开了，弄得主办人很不高兴。宴会上一定要注意避免这类煞风景的情况，因此，当你要离开时，一定要掌握一些技巧，以免引起主人的不快，破坏彼此的关系。

1.选择适当时机告别

当有人中途离席时，整个气氛势必会受影响，谈话也会被迫中止，转而将视线集中在那些离席的人身上。所以一定要注意选择告辞时机，不要在大家聊天聊得正热烈时或重要的事情还未宣布前就离开，最好的时机是在大家都用餐完毕的时候。

2.不可不告知一声而自行离开

客人如确有急事需先行告辞，应向主人说明原因，表示歉意；同时，为了不影响他人，可以请同桌其他的人待久一点，继续刚刚的话题，同时表示歉意，说明自己是真的有要事在身必须先告辞，不是故意要扫大家的兴。

第四章　商务礼仪：礼仪也是商务资本

明白接待的规格和级别

接待客户，在某些情况下，不能一视同仁，要根据其身份来准确掌握接待的规格和标准，切莫唐突了客人。

根据来访者确定接待规格

小贺刚刚被提拔为办公室主任，其他工作都做得挺顺手，但只有一件事情是特别令他头疼的，那就是不知道该如何区分来人的重要程度，但因为这会影响到接待规格，所以他必须解决这个问题。幸好小贺脑袋灵光，没过多久，还真就让他从老总跟人握手这事上，琢磨出了名堂：凡是特别重要的人物来了，老总老远就满脸堆笑地迎上去，双手紧紧握住对方的手，好久都舍不得松开；比较重要的客户来了，老总跟对方握手时，另一只手则拍拍对方肩膀；而如果是普通客户的话，老总就只是礼节性地握握手，时间不会超过三秒钟……

得出这个结论之后，小贺把接待规格分成了三档，一档是规格最高的。按照这个原则判断，基本上能十拿九稳。有一天，来了一个中年人，看到中年人，老总喜出望外："哎呀，老同学，好久没见面了，今天你咋想起我来了？"说着就扑上去跟中年人热情拥抱。

一见这情景，小贺就明白了，赶紧对秘书说："中午照一档标准安排。"快12点时，小贺敲开老总办公室的门："到用餐时间了，咱们请客人去宜兴轩吧。"老总一听这地点，脸上闪过一丝不易察觉的不悦。

中午用餐时，虽然老总依然谈笑风生，但小贺感觉到老总的情绪有那么一点不对头，弄得小贺心里一直七上八下。下午一上班，他就被叫进老总办公室训话："你以前做事挺妥当的，今天这人又不重要，为什么把规格搞得那么高？"

小贺支支吾吾说了自己的判断标准。老总一拍桌子："太笨了你！我这同学刚调到报社当记者，我怕他是来公司暗访的，担心他身上带了微型摄像机之类玩意儿，我扑上去就是为了检查他带没带这类东西！"

小贺就是因为没有搞清楚来访者的身份，弄错了接待的规格，所以才引得老总一阵不快，可见，根据不同的来访者确定不同的接待风格是很重要的。因为很多时候，接待规格过高，会影响领导的正常工作；接待规格过低，影响上下左右的关系。

一般而言，接待有以下三种规格：

1.高格接待

所谓的高格接待，是指主要陪同人员比来宾的职位要高的接待。如上级领导派一般工作人员前来口授意见或兄弟单位领导派人商谈要事，或下级因重要事宜来访，或者兄弟企业派人来商量要事等，都是需要高格接待的。

2.低格接待

低格接待，是指主要陪同人员比客人的职位要低的接待。

如遇到上级领导来本地了解情况、老干部或上级领导路过本地，陪同任务主要由有关工作人员去完成。

3.对等接待

对等接待，就是主要陪同人员与客人的职位同等的接待。这也是最常见的接待规格。

实际当中，最普遍的还是对等对待，也就是陪同人员和客人职务、级别基本一样。

除了身份有所差距之外，接待规格也要做到中外有别，对于不同类型的访客，也有不同风格的接待方式。

1.内宾接待

如果来的访客是中国人，那么首先要清楚客人的身份、人数、来意和大致停留时间，还要清楚到达时间及所乘交通工具的情况，安排有关人员和车辆前往接站，并安排食宿。

等到来宾下车以后，接站人员要热情迎上前，并致简短的欢迎词，然后请客人上车。客人住下后，要和客人根据其具体来访意图商议安排好活动日程。同时，还要根据单位领导的意见通知有关领导人来宾馆或饭店看望客人。接待人员要事先安排好会见场所和陪同人员，并向该领导人介绍客人的情况。在客人来访的公务闲暇时间，可以适当安排访客游览一下当地的风景名胜古迹。

2.外宾的接待

接待外宾的时候，当务之急是要事先了解清楚客人的身份——尤其是其国籍、民族和宗教信仰等，然后派出和外宾身份相当的人员前往指定地点迎接。

见到外宾之后，陪同的翻译人员要先向对方介绍我方主要人员的姓名、职务。然后与对方行握手礼。握手时应当谨遵国际握手礼仪，主人应先向客人伸手，轻握对方的手，面带微笑，双目注视对方。

和外宾会见，切忌“突然袭击”，应该至少提前半天预约，约见时间定好后，没有特殊情况就不要改变。如有因为突发事件实在无法参加，可以在征得外宾同意的前提下，由身份较低的人出面参与会谈。

在会见外宾时，一般位置次序是外宾居右，我方人员居左。第一主宾在我方主谈人员右侧第一个位置，第二主宾在第一主宾的右侧，其他陪同人员就可随便就座。翻译人员一般安排在我方主谈人的右侧，也可在其后方。

如果在会谈的时候使用了长桌，则以门口方向为准，面朝门的一面为上方，背门的一方是下方。让外宾坐在上方。我方主谈人和主宾分别坐在自己一方的中间。

在谈话的过程中，态度要和蔼、仪态要大方、声音要适中，不要用过多的手势。要注意倾听对方发言，不要左顾右盼，或随时打断对方谈话。不能在会谈过程中打哈欠、看表等。谈话内容应事先准备充分，确定好谈话范围，不要随便答复自己不知道的事情，或者自己没把握、未经领导批准的问题。

注意不要谈论对方年龄、收入等私事。如果对方一时没有听明白你的问题，就应当让翻译再解释清楚。

根据外宾不同的生活习惯，要妥善安排好食宿事宜，切忌“一刀切”。并根据他们的活动日程，具体组织承办或者安排到有关单位会谈、参观、访问等。在外宾参观访问某单位时，该单位应照常继续工作。

在送外宾离开的时候，可以在送别会上向外宾赠送一些礼物，礼物一定要符合对方的民族宗教习惯，而且礼物的选用不要太贵重。然后，派身份和外宾相当的人员前往送行地点。当外宾乘坐的交通工具开动时，送行人员要挥手致意。在机场，一般要等飞机离地起飞后才能离开。

如果有外国工作人员同时送行，离开时要和对方告别，并且等到他们车辆离开后自己才能离开。

用次序礼仪体现接待规格

接待过程中，最能够准确地突出来访者的身份，表达对来访者尊重的形式之一就是次序的礼仪。接待过程中的次序礼仪一般要注意以下几点。

如果是开车送客人，则要请客人先上，打开车门，并用手示意，等客人坐稳后再上。一般应请客人坐在后排座的右侧，自己坐在左侧。如果客人有领导陪同，就请领导人坐在客人左侧，自己坐在前排司机的旁边。如果客人或领导已经坐好，就不必再要求按这个顺序调换。在客人就座后，不要从同一车门随后而入，而应该关好门后从另一侧车门就座。下车时，要自己先下，然后为领导或客人打开车门，等他们下车后关上车门。

迎客时，主人走在前；送客时，主人走在后。

陪客人走路，一般要请客人走在自己右边。主陪人员要和客人并排走，不能落在后面；其他陪同人员就应走在客人和主陪人员身后。在走廊里，应走在客人左前方几步。转弯、上楼梯时，要回头以手示意，有礼貌地说声“这边请”。进电梯时，有专人看守电梯的，客人先进，先出；无人看守电梯的，主人先进、后出并按住电钮，以防电梯门夹住客人。上楼时，客人走在前，主人走在后；下楼时，主人走在前，客人走在后。

到达接待室或领导办公室时，要对客人说“这里就是”或“这里是×××办公室”。如果是领导办公室，要先敲门，得到允许时再进。门如果是向外开的，应该请客人先进去；向里开的，自己先进去，按住门，再请客人进。

进门时，如果门是向外开的，把门拉开后，按住门，再请客人进。如果门是向内开的，把门推开后，请客人先进。

就座时，右为上座。即将客人安排在企业领导或其他陪同人员的右边。奉茶、递名片、握手。介绍时，应按职务从高至低进行。客人要离开时，要提前预订好返程车、船、机票。在客人事务结束后离开时，可根据情况安排一个小型送别会。安排好送客车辆，如有必要还应安排单位领导为客人送行。总之，社交场合，一般以右为大、为尊，以左为小，为次，进门上车，应让尊者先行，一切服务均从尊者开始。

如何让客人感受到尊重

1.与客人交谈中不接电话

忙碌可以理解，与客人交谈中没有电话好像不可能，但是要懂礼仪，在接电话前会形式上请对方允许，一般来说对方也会大度地说没问题。但是出于对客人尊重一般不接听电话，或者在对方允许下简短接听。

2.随身携带记事本

拜访中随手记下时间、地点和客人姓名头衔；记下客人需求；答应客人要办的事情；下次拜访的时间；也包括自己的工作总结和体会，对销售员来说这绝对是一个好的工作习惯。还有一个好处就是当你虔诚地一边做笔记一边听客人说话时，除了能鼓励客人更多说出他的需求外，一种受到尊重的感觉也在客人心中油然而生，你接下来的销售工作就不可能不顺利。

3.保持相同的谈话方式

这一点非常重要，你若思路敏捷口若悬河，说话更是不分对象像开机关枪般快节奏，碰到客人是上年纪思路跟不上的，根本不知道你在说什么，容易引起客人反感。

送客礼仪：做好“身送七步”

在商务接待中，许多人对客户的迎接礼仪往往热烈隆重，却常常忽视了对客户的欢送礼节，这样就常常给人以“人一走茶就凉“的悲凉感，无形中引起别人的反感，为自己的成功增加了阻力。在中国的商务应酬，许多的知名企业家都深知“身送七步”的重要性，也格外注意送人的礼节，中国商业的巨人李嘉诚就是其中一个绝佳的典范。

一位内地企业家在接受电视采访时谈到了他去李嘉诚办公室拜访李嘉诚的经历。

那天，李嘉诚和儿子一起接见了他。会谈结束之后，李嘉诚起身从办公室陪他出来，送他到电梯口。更让人惊叹的是，李嘉诚不是送到即走，而是一直等到电梯上来，他进去了门，再举手告别，一直等到电梯门合上。身为亚洲首富的李嘉诚日理万机，可他依旧注重送客礼节，严格遵循“身送七步”的礼仪，亲自送客，没有一丝一毫的怠慢之举。这位内地企业家面对电视机前的亿万观众动情地说：“李嘉诚这么大年纪了，对我们晚辈如此尊重，他不成功都难。”

“身送七步”，商业巨人李嘉诚都不忘的待客礼仪，商务人员更要铭记在心，以实际行动给客户贴心之感，才能拉近和客户的心理距离，促成、促进合作。

作为商务人员，不仅要认识到迎接客人的重要性，更要明白送客礼仪的重要性。不要做到了“迎人三步”，却忘记了“身送七步”，这样就可能给客户留下“虎头蛇尾”的印象，甚至造成前功尽弃、功亏一篑的悲惨局面。

因此，送客时应注意以下两点：

1.让客户先起身

当客户提出告辞时，要等客户起身后再站起来相送。

2.晚一步关门

许多时候，商务人士将客户送出门外，不等客户走远，就“砰”一声将门关上，往往给客户类似“闭门羹”的恶劣感觉，并且很有可能因此而“砰”掉客户来访期间培养起来的所有情感。因此，商务人士在送客返身进屋后，应将房门轻轻关上，不要使其发出声响，最好是等客户远离后再轻声关上门。

心理学上不但有首因效应，也有“末因效应”——“最初的”和“最后的”信息，都能给人们留下深刻印象，“最初的”印象尚可弥补，而“最后的”信息往往无法改变——“送往”的意义大于“迎来”。

做到“出迎三步”，你的商务应酬级别只能属于初步及格水准，做到“身送七步”，你才能迈入商务应酬优秀者的行列。商务应酬场上，“身送七步”，你做到了吗？

拜访客户需要注意的事项

拜访是日常交际维护关系中常见的交往现象，懂得应酬的人往往都十分注重拜访的时机，这样不管是日常应酬，还是求人办事，都会收到不错的效果。那么，年轻人应该如何选择拜访的时机呢？

拜访应选择适当的时间，如果双方有约，应准时赴约。万一因故不得不迟到或取消拜访，应立即通知对方。

到达拜访地点后，如果与接待者是第一次见面，应主动递上名片，或作自我介绍。对熟人可握手问候。

如果接待者因故不能马上接待，应安静地等候，有抽烟习惯的人，要注意观察该场所是否有禁止吸烟的警示。如果等待时间过久，可向有关人员说明，并另定时间，不要显得不耐烦。

谈话时开门见山，不要海阔天空，浪费时间。

如与接待者的意见相左，不要争论不休。对接待者提供的帮助要致以谢意，但不要过分。要注意观察接待者的举止、表情，让自己的拜访适可而止。当接待者有不耐烦或有为难的表现时，应转换话题或口气；当接待者有结束会见的表示时，应立即起身告辞。

在交际应酬中拜访他人时，尤其是在进行较为正式的拜访时，要懂得控制在对方的办公室或私人居所里停留的时间的长度。

一般而言，时间宜短不宜长。如果是礼节性的拜访，尤其是初次登门拜访，应控制在15~30分钟之内。如果是到私人居所拜访通常不宜超过两个小时。

如果是非常重要的拜访，拜访时间往往需要宾主双方提前商定，一旦确定了拜访时间，客人要控制好时间，务必要严守约定，绝不能单方面延长拜访时间。

自己提出告辞时，尽管主人表示挽留，仍需执意离去，多数情况下，主人只是在表达一种礼节。离开时要向对方道谢，并请主人留步，不必远送。

在拜访期间，若遇到其他重要的客人来访，或发生重要事件，或主人一方表现出厌客之意，应当机立断，知趣地告退。

如果是重要约会，拜访之后给对方谢函，会加深对方的好感。

公务参观需要注意的事项

公务参观是指有计划、有准备地对特定的项目进行的实地观察。参观的具体项目，应当在一定的程度上同自己的业务范围相关。

参观计划的主要内容大体上包括下述几项：

（1）参观项目；

（2）参观人数；

（3）负责人以及工作人员；

（4）起止时间；

（5）交通工具；

（6）饮食住宿；

（7）安全保健；

（8）费用预算。

在外出参观之前，应当重点做好以下准备工作：

（1）了解背景，参观项目的历史、现状、发展前途，参观项目的主要特色、优点与不足，参观项目在本地区、本行业以及在国内外的反响，等等。

（2）详细分工，把领队、带路、接洽、应酬、翻译以及交通、膳宿、安全、保健等各个方面的具体工作，都落实到个人，在参观之前，还可结合每位参观者的个人所长，把提问、记录、录音、拍照、摄像等具体任务分配下去。要安排专人，提前准备好。在必不可少的礼仪性场合，如东道主迎送参观者时，要出面与对方进行应酬、寒暄，以免到时候群龙无首或是万籁无声。要确定在必要之时进行即席发言的相关人选，不要届时推来推去，或是随便找人胡诌一通。要为东道主预定具有象征意义、纪念意义的礼品，以酬谢对方的盛情款待。

（3）规定明确。要对参与者的装束、装备提出明确要求。参观者参观时要全力以赴：集中注意力，最重要的是要看好，听好，问好，记好。个人服从集体。

机关公务出国访问，除进行会谈交流外，邀请方通常安排一些参观游览项目，请客人实地考察了解当地的风土人情，增进相互了解，是出国访问礼宾工作的重要内容。由于各国和各地情况的不同、出国访问的团体性质不同，邀请方的安排也有很大差异。但是参观游览文明礼仪也有共同特点。

1.尊重邀请者的安排，“客随主便”

为了增强参观考察的针对性，通常是由受邀请者提出意向，再由邀请方根据实际做出具体安排。重要代表团的参观考察，邀请方要考虑参观者的身份、兴趣、参观考察单位或部门的接待能力，甚至时间、地点等诸多因素，筛选确定后，还要与对方再进行确认。因此，机关公务参观考察，首要的礼仪就是要尊重邀请方的安排，一旦确定不要轻易改变，更不要提出与参观访问的宗旨没有联系、没有参观考察价值或对邀请方很困难、甚至与当地法律法规和风俗习惯相冲突的要求。

2.要先“务虚”，做好充分的准备

参观考察对象确定后，不要让邀请方感到参观是可有可无。要事先详细了解参观对象的背景，明确参观考察的目的和重点，以便参观考察收到更好效果。视情况，可进一步了解对参观考察内容限制或传播的要求，人数、人员的要求，携带物品的要求，以免现场发生不愉快的事情。

3.做好必要的礼仪准备

重要代表团，要了解活动抵达和离开的时间，参观考察的行走或行车路线，陪同和参观单位出面接待人的姓名、职务甚至背景，主要程序，是否要讲话，习俗禁忌等，并做好相应准备。参观方通常也要将名单通报对方，如需赠送礼品，也要做好相应准备。重要代表团的参观考察，有时主人或接待单位可能提出，请客人题词或签名，要事先有所准备。不要临时编写，或反复推辞。如习惯用自己的笔，事先也要做好准备。

4.注意着装

参观考察属正式访问活动，通常都要求着正装。如有必要，事先了解对着装的要求。有些参观考察项目对着装有特殊要求，特别是一些卫生等环境要求严格的地方，一般接待单位会为参观者准备专门服装，参观者应服从着装要求，不要违反规定。

5.现场礼仪

抵达现场后，要主动向迎接人员握手表示感谢，向其介绍参观人员情况，听从邀请方的安排。在参观考察过程中，要精力集中，认真观看或记录，仔细听讲，热情提问，不要心不在焉、东张西望、扎堆聊天；交流要有针对性，不要漫无边际、东拉西扯，但也要注意不要提出对方不易回答、甚至给对方难堪的问题。不要闯入标有危险或谢绝参观标志等未经允许的参观地点。

代表团人多时，要注意集中行进。有要事或去卫生间，要向其他人打招呼。不要擅自离队或中途离开，让别人不知去向。在参观考察过程中，拍照要遵守现场规定，不该拍的地方不要拍，更不要偷拍。

参观考察结束，要主动向接待单位陪同和讲解人员表示感谢，对所参观考察内容表示赞赏。如备有礼品，可在此时赠送。如要与邀请方合影，也可在此时选择合适地点合影留念。上车离开，要主动在车内招手致意一直到看不到为止，不要一上车就冷了热情陪同参观并在热情送行的主人。重要代表团车辆多时，主宾最后上车，其他人可先行上车，等主宾上车后按顺序离开。

6.游览礼仪

游览过程中，对陪同、导游、其他游客等外方人员要友好礼貌；人多时，要注意排队等候；拍照不要影响别人，特别是热点景观，不要占时过长。要注意安全，特别道路崎岖的地方，要相互提醒。注意掌握时间，队伍不要走散、人员不要走丢。要注意爱护环境，不要乱丢废弃物，严禁随意吸烟吐痰。

会议位次，体现尊重与风度

排列位置座次是商务会议礼仪中很关键的一个环节。小型会议，一般指参加者较少、规模不大的会议，它的主要特征是全体与会者均应排座，不设立专用的主席台。一般情况下，会议室中是长方形的桌子，包括椭圆形，这可以体现主次。在这种会议中，特别要注意座次的安排。

如果只有一位领导，那么他一般坐在这个长方形的短边的一侧，或者是比较靠里的位置。就是说以会议室的门为基准点，里侧是主人的位置。如果是由主客双方来参加的会议，一般分两侧来就座，主人坐在会议桌的右边，而客人坐在会议桌的左边。

除此之外，还有以下几种设座的方式可以参考：

（1）自由择座。它的基本做法，是不排定固定的具体座次，而由全体与会者完全自由地选择座位就座。

（2）面门设座。它一般以面对会议室正门之位为会议主席之座。其他的与会者可在其两侧自左而右地依次就座。

（3）依景设座。所谓依景设座，是指会议主席的具体位置，不必面对会议室正门，而是应当背依会议室之内的主要景致之所在，如字画、讲台等。其他与会者的排座，则略同于前者。还有一种是为了尽量避免主次分明的安排，以圆形桌为布局，在这种会议中，可以不用拘泥这么多的礼节，主要记住以门作为基准点，比较靠里面的位置是比较主要的座位，就可以了。

根据商务会议一般规定，当领导面向会场时，左为上，右为下。当领导人的数量为奇数时，一号领导居中位，二号领导排在一号领导的左边，三号领导排在右边，其他依次分别排列；当领导同志的数量为偶数时，一、二号领导同时居中，一号领导排在居中座位的左边，二号领导排右边，其他依次排列。

商务会议“九个不可”

1.发言时不可长篇大论，滔滔不绝

会议不是你的一言堂，不是一个人的演讲，而是与会者之间的交流，所以，每个人的发言时间都要控制好，原则上以3分钟为限，切忌滔滔不绝。

2.不可从头到尾沉默到底

与此相对应的，会议上也不宜一直沉默。会议需要好的听众，但更需要有想法的参与者。只有所有人都踊跃参与，才能在会议上碰撞出思想的火花来。

3.不可取用不正确的资料

在甄选资料的时候一定要谨慎、求实，如果选用了不正确的资料，往往会导致会议偏题，轻则会议无法正常展开，重则对会议产生误导倾向。

4.不可做人身攻击

在美国的罗伯特议事规则中，有一些细节规则后面的逻辑原则是十分有意思的。比如，有关动议、附议、反对和表决的一些规则是为了避免争执。原则上，现在在美国的国会、法院和大大小小的会议上，在规范的制约下，是不允许争执的。如果一个人对某动议有不同意见，怎么办呢?

他首先必须想到的是，按照规则是不是还有他的发言时间以及是什么时候。其次，当他表达自己的不同意见时，要向会议主持者说话，而不能向意见不同的对手说话。在不同意见的对手之间的你来我往的对话，是规则所禁止的。

5.不可打断他人的发言

如论在何种场合之下，打断他人发言的行为都是极不礼貌的，而在会议的场合之下，更有可能因此引起发言者思路的中断，或者引起听众的思维中断，从而打断整个会议进程。

6.不可不懂装懂，胡言乱语

会议是一个畅所欲言的地方，但畅所欲言不是胡乱发言，每一个人都应该为自己的发言负责，即使是在私下里说话都应该斟酌自己说出来的每一句话，更何况是在会议这种严肃的场合。

7.不要谈到抽象论或观念论

在会议中，为了避免“务虚”，应当尽量以务实的态度探讨实际需要解决的问题，而把抽象的理论或者观念放在一边，因为这种东西是很难讨论出结果的，最终很有可能导致无效会议的产生。

8.不可对发言者吹毛求疵

对每一个发言者都应该保持应有的尊重，你可以不同意其观点，但应该有理有礼有节地提出你的反驳，而不是在细枝末节的问题上揪住不放，这样既打乱了会议安排，又影响了发言者的情绪，而且也会让其他与会者对你产生不良的印象。

9.不可中途离席

善始善终是一项传统美德，参加会议不要迟到，更不要无故早退，这样既是对会议参与者的不尊重，也会影响你的形象。

剪彩不是“剪一下”那么简单

剪彩，并不是剪一下那么简单，善用剪彩礼仪，让开业、开幕更加喜庆。

剪彩准备，要认真细致

与其他仪式相同，剪彩仪式也要进行周密的筹备，主要涉及场地的布置、环境卫生、舆论宣传、发送请柬、灯光与音响的准备、人员的培训等，这些工作必须认真细致、精益求精。

除此之外，尤其应当对剪彩仪式上所使用的某些特殊用具，诸如，红色缎带、新剪刀、白色薄纱手套、托盘以及红色地毯等，仔细地进行选择与准备。

1.红色缎带要求

红色缎带由一整匹未使用过的红色绸缎，在中间扎上几朵大而醒目的红花制成。

2.新剪刀的要求

剪刀，是专门供剪彩者在仪式上正式剪彩时使用的，现场的每一位剪彩者要人手一把，崭新锋利。

3.薄纱手套的要求

在正式的剪彩仪式上，剪彩者剪彩时最好每人戴上一副白色薄纱手套，以示郑重其事。

4.托盘的要求

剪彩仪式一般都离不开托盘，一场完美的剪彩仪式对托盘有很高的要求，要突出崭新洁净，首选银色；显示正规，铺上红色绸布。

5.红色地毯的要求

红地毯主要铺设在剪彩者正式剪彩时的站立处，长度可根据剪彩者的人数来定。一般情况下。地毯的宽度应在一米以下，长度灵活自定；主要是为了提高档次，营造喜庆的气氛。

剪彩的程序要有条不紊地进行

剪彩作为商业活动落成的一种仪式庆祝，要严格遵照设定好的程序进行。剪彩的程序不仅能够保证剪彩活动有条不紊地进行，也能够保证剪彩活动的时间有效运行。一般情况下，剪彩的程序包括以下几个步骤：

（1）请来宾就座。一般情况下，剪彩者应就座于前排。当数人剪彩时，应按剪彩时的顺序就座，即主剪者居于中间，距主剪者越远，位次越低，且右侧位次高于左侧。

（2）宣布仪式开始。在主持人宣布剪彩仪式开始后，全场起立，奏国歌。此后，介绍到场的重要嘉宾，并对他们表示谢意。

（3）简短发言。发言者依次为东道主单位的代表、上级主管部门的代表、合作单位的代表等。发言内容要言简意赅，并富有鼓动性，使场面隆重而热烈。

（4）剪彩。当主持人宣布进行剪彩后，礼仪小姐率先登场，拉彩者将红色缎带拉直，托盘者站在拉彩者身后一米左右，然后剪彩者上台进行剪彩。此时，全体人员热烈鼓掌，必要时还可奏乐或燃放鞭炮。

（5）组织活动。剪彩后，主人应陪同来宾参观，还可向来宾赠送纪念性礼品，或设宴款待。

剪彩者的选择，双向互动，自主自愿

剪彩者是在剪彩仪式上持剪刀剪彩之人。剪彩者可以是一个人，也可以是几个人，但是一般不应多于五人。通常，剪彩者多由上级领导、合作伙伴、社会名流、员工代表或客户代表所担任。

在剪彩仪式上担任剪彩者，是一种很高的荣誉。剪彩仪式档次的高低，往往也同剪彩者的身份密切相关。因此，在选定剪彩的人员时，最重要的是要把剪彩者选好。这项工作一般要在剪彩仪式前做好，对于剪彩者的选择一般会遵循以下几个原则：

（1）双向互动，自主自愿。剪彩者的选择是一个双向互动的过程，首先由组织者发起，然后由被邀约者根据自身情况决定，这一过程是一个良性互动，互相选择的过程。

（2）注重身份，规格匹配。剪彩者的选择一定要考虑对方的身份地位和社会影响，要与剪彩活动相匹配。

（3）尊重意见、切勿勉强。在一般情况下，确定剪彩者时，必须尊重对方个人的意见，切勿勉强对方。

（4）一经确定，及时通知。名单一经确定，即应尽早告知对方，使其有所准备。

（5）多人剪彩，分别通知。需要由数人同时担任剪彩者时，应分别告知每位剪彩者届时他将与何人同担此任。这是对剪彩者的一种尊重。

（6）合理选择，认真对待。千万不要“临阵磨枪”，在剪彩开始前方才强拉硬拽，临时找人凑数。

剪彩者的礼仪规范

剪彩者的礼仪是影响剪彩活动的重要因素之一。剪彩者的礼仪规范、举止得体，不仅能够体现组织者的眼光，为剪彩仪式增彩，扩大影响力，也能够彰显自身的个人魅力。在剪彩仪式上为了凸显剪彩者的魅力，不妨对其进行必要规范训练。

1.集中训练，礼仪培训

在剪彩仪式举行前，将剪彩者集中在一起，告知对方有关的注意事项，并稍事排练。

2.着装培训

按照常规，剪彩者应着套装、套裙或制服，并将头发梳理整齐。不允许戴帽子，或者戴墨镜，也不允许其穿着便装。

3.剪彩者的剪彩礼仪，操作规范培训

若剪彩者仅为一人，则其剪彩时居中而立即可；若剪彩者不止一人时，则其同时上场剪彩时位次的尊卑就必须予以重视。在多人剪彩时，坚持右侧高于左侧原则。中间高于两侧，右侧高于左侧，距离中间站立者愈远位次便愈低，即主剪者应居于中央的位置。需要说明的是，之所以规定剪彩者的位次“右侧高于左侧”，主要是因为这是一项国际惯例，剪彩仪式理当遵守。

助彩者整齐划一，任务协调，打扮一致

助彩者指的是在剪彩者剪彩的一系列过程中从旁为其提供帮助的人员。助彩者就是指现在意义上的礼仪小姐。

作为助彩者，一定要注意自己的着装和打扮。化淡妆，盘起头发，穿款式、面料、色彩统一的单色旗袍，配肉色连裤丝袜、黑色高跟皮鞋。除戒指、耳环或耳钉外，不佩戴其他任何首饰。有时，礼仪小姐身穿深色或单色的套裙亦可。但是，助彩者的穿着打扮必须尽可能地整齐划一。

此外，助彩者还必须明白自己在剪彩活动中所担任的角色，要十分清楚自己的任务，这样才能把自己的工作做到完美。一般助彩者的分类以及任务协调有如下几方面：

（1）迎宾者的任务，是在活动现场负责迎来送往。

（2）引导者的任务，是在进行剪彩时负责带领剪彩者登台或退场。

（3）服务者的任务，是为来宾尤其是剪彩者提供饮料，安排休息之处。

（4）拉彩者的任务，是在剪彩时展开、拉直红色缎带。

（5）捧花者的任务，是在剪彩时手托花团。

总之，作为助彩者要注意自己的礼仪，在剪彩活动中通过自己所做的事情，来体现自己高雅的气质，遇到事情要机智灵敏，赢得青睐。

剪彩者和助彩者合作要默契

剪彩者和助彩者的合作是否默契直接影响到剪彩活动的效果，因此剪彩者和助彩者应该协调一致地进行配合，共同促进剪彩活动有条不紊地进行。

（1）按序登台，各司其职。当主持人宣告进行剪彩之后，礼仪小姐即应率先登场。在上场时，礼仪小姐应排成一行行进。从两侧同时登台，或是从右侧登台均可。登台之后，拉

彩者与捧花者应当站成一行，拉彩者处于两端拉直红色缎带，捧花者各自双手手捧一朵花团。托盘者须站立在拉彩者与捧花者身后一米左右，并且自成一行。

（2）登台剪彩，礼仪引领。在剪彩者登台时，引导者应在其左前方进行引导，使之各就各位。剪彩者登台时，宜从右侧出场。当剪彩者均已到达既定位置之后，托盘者应前行一步，到达前者的右后侧，以便为其递上剪刀、手套。

（3）位置既定，含笑致意。剪彩者行至既定位置之后，应向拉彩者、捧花者含笑致意。当托盘者递上剪刀、手套，亦应微笑着向对方道谢。

（4）剪前示意，集中精力。在正式剪彩前，剪彩者应首先向拉彩者、捧花者示意，待其有所准备后，集中精力，右手手持剪刀，表情庄重地将红色缎带一刀剪断。若多名剪彩者同时剪彩时，其他剪彩者应注意主剪者动作，主动与其协调一致，力争大家同时将红色缎带剪断。

（5）花团入盘，切勿坠地。剪彩以后，红色花团应准确无误地落入托盘者手中的托盘里，而切勿使之坠地。为此，需要捧花者与托盘者的合作。

（6）剪毕示意，鼓掌致意。剪彩者在剪彩成功后，可以右手举起剪刀，面向全体到场者致意。然后放下剪刀、手套于托盘之内，举手鼓掌。

（7）握手道喜，依次退场。接下来，可依次与主人握手道喜，并列队在引导者的引导下退场。退场时，一般宜从右侧下台。待剪彩者退场后，其他礼仪小姐方可列队由右侧退场。

商务合同签字礼仪有哪些

随着经济的发展和商业的日益繁荣，商务谈判越来越频繁，随之的商务签约也日益频繁。商务签约已经成为商业活动的重中之重。商务签约在签署过程中应注意礼仪。签约礼仪既是互为尊重的基础，也是社交的基本礼仪。注重商务签约的礼仪规范，有助于双方签约的顺利进行，也有利于个人及企业的良好形象的树立。以下是商务签约的具体细节和礼仪规范，希望能给你提供美芹之献。

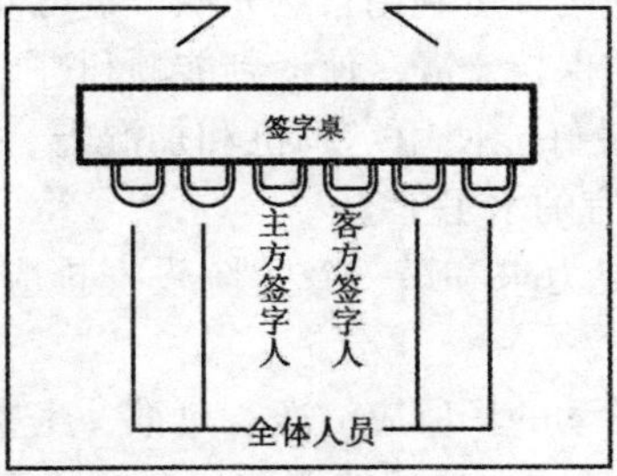

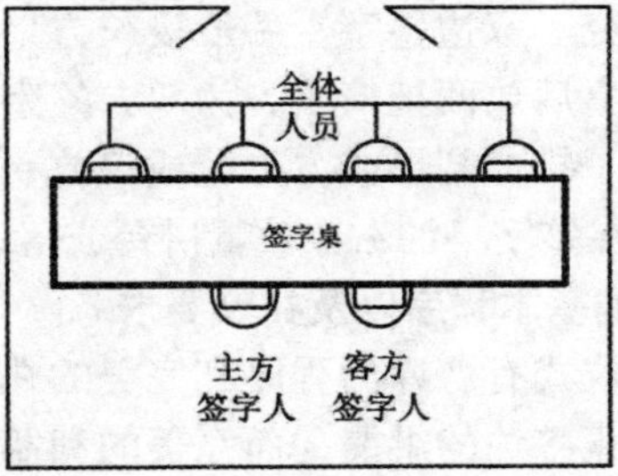

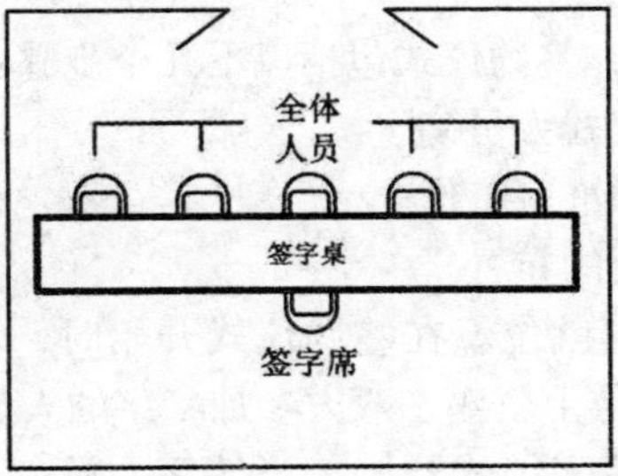

1.签字厅的布置要庄重、清净

签字仪式是双方或多方会谈，谈判结果的体现，是商务交往中的一项正式活动，要求组织严谨，按一定规程实施。而签字厅作为签字仪式的重要场所，其是否庄重、清洁直接关系到签字仪式的成功与否。

对于签字厅的布置要遵循以下几点原则：

（1）光线充足，可利用自然光源，也可使用人造光源。

（2）室内应保持宁静，使谈判能顺利进行。

（3）室内最好能使用空调机和加湿器，以使空气的温度与湿度保持在适宜的水平上。

（4）色彩要力求和谐一致，陈设安排应实用美观，留有开间。

（5）谈判活动的场所应洁净、典雅、庄重、大方。

此外，签字仪式上桌椅的摆放，会标和其他重要用具的置放都有一定的讲究。双边签字，一般设长方桌，上铺深绿色或暗红色的台呢，桌后放两把椅子，为双方签字人员的座位，多方签字也可将桌子排成圆形或方形，或仅放一把椅子，由各方代表依次签字；在签字桌的右侧放置讲台或落地话筒。

2.签约仪式的基本程序以及礼仪要求

成功的签约仪式有严谨的程序和完美的礼仪要求。严谨的基本程序可以防止签约的纰漏，而完美的利益要求可以赢得客户的青睐。

一般情况下，签约仪式包括以下几个步骤：

（1）签约仪式人员确定。

（2）必要的准备工作。

（3）签字厅的布置。

（4）请来宾就位。在签约仪式开始时，即应敬请大家在已排好顺序的座位上就座。双方参加签字的人员进入签字厅。

（5）宣布签字仪式开始。当签字人员入座时，其他人员分主方、客方，按身份顺序排列于各方的签字人员座位之后。

（6）签署文件。签字人正式签署合同文本，按照国际惯例，遵守轮换制，即主签人首先签署乙方保存的合同文本，而且签在左边首位处，这样使各方都有机会居于首位一次，以示平等。然后交换文本，再签署他方保存的文件。

（7）交换文本。助签人员互相传递文本，再在对方保存的文本上签字，然后由双方签字人交换文本，相互握手。

（8）签字完毕，祝酒庆祝。签字后备有香槟酒，共同举杯庆贺。

在签约的过程中除了要按照严格的程序进行外，还有尊重参与签约者，遇到意外的情况要冷静处理，争取签约圆满成功。

3.双边签约不杂乱，多边签约讲顺序

签约仪式包括双边签约和多边签约，不论是双边签约还是多边签约都应讲究规范和礼仪。做到双边签约不杂乱，多边签约讲顺序。

（1）双边签约不杂乱

举行双边签约仪式时，位次排列的基本规则包含以下三点：

a.签字桌一般横放在签字厅内；

b.双方签字者面对房间正门而坐；

c.双方参加签字仪式的其他人员，一般需要呈直线、单行或者多行并排站立在签字者身后，并面对房间正门，通常面对房门站在右侧的是客方，站在左侧的是主方。要注意一点，中央要高于两侧，也就是双方地位高的人站在中间，站在最外面的人地位相对较低。如果站立的人员有多排，一般的原则是前排高于后排，站在第一排的人地位较高。

（2）多边签约讲顺序

多边签约仪式的基本礼仪规范有三点：

a.签字桌横放；

b.签字座席面门而设，仅为一张；

c.多边签字仪式讲究签字者要按照某种约定的顺序依次签名，而不像双边签字仪式一样，大家平起平坐，同时签名。

庆典仪式要务实不务虚

商业庆典是商业企业发展的见证和定格。庆典既是作为庆祝也是作为企业宣传造势的策略。不仅能够提高自身企业的知名度，也能够增强员工的自豪感和归属感。

组织筹备庆典，要对它做出一个总体的计划。筹备庆典，需要记住两大要点：其一，要体现出庆典的特色。其二，要安排好庆典的具体内容。庆典活动准备可分为两大块：庆典场地布置和庆典文艺演出。

毋庸多言，庆典既然是庆祝活动的一种形式，那么它就应当以庆祝为中心，把每一项具体活动都组织得尽可能热烈、欢快而隆重。不论是举行庆典的具体场合、庆典进行过程中的某个具体场面，还是全体出席者的情绪、表现，都要体现出红火、热闹、欢愉、喜悦的气氛。唯独如此，庆典的宗旨——塑造本单位的形象，显示本单位的实力，扩大本单位的影响，才能够真正地得以贯彻落实。庆典所具有的热烈、欢快、隆重的特色，应当在其具体内容的安排上，得到全面的体现。

但是，举行庆典应该坚持务实不务虚的原则，不应该好大喜功，应该量力而行，注重效果和效益。

以下是庆典的相关细节，希望能够为你带来帮助。

庆典仪式的基本程序

庆典仪式要严格按照预先设置好的基本程序运行，这样不仅能够保证活动时间，也能够保证活动的运行流畅。而庆典的礼仪要求更是关乎庆典的结果与给人的印象。

庆典仪式的基本程序有：

1.嘉宾就座，预备开始

典礼预备开始阶段，各就各位，来客就座，出席者安静，主办方隆重介绍嘉宾，并向嘉宾致以诚挚的谢意。

2.宣布庆典正式开始

庆典正式开始，全体人员起立，奏响国歌，升国旗，行注目礼。也可以唱本单位之歌，增强认同感和归属感。

3.主要负责领导致辞

主办方主要负责人致辞，主要是对来宾表示感谢，介绍此次庆典的缘由等，其重点应是报捷以及庆典的可“庆”之处，致辞要注意时间，感谢要注意面面俱到，一视同仁，不能厚此薄彼，轻视一方。

4.诚挚邀请嘉宾讲话

大体上讲，出席此次的上级主要领导、协作单位及社区关系单位，均应有代表讲话或致贺词。

5.精心安排文艺演出

这项程序可有可无，如果准备安排，应当慎选内容，注意不要有悖于庆典的主旨。

6.邀请来宾进行参观

如有可能，可安排来宾参观本单位的有关展览或车间等，这样形象可感，拉近距离，增强认同感，促进企业间的进一步交流，为进一步合作打下基础。

庆典仪式东道主的礼仪要求

庆典仪式的礼仪要求是庆典的关键，得体的礼仪不仅可以为庆典的圆满举行奠定基础，也可以为庆典仪式提高人气。东道主的礼仪规范不仅体现着企业的文化理念和人文传统，也是企业的脸面和形象。

具体的庆典仪式东道主的礼仪要求有：

（1）仪容整洁。所有出席本单位庆典的人员，事先都要洗澡、理发，男士还应刮光胡须。

（2）服饰规范。有统一式样制服的单位，应要求以制服作为本单位人士的庆典着装，服饰尽量体现喜庆氛围。

（3）遵守时间。遵守时间，是基本的商务礼仪之一，庆典一定要注意准时开幕，应时结束，不能拖拖拉拉，要严格按照预先设置的时间流程进行，不可随性发挥。

（4）表情庄重。参加庆典一定要注意表情平和中见严肃，喜庆中见稳重，不可嬉皮笑脸，得意忘形，也不可不苟言笑，表情沮丧，要做到有度，有礼。

（5）态度友好。庆典仪式上一定要待人友好，彬彬有礼。一定要和颜悦色，笑脸相迎。

（6）行为自律。既然参加了本单位的庆典，主方人员就有义务以自己的实际行动，来确保它的顺利与成功，这就要做到严于律己、宽以待人。

（7）发言简短。发言要理清要点，突出重点，不蔓不枝，言简意赅，大处着眼，小处细心。

精心确定出席者的名单

应当精心确定好庆典的出席人员名单。庆典的出席者不应当滥竽充数，或是让对方勉为其难。确定庆典出席者名单时，始终应当以庆典的宗旨为指导思想，要与庆典的规格和品位相适合，庆典和庆典出席者应该是相得益彰、互相增辉的。

具体出席者的分类有：

1.上级领导：高屋建瓴

为了感谢上级主管部门的领导对单位的发展给予过的关心、指导。

2.社会名流：名人效应

社会各界的名人对于公众最有吸引力。可以发挥“名人效应”，提高本单位的知名度。

3.大众传媒：宣传造势

大众媒体作为仅次于立法、行政、司法三权的社会“第四权力”，主动与他们合作，通过他们公正客观的报道加深社会对本单位的了解和认同。

4.合作伙伴：同舟共济

在商务活动中，合作伙伴经常是彼此同呼吸、共命运的。请他们来与自己一起分享成功的喜悦，是完全应该的，而且也是绝对必要的。

5.社区关系：和谐融洽

它们是指那些与本单位共居于同一区域、对本单位具有种种制约作用的社会实体。请他们参加本单位的庆典，使对方进一步了解本单位、尊重本单位、支持本单位，或是给予本单位更多的方便。

6.单位员工：增强归属

员工是本单位的主人，本单位每一项成就的取得，都离不开他们的兢兢业业和努力奋斗。所以在组织庆典时，是不容许将他们完全“置之度外”的。

热情细致地照顾好来宾

接待出席庆祝仪式的来宾是庆典仪式接待活动的重中之重，来宾大都具有一定的身份和社会影响力，因此接待来宾工作做得好不仅给来宾以良好的印象，提升企业的形象，也可以加强公司的宣传。

具体的照顾来宾的策略有：

1.突出礼仪，贴心细致

不但应当热心细致地照顾好全体来宾，而且还应当通过主方的接待工作，使来宾感受到主人真挚的尊重与敬意，并且想方设法使每位来宾都能心情舒畅。

2.成立筹备，全权负责

庆典一经决定举行，即成立对此全权负责的筹备组。筹备组成员通常应当由各方面的有关人士组成，他们应当是能办事、会办事、办实事的人。

3.“分兵把守”，各司其职

在庆典的筹备组之内，应根据具体的需要，下设若干专项小组，在公关、礼宾、财务、会务等各方面“分兵把守”，各管一段。

4.迎来送往，周到有礼

在举行庆祝仪式的现场迎接或送别来宾，一定要周到有礼，注意礼仪性细节。迎来一定要笑脸相迎，送往一定要鞠躬致意。

5.来宾引导，专人负责

由于庆典的规模较大，宾客众多，必须由专人负责为来宾带路，将其送到既定的地点，这样不仅提高办事效率，也可以增强来宾的认同感。

6.全程陪同，定人服务

对于特殊人物，重要人物应该定人服务，全程陪同。像某些年事已高或非常重要的来宾，必须安排专人陪同始终，以便关心与照顾。

参加庆典表情要庄重

参加庆典一定要关注自己的表情，参加庆典的表情是否合适直接影响着庆典的整体氛围，参加庆典要注意分清不同庆典的不同表情要求。

具体的参加庆典的表情注意事项有：

1.神情自然，庄重严肃

在庆典举行期间，不允许嬉皮笑脸、嘻嘻哈哈，或是愁眉苦脸、一脸晦气、唉声叹气，否则会使来宾产生很不好的想法。在举行庆典的整个过程中，都要表情庄重、全神贯注、聚精会神。

2.庄严肃穆、以礼行事

假若庆典之中安排了升国旗、奏国歌、唱“厂歌”的程序，一定要依礼行事：起立，脱帽，立正，面向国旗或主席台行注目礼，并且认认真真、表情庄严肃穆地和大家一起唱国歌、唱“厂歌”。

3.表情庄严，行为范式

不可不起立、不脱帽、东张西望、不唱或乱唱国歌与“厂歌”。在起立或坐下时，把座椅搞得乱响，一边脱帽一边梳头，或是在此期间走动和找人交头接耳，都应视为危害本单位形象的极其严重的事件。总之，表情要注意场合和时间，具体的一切以时间和地点为转移。得体的表情不仅能够彰显自身的礼节也能够增添庆典的氛围，促进庆典的圆满举行。

庆典发言，简洁凝练

庆典发言是庆典仪式的重要环节，庆典发言不仅是对庆典的进一步介绍，也是对庆典氛围的烘托，是对商业活动的总结和未来前景的美好展望。由于庆典的时间安排紧锣密鼓，因此庆典的发言务求简短凝练，抓住重点，概要叙述。

具体的庆典发言需要注意的问题有：

1.沉着冷静，字正腔圆

走向讲坛时，应不慌不忙，不要急奔过去，或是慢吞吞地“起驾”。在开口讲话前，应平心静气，不要气喘吁吁，面红耳赤、满脸是汗，急得讲不出话来。

2.讲究礼貌，注意细节

在发言开始，勿忘说一句“大家好”或“各位好”。在提及感谢对象时，应目视对方。在表示感谢时，应郑重地欠身施礼。对于大家的鼓掌，则应以自己的掌声来回礼。在讲话末了，应当说一声“谢谢大家”。

3.宁短勿长，言简意赅

发言一定要在规定的时间内结束，而且宁短勿长，发言一定要言简意赅、理清要点、简洁有力，不能拖泥带水。

4.条理清晰，逻辑鲜明

发言一定要注意逻辑思维以及条理清晰，不要随意发挥、信口开河。

5.手势严谨，行为得体

手势是言语的拓展和辅助，得体的手势语，不仅能够增强气势，也可以展现个人魅力。因此发言应该注意手势恰当，含义不明的手势，坚决不用。

注重办公礼仪，塑造职场专业形象

办公室是上班族所待时间最多的地方，绝不能因为大家都是熟悉的同事，而忽视礼仪。相反地应该知道，在这里的表现不仅关系个人形象，而且直接关系单位的形象。下列几点是必须格外注意的：

1.整洁端庄的个人形象

首先要树立整洁、端庄的个人礼仪形象。如果单位有统一的服装，则无论男女，上班时间都应穿工作服。如果没有统一服装，在办公室宜选择较为保守的服装，男士以西装为主，女士着装要尽量美观大方，不要过于夺目和暴露，也不要浓妆艳抹。上班时间把自己打扮得分外妖娆、魅力四射的女性会产生很多的负面效应。男性穿西装要打领带。夏天时不能穿拖鞋、短裤、背心甚至赤脚出现在办公室。休闲装、运动鞋、旅游鞋等不适宜在办公室穿。

2.建立良好的同事关系

与同事搞好团结，如果有小事弄错了，不要诿过给同事，上司追问起来，如果那件事大家都有点儿责任，你就直截了当地给上司解释明白，自己先向他道歉，承认就算了，当然你可能挨一顿骂，可是却会在办公室中赢得一个忠实的美名。

3.不要越权汇报

如果遇到棘手的事，首先要找直接管你的主管，切勿去见一个更高级的上司。需知一个大公司，它的组织和军队相似，发号施令有关联性，即使你对你的顶头上司有意见，而你又偶然犯有过失，你也先要获得他的同意才可向更高一级申诉。

4.不要在办公室办私事

私人生活中的一切事情都不要带到办公室做。每个人都要谨记，公司给你薪金，目的就是要你做好本职工作。

有许多公司严格地执行一些规矩，例如办公时不能接听私人电话，不能随便跑出去买香烟，规定午餐时间，上班下班要准时等。你服务的那家公司，也许执行得不那么严格，那你也应自觉遵守，不宜太过冒犯。

5.讲究礼貌

“早安”和“午安”是最普通的礼貌用语，对同事不能因为熟悉，就将其省去。对不相识的人或是一同坐电梯的人，以“早安”或“午安”向人家问好，可表示你是一位彬彬有礼的人。

同事之中相互多以名字相称，但对一些德高望重的人，或是上司，则以“×先生”或“×经理”来称呼较为合适。有很多男士被他的秘书称之为“×先生”，但他们则只叫她的名字，而非称呼“×小姐”。

无论是谁的朋友，踏进公司的门，就是公司的客人，而你就是当然的主人，做主人的均应热情接待客人，绝不可三言两语地把客人打发掉，或者将其晾在一边。

6.不要在办公室化妆

女职员在办公室内化妆是失礼的，特别是有异性同事时。如果办公室设有女衣帽间，则可兼作化妆间，要是没有的话，则只好到洗手间了。

7.不要随便动别人的东西

在办公室里，不要随便挪用别人的东西，即使是公司统一配发的用品，也属于个人私用。特别是未经主人许可，事后又不打招呼的做法，显得没有教养。至于用后不归还原处，甚至经常忘记归还的，就更低一档了。

8.准时上下班

上下班要绝对准时，这能反映出你是否敬业。千万别在下班前15分钟便跑到洗手间去梳头搽粉，这样显得你太急于下班了。下班之前，应将写字台上的文具和文件等码放整齐，将椅子放回原位，以给同事们留下一个工作严谨、环境整洁的好印象。

领导可以用评价的方式赞美下属，同事之间也可以运用评价式赞美，或别的赞美方式。同事之间的赞美，特别是有关才能方面的，首先要调整好合适的心态。有的同事认为：“他那点才能算什么！”同事之间难免会有竞争，所以，多少有点抵触、敌对、妒忌的心理。用一颗健康而真诚的心去赞美同事的才能是极为重要的。

“不问你从哪里来，只问你与谁一起来？”身边的同事才高八斗，能力过人，也是你的骄傲和幸运。赞美同事的才能时，要富有一些爱心，而不是干巴巴的敷衍，正如母亲赞美孩子时，眼神里流露的是深深的爱意，语调里也透露一种喜悦和满足。赞美同事才能时，要适当表达你的佩服之情——如果他的才能的确令人佩服。

同事间赞美才能时，可以“内行”地赞美对方，即用专业术语去赞美对方。术语是构成一门学问的细胞，是其基本构成要素和基本概念。俗话说，各行都有各行的行话。曲艺中有吹、拉、弹、唱，其中又各有丰富内涵；相声中有说、学、逗、唱；围棋中有边、角、星、目、棋筋、收官等；书法中有筋、骨、神、锋，这些都是某一领域中的“行话”。在一定的场合下，你用专业术语予人以赞美，让人觉得你是“圈内人”，你的赞美才会让人觉得可信，有权威性。

如果同事因其才能而获奖或获擢升，那就更要表达你由衷的赞美和喜悦。事实上，同事之间，会有“近水楼台先得月”之效应，他会推动你的工作，激励你进取。

所以，不要吝惜你的赞美，大声地把它说给同事听，你也会因此获得同事的好人缘。

巧妙消除与同事的隔阂

同事之间由于工作问题闹矛盾是在所难免的。因为人与人之间观念、工作作风方面的差异必然会产生一些冲突。但出现冲突之后，双方一定要抓住各种时机，巧妙地消除彼此间的隔阂，使双方和好如初。下面两种方法可以提供一些参考：

1.主动改正错误

永远不要忘记这句话：你可以怀疑他人，但绝不能怀疑自己。美国好莱坞的一位制片商曾经说过：“现在敢于暴露自己缺点的人实在太少了，一般人甚至不敢承认自己的错误与失败，唯恐不能表现得十全十美，我就会轻视他们，其实我对于有勇气承认自己缺点的人，评价很高，我也乐于与这样的演员见面，我相信他或她可以凭自己的力量出人头地的。”

的确，能够承认自己的缺点或过错的人，容易使人产生好感，但能改正错误的人，则更令人佩服，因为这需要极为成熟的力量才能做到。“自我改正力”的最大优点在于你自己就能改正自己的错误，不必假手于人，这样可以保持自我的独立性。

一般人一旦遇到需要改正的事情时，往往会表现出两种态度。一是被事情外在的感情因素所困扰——遗憾的是多数人都是如此，因而丧失正确的判断力与采取适当行为的能力。嫉妒、自怜等最无好处的感情，会产生相当大的压力，压迫着整件事与被卷入的人，使他们无法采取对自己最有利的行动。二是产生无比的勇气——坚强地面对问题，并解决问题。事实上，只要你能够及时去改正自己，你便能很容易地达到目的。

你所能采取的最聪明的行动之一，就是第二种情况，换句话说，就是培养自我的“改正意识”，这也是最简单易行的方法。首先，你必须确立自己内心的改正诚意与热情，并且要有改正欲望。其次，绝对禁止自己逃避错误，或说些敷衍塞责的话。最后，将“改过”作为自己唯一的目的，而且下定决心不达目的绝不罢休。如此一来，其他一切事都属于次要问题，而你的脑中也不会再有其他杂念了。

既然每个人都有自我改正的能力，那么与同级相处得不好，发现是自己错误时，就要产生巨大的勇气，面对错误，面对同事，改正自己的缺点或不足。

2.积极接触

受到同事的非议，可能是因为彼此之间不了解，积极与同事接触，采取适当的措施补救，会有效的。

大科学家富兰克林，在参加一个地区的议会选举时，遇到了极大的困难。原来有一个新的议员，对他发表了一篇很长的反对演说，在那演说的词意里，竟把富兰克林批评得一文不值。遇到了这样一位出言不逊的同事，是多么棘手的事呀！那该怎么办才好呢？富兰克林告诉我们：“我对于这位新议员的反对，当然不高兴，可是，他是一位幸运而有学问的绅士，他有声誉和才能，在议院里很有地位。然而，我绝不对他表示一种卑陋的阿谀，以取得他同情与好感，我只在隔日之后，运用了其他适当的方法。我记得曾经有人讲起过，他藏书室里有几部很名贵且珍稀的书，我就写了一封简短的信给他，说明我想看看这些书，希望他答应借我几天。他立刻就把书送来了，大约过了一个星期，我就将那些书送去还他，另外附上一封信，很热烈地表达了我的谢意。他以前不和我谈话的，可是，当我们下一次在议院里遇见的时候，他居然跑上前来，和我握手谈话了，而且非常客气。还对我说，在一切事情上都要帮我忙，于是我们逐渐成为知己，有了美好的友谊。”

富兰克林的这一故事，粗看起来似乎很平常，但你仔细一想，这在富兰克林的成功上，是十分重要的因素。我们也该用类似的策略，去对付你那些出言不逊的同事！

如果因为某些原因而与同事出现隔阂时，就要积极地想办法迅速消除这种隔阂。只有这样工作才会更顺利，人缘也会更好。

3.同事面前少说抱怨话

没有人喜欢抱怨者，正如没有人喜欢自大狂。

抱怨有时可以让人得到舒解，有益健康，但如果抱怨太多，就会令人厌烦了。抱怨绝不是好事，它不会为你带来多少正面的效益。与其整日抱怨，倒不如想办法来解决问题。

对现状不满的人总喜欢抱怨，长此以往，会成为其一大性格弱点。常听见办公室里许多人抱怨他们的老板或同事“从来不听别人讲什么”或“拒绝体谅”。我们常因未获得和我们亲近的人的欣赏而怨愤不满，却忽略了他们也需要别人倾听他们的心声，体谅他们的处境。每个人都可以改进自己，让自己更能包容，不至于经常做出过度的反应。

每个人都希望别人能把自己的话真正听进去。

王辉是一家公司的主管，同事们都把他当成公司的“管家”，公司里的一些琐事，都要找他才行，这样一来，王辉每天事务繁杂，忙得团团转，牢骚和抱怨也就成了家常便饭。

这天一大早，又听他抱怨：“烦死了，烦死了！”一位同事皱皱眉头，不高兴地嘀咕着：“本来心情好好的，被你一吵也烦了。”

其实，王辉性格开朗外向，工作起来认真负责。虽说牢骚满腹，该做的事情，一点也不曾怠慢。他整天忙得晕头转向，恨不得长出三头六臂。

小刘刚交完电话费，财务部的小张来领胶水，王辉满脸不悦地说：“昨天不是刚来过吗？怎么就你事情多，今儿这个、明儿那个的？”打开抽屉，翻出一个胶棒，又不好意思说些什么，往桌子上一扔：“以后东西一起领！”小张有些尴尬，赶忙赔个笑脸：“你看你，每次找人家报销都叫亲爱的，一有点事求你，脸马上就长了。”

大家正笑着呢，微机室的车娟风风火火地冲进来，原来电脑出了问题。王辉脸上立刻晴转多云，不耐烦地挥挥手：“知道了。烦死了！和你说一百遍了，先填保修单。”单子一甩：“填一下，我去看看。”王辉边往外走边嘟囔：“综合部的人都死光了，什么事情都找我！”对桌的小秦气坏了：“这叫什么话啊？我招你惹你了？”

态度虽然不好，可整个公司的正常运转真是离不开王辉。虽然有时候被他抢白得下不来台，也没有人说什么。怎么说呢？他不是应该做的都尽心尽力做好了吗？可是，那些“讨厌”“烦死了”“不是说过了吗”……实在是让人不舒服。特别是同办公室的人，王辉一叫，他们头都大了。

年终的时候公司选举先进工作者，大家虽然都觉得这种活动老套可笑，暗地里却都希望自己能榜上有名。奖金倒是小事，谁不希望自己的工作得到肯定呢？领导们认为先进非王辉莫属，可一看投票结果，50多份选票，王辉只得15张。

有人私下议论说："王辉是不错，就是嘴巴太厉害了。"

王辉满脸委屈："我累死累活的，却没有人体谅……"

什么叫费力不讨好？像王辉这样，工作都替别人做到家了，嘴上为逞一时之快，抱怨上几句，结果前功尽弃。冷语伤人，说者无心，听者有意，所以，既然做了，就心甘情愿接受吧，抱怨是无济于事的，相反，还会埋没你的功劳。

人都有一种正义与刚毅之气，有一种自尊之需，因此难免会对周围的不平之事发泄自己心中的情绪，但你要知道你的抱怨不会带来任何益处。

别人没有听你抱怨的义务，你的抱怨如果与听者毫无关系，会让对方不耐烦，如果你经常抱怨，下次他看见你便会躲得远远的。

有问题才会抱怨，如果你抱怨的都是一些很小的事情，而且天天抱怨，那就会给人一种"无能"的印象。一个能干之人，如果因为爱抱怨而被人认为"无能"，那不是很冤枉吗？

如果你时常抱怨别人，那么你也会被认为是个不合群、人际关系有问题的人，否则为什么别人不抱怨？

对工作的抱怨如果言过其实或无中生有，那么不仅听的人不以为然，不同情你，反而会抵制你，连上司也会对你表示反感。

抱怨也会使自己的情绪恶化，看什么都不顺眼，使自己陷入一种自己制造出来的情境之中。

经常抱怨也会变成一种习惯，遇到压力或不如意之事，便先抱怨一番，这是最可怕的事。抱怨也会影响其他人的情绪，让不明真相的人心理产生波动，这会破坏工作场所的气氛，而你这种行为也必将受到指责。

婉转提出你的意见

金焱在职场上已经“浮沉”了好些年了，也遇到过各种各样的人和事，本来应该也算是一个“交际能手”，但不知为什么，她总是很容易得罪人。她心里总搁不住事儿，有什么就说什么，从来不会隐瞒自己的观点。

有的同事把茶根儿倒在纸篓里，弄得一地是水，她会叫他不要这样做；有的人在办公室里抽烟，她会请他出去抽；有的人爱没完没了地打电话，她就告诉她不要随便浪费公司的资源……她这样做是好心，因为如果让经理看见了，不是一顿责骂，就是被扣奖金。

可是，好心没好报，她这样做的后果是把同事们都给得罪了。每个人都对她一大堆的意见，甚至大伙一起去郊游也故意不叫上她。有一次她实在气不过，就向经理反映，没想到经理也不怎么支持她，并没有批评有错误的，反倒弄得她在公司里更加被动。她非常想不通，明明自己是实话实说，为什么结局是这样的？难道做人就一定要虚伪做作吗？

金焱的这种情况其实是很普遍也很容易理解的。人们的日常生活离不开与人打交道，如果与自己的同事关系处不好，又要天天见面，的确叫人难受。

从上述事例来看，实话实说本身并没有错，心胸坦荡、为人正直这是许多人都赞赏的美德。但问题在于，实话实说也要考虑时间、地点、对象以及他人的接受能力。

如果说话过于直率，言辞过于生硬或激烈，则只会产生不良效果，不但达不到善意的初衷，而且有时会走向极端，给自己带来不必要的麻烦。直言直语是一把双刃刀，而不是一把可以披荆斩棘的开山刀。

喜欢“直言直语”的人说话时常常只看到现象或问题，也常常只考虑到自己的“不吐不快”，而不去考虑旁人的立场、观念、性格。他的话有可能一派胡言，也有可能鞭辟入里；一派胡言的“直言直语”对方明知，却又不好发作，只好闷在心里；鞭辟入里的直言直语则直指核心，让当事人不得不启动自卫系统，若招架不住，恐怕就怀恨在心了。所以，“直言直语”不论是对人或对事都会让人受不了，于是人际关系就出现了阻碍。别人不能离你远远的，那就想办法把你赶得远远的，眼不见为净，耳不听为静。

因此，在指出对方错误的同时，也可以反省自己是否说话不得体，如果是因为没有讲究方式方法，而造成同事关系的紧张，就要考虑自我调整，克服过于直率的毛病了。

有话当面说，不在背后说长道短，这无疑是对的，但也不能因此而忽视了人与人之间的复杂性：只求敢说，不讲效果，这根本就无助于问题的解决。

人们一般都爱面子，爱听赞扬的话，不妨为对方想想，不要只管自己说得痛快，尽管你是善意的，也会伤害对方，有可能造成对方的误解和怨恨。如果找一个恰当的机会，例如大家一起吃饭或聊天的时候，婉转地说出自己的想法，与当事人个别交换意见，也许更会得到对方的理解；或者用一个幽默来表达自己的看法，肯定有利于问题的解决。

如果遇到不拘小节的同事，或者辈分高、资格老，但你实在看不下去，这时，不能直接说出以免引起对方不快，可用婉言劝说的方法，让他知道你不大赞赏他的行为习惯或态度。

小吴对面住着同单位的老金，他是厂里的工会主席，技术上也有一手，待人热情诚恳，但就是生活上比较马虎，不讲仪态。夏天，常光着身子，穿条短裤走这家串那户。小吴是技术科的，中专毕业，作为一个有知识的女性，她很不习惯老金的这种仪态。一个双休日，老金邀小吴的丈夫去另一个同事家下棋。小吴对丈夫说："衬衫穿上，到别人家去总得有个样子，拖鞋脱了，换双凉鞋。"这一讲，老金马上有所觉察，他说："等一下，我也去穿件衬衫、换双鞋。"小吴见时机已到，顺水推舟道："金师傅，您这个人很热情、很随和，可我觉得在穿着上是太不讲究了，有时让人受不了。"待老金穿好衣服返回，小吴赞扬道："这一身多神气啊！金师傅，其实您这么穿可比之前精神多了。"说得金师傅舒服极了。以后，他渐渐改变了原先不讲仪态的习惯。

如果你的目的仅仅是为了给同事提个意见，那么，不妨把批评的方式变成夸奖，也许这样的效果会更好。

同在一家公司的肖小姐和钟小姐素来不和。

有一天，肖小姐忍无可忍地对另一个同事夏先生说："你去告诉钟小姐，我真受不了她，请她改改她的坏脾气，否则没有人会愿意理她的！"

夏先生说："好！我会处理这件事。"

以后肖小姐遇到钟小姐时，钟小姐果然是既和气又有礼，与从前相较，简直判若两人。肖小姐向夏先生表示谢意，并且好奇地问："你是怎么说的？竟有如此的神效。"

夏先生笑着说："我跟钟小姐说：'有好多人称赞你，尤其是肖小姐，说你又温柔又善良、脾气好、人缘更佳！'如此而已。"

在与同事交往时，你可能会对他有些意见，但是即便你的意见是完全正确的，你也要考虑到具体的情况，而应婉转地提出意见，这样才能很好地保持你们的人际关系。

入职离职礼仪：来得体面，走得潇洒

现代社会，人才流动频繁，入职离职也不再是一件新鲜事了。入职礼仪要求新晋员工认真填写入职表格，相对礼仪要求较少，但是离职，绝不是“离开公司”那么简单，离职也是一门艺术，它是为人处世的一个方面，和做人一样，讲究好聚好散。你离职的方式有可能给你的职业生涯带来长期的影响。因为当你决定离职时，不仅对你自己的职业生涯有影响，而且对你的同事以及你的上司，甚至整个部门都有影响。因此，不论是出于什么原因离职，无论离职时心中有多少委屈和愤怒，在离职的时候，都没有必要为了一时痛快，和原单位的上司和同事闹僵。这样的做法除了影响你今后的职场生涯外毫无益处。

所谓“人生何处不相逢。”这个世界很小，每一个行业也都很小，不做同事了至少还是同行，很有可能还有合作的机会。何不善始善终，来一个漂亮的离职转身，给所有人留下一个完美的好印象，也给自己留下一条将来合作的路。

所以，尽管马上要离开公司了，离职礼仪也是必不可少的。那么我们在离职时该注意什么呢？

1.离职报告不可缺

提交辞呈是离职的第一道手续，在辞呈中，你最好诚实地说明离职的原因。来到该公司的时候，抱着学习和肯干的态度，走的时候也应带走工作的心得，留下无限的感激。

在你的离职报告中，有些话是最好别提的，比如“没有发展空间”“前途值得怀疑”“单位拖欠薪水’等，即使确有其事，老板也不会开心。一旦你的新公司对你进行调研的时候，你的旧老板说不定就会因此而传递一些对你很不好的评价。

所以，你可以选择一些听上去不那么犀利的离职理由，例如“我要去进修”“单位离家太远，上下班不方便”“最近家里有事，时间上有点冲突”等等。另外，无论这家公司多么不堪，一定不要忘记感激他对你的培养以及同事给予的帮助。无论如何，你在这家公司还是学到了一些东西，积累了一些经验。

2.站好最后一班岗

在离职报告已经提交，但离职批准尚未下来的这段时间，理论上你依然是这家公司的职工，需要站好这最后一班岗。有许多人因为自己要走了，就开始放松对自己的要求，迟到早退。不认真做事。这样，都会给原单位留下不好的印象。因为这是一段非常敏感的时期，你的有些做法会让人产生人走茶凉的感觉。

3.控制自己的情绪

有些人离职的原因是在这家公司受了委屈，内心很想一吐为快，出一出长期以来积压的怨气，所以抱着一种“我就要走了，你能拿我怎么样”的心态，不是抱怨这个就是炫耀那个。但是，最明智的做法是管住舌头。你必须明白，人一走茶就凉。不论你如何能干，人缘多好，人们也不可能完全站在你的角度理解你。既然如此，何必留下怨恨断了自己一条路呢?

4.不带走任何不属于自己的物品

你需要尽量清楚地交接自己手中正在使用的公物，不要拿走公司的任何资料。甚至连名片夹也不要带走，你只应拿走属于你的私人用品和你本人的名片。

5.做一回好老师

你的辞呈递交的时候，公司就已经在为你找接班人了，所以，当一个月后你与单位脱掉干系的时候，接替你的新人也已经上岗了。对于他，你完全可以大方一些，做一回好老师，把自己工作的经验教训毫无保留地告诉他，让新人能够更好地上手。

你在职期间，积累一定的工作资源，例如客户资源，你将这些工作资源带走后，可能会造成新人无法开展工作，同时也会让原单位的主管心里不踏实。这时，如果你主动把工作资源留在这里——即使只是一小部分，你的慷慨也可以为你在这里留下好名声。

甚至于，你还可以把自己的工作职位说明以及工作经验以文件的形式留给新人，这样，新人就能在短时间内熟悉业务，尽量少走弯路，这也会让他对你感激不尽，而你的主管也会因此感谢你。不管以何种方式，你都能在原单位留下良好的印象，别临走的时候听到一句“他终于走了”的感慨。

6.与原来的同事保持联系

离开公司不代表你要“人间蒸发”，虽然原来的同事不再是同事关系了，可大家还是朋友，所以经常打个电话或写封电子邮件，回原单位与老同事、老领导们叙叙旧，应该是一件非常愉快的事情。再说，这本是个小世界，说不定哪天大家就会在另外的一些场合继续合作，彼此都会有照应。即使在新单位遇到什么疑问，也可以向原来的老朋友们请教，多听听旁观者的见解，或多或少会对你的新工作有所帮助。如果你原来的同事领导或者单位有什么需要你帮助的时候，尽力去做，你的风度在这时也就体现无疑了。

简历礼仪：你的简历会说话

书面求职：用无声的语言推销自己

下面是一则典型的求职信：

××经理：

您好！长期以来我一直期望能有机会加入贵公司，近日在招聘网站得知贵公司的招聘信息，万分高兴。给您写此信的目的是希望应聘贵公司的经理助理职位。

两年前我毕业于中南财经大学国际贸易专业，在校期间学习了国际贸易实务、国际商务谈判、国际商法、经贸英语等专业课程。毕业后，在天津市一家外贸公司就职，从事市场助理工作，主要是协助经理制订工作计划、开展一些外联工作及公司文件、档案的管理工作，具备一定的管理和策划能力，熟悉各种办公软件的操作，英语熟练，略懂法语。我深信可以胜任贵公司的经理助理一职。个人简历及相关材料一并附上，真诚希望能尽快收到您发给我的面试通知，我的联系电话：×××××××××××××。

感谢您阅读此信并考虑我的应聘要求！

此致

敬礼！

您真诚的朋友：×××
年×月×日

这样的求职信，总是会让招聘者眼前一亮，总有想让你参加面试的冲动。一封礼貌的求职信，会帮助你赢在起跑线上。其实，求职中还有很多礼貌性的问题需要注意，通过本章的学习，你将会在求职中表现得更加礼貌得体。

精简简历的字数，但要保证信息量

要想获得一份中意的工作，求职信不但要写得漂亮，还要能展示出你的个人才能。这样才能获得招聘者的青睐。此外求职信中，还需要一份高质量的简历。

一般来讲，简历的字数以1000~2000字为宜，这最符合人们的阅读习惯。字数太少不能表达你的“含金量”，字数太多招聘人员没有耐心阅读。

许多人会在履历中介绍他们的兴趣，其实，这些只有在它们与目标工作有关联的时候才最好加入。例如，候选人申请的是一份棒球教练的工作，那么他就应该提到其对棒球的喜爱。另外，在用人单位没有特别强调必须注明的情况下，基本信息（指你的姓名、性别、身体素质、婚姻、户口等个人信息和社会属性内容）不一定全列出来。

决定简历篇幅的因素包括职业、企业、工作经历、教育和造诣程度，等等，求职者不需要面面俱到，因为写得越多，并不代表你越优秀，关键在于，履历中的每一个字都要能够推销该求职者。

所以，当你写简历时，不妨问自己：“这些陈述会让我得到面试的机会吗？”然后，仅保留那些回答“是”的信息。

求职信帮你获得和对方见面的机会

好的求职信可以拉近求职者与人事主管之间的距离，起到毛遂自荐的作用。因此在简短的求职信中要不失时机地争取让招聘人员对还未见面的你产生好感，从而增加你的面试机会。以下要点是求职者要考虑在内的：

（1）确保求职信简短达意。绝对不要杂乱无章，言之无物。

（2）求职信应该能够引起招聘人员对你作为候选人的兴趣，并激发他们的热情。招聘者为什么要读这封信？你能够为他们做什么？

（3）必须推销你的价值，展示你突出的成就、成果、教育背景以及你独特的解决问题的技能，多使用实例、数字等具体的说明。

（4）如果你有求职单位的人事经理的姓名，那么，你可在求职信的开头定做附信。附信专门致某个特定的个人。

（5）求职信属于非正式的信函，它必须能够在双方之间建立融洽的氛围。所以，你要用热情洋溢、精力充沛和令人振奋的语言来感染对方。

（6）必须发动将来的行动。请求安排面试，或者告诉阅读者你将在一周内打电话给他们，商谈下一步进程。

求职信是专门为某一职位的求职申请而写，要有针对性，一般有三方面的内容：

1.开头

说明你所应聘的具体职位和得到职位信息的途径，通常是简短的一两句话。例如：

“尊敬的人事经理，我近日在某某招聘网上获悉贵公司正在招聘销售部项目经理一职，特寄上简历敬请斟酌。”

2.主体

简明扼要并有针对性地概述自己；重点叙述所具备的谋职资格和工作能力，特别是这些才能将满足公司的需要，促使招聘者进一步阅读你的简历。切勿夸大其词或不着边际；描述部分的长度可以控制在两到三个长句。

3.结尾

表明自己希望加入公司的诚意，请求对方给予面谈机会，留下你的联系方式和预约面试的可能时间范围，亦可以礼节性地感谢对方花时间浏览简历。例如：

“我将在（时间）内与贵公司联系，看能否约定时间面谈，如果您希望提前与我联系，请打电话。”

校对求职信是一项必要的工作

求职信上面若出现问题，会使招聘人员对求职者的印象大打折扣，在投递前进行必要的检查和校对是最好的防患方法，需要校对的地方主要有：

1.拼写和语法错误

保证语法和拼写正确不仅显示了你的细心，同时还显示着你的礼貌和尊敬——意味着你没有采取应付的态度。字典可以帮助你消除语法错误，还可以指导你如何写简历和信件，因此应该成为你的常用工具。

2.格式错误

求职信的格式主要有称谓、正文、结尾、附件、署名、成文时间几部分。在校对时重点关注称谓、附件等细节。

3.形式不符

求职信要易于阅读，忌用时髦的或不常用的字体，字体型号居中；如果是通过邮政机构邮寄的话，要用优质信纸（高棉纤维的）——白色的、米黄色的或者柔和的中性颜色。

校对求职信除了必要的修改外，还可以进行进一步的完善优化工作，比如措辞、语气等方面。

哪些表现可以提高你的印象分

想要获得心仪的工作，提高面试单位对你的印象分，需要讲求礼仪，注意以下几个方面：

面试要准时到达

面试一定要准时，为避免面试迟到，求职者去参加面试时，最好提前10~15分钟到达面试地，提前3~5分钟进入面试场所。

面试之前要知道面试的具体时间、地点，熟悉交通路线，考虑路上可能出现的交通拥堵等，预计我们要到达的时间，以便准时到达；如果一切顺利，则可利用这段时间先熟悉一下环境，稳定情绪，检查仪表，调整心态，做一些简单的准备；如果因事不能准时到达，一定要打电话告知并预约另一个面试时间。

在一次银行求职面试中，由于公交出了故障，小李迟到了15分钟。招聘人员拒绝面试他，并对他的解释无动于衷。那位招聘人员说："公交是不准时的，你应该早就考虑到可能发生的情况。"

因为招聘者有理由怀疑，一个连面试都迟到的人，录用后会有怎样的时间观念。迟到失约，一方面暴露出求职者缺乏时间观念和责任感，另一方面表明求职者对这份工作缺乏热忱。

面试中多谈对方，少谈自己

当我们和人交谈时，让交谈愉快进行下去的方式是什么？那就是多谈对方，少谈"我"。同样的道理，把面试当成一次愉快的谈话，也需要这样的方式。过多地使用"我"，会显得太自我。面试交谈毕竟不是个人演讲，我们应该强调的是如何满足招聘方的要求，而不是我们的无目标的观点。

从对方入题，可以使对方感到我们能尊重、关心公司的需要，从而考虑录用我们。在谈话中要根据对方的反应适当调整谈话内容，比如，听者心不在焉，可能表示他对自己这段话没有兴趣，我们得设法转移话题；侧耳倾听，可能说明由于自己音量过小使对方难以听清；皱眉、摆头可能表示自己言语有不当之处。根据对方的这些反应，适时地调整自己的语言、语调、语气、音量、修辞，包括陈述内容。比如对方表现不耐烦，我们可以停下来征求对方的意思："您是希望我继续讲呢，还是想听听我在某某方面的技能？"这样才能取得良好的面试效果。

面试不能随便

随便聊天测试，最大的特点就是看上去很随和，应试者几乎感觉不到是在面试，而是在拉家常。考官就是在这种拉家常式的轻松气氛中，将我们考察个透。所以，即使是面对这样轻松的面试氛围，我们也不能掉以轻心，要时刻小心应对又不表现出自己的慌乱。

聊天测试的内容很多，如考官会问面试者："你们是怎么来的？"假如回答："自己开车来的。"他会接着问："什么时候学的开车？是家里人凑钱帮你们买的吗？"假如是坐地铁来的，他会问："在地铁里你们常看些什么？"如果我们回答："翻翻报纸。"考官会再问："你们对世界上的恐怖组织了解多少？如果你们是政府的官员，你们认为该怎样解决这些问题呢？"

设计路障测试，就是在应试者面试时必经的道路上或在面试过程中故意设置一些有路障的题目，通过观察应试者经过路障时的各种表现来测试应试者的素质。例如，楼道里有的地方横着拖把，有的地方堆放着杂物。一些应试者只顾上楼，见了拖把一脚踢开，或者横跨过去，只有少数人弯下腰来将拖把或杂物拿开。殊不知，考官就跟在他们身后。

总考官一直在跟我们聊天，通过轻松随便的聊天来考察我们的反应能力、知识、素养、品质等。

平静对待谈话测试

与人谈话测试，就是通过让应试者与他人谈话的方式来考察应试者。面对这样的测试，我们要做的就是平静下来进行交谈，展现自己的优势和个性。而这种较为传统的与人谈话测试一般有以下3种类型：

一是接待来访者。让应试者接待来访者，目的就是考察他在接待客户时的态度，驾驭谈话的能力，快速处理问题的能力，如何处理公事与私事的关系等的能力。当然，这些来访者是由考官扮演的。

二是电话交谈。电话交谈可以考察应试者的心理素质、文化修养、口头表达能力、处理事务的能力等。考题可能是让我们接电话，或者让我们按提供的几个号码打电话，而对方就是面试的考官。

三是拜访有关人士。在企业管理中，主动找某些人谈话是管理活动的一项重要内容。这些有关人士可以是上级、下级、同事、客户、司法人员、新闻界人士等，这些人士当然也是由考官扮演的。这种考题可以考察应试者待人接物的技巧、语言表达能力、有关的专业知识、应付各种困难的能力等。

面试重视个人能力和团队意识

面试的时候，考官一般会通过独立个人或者团队合作这种方式来考察应试者的能力。所以，我们不仅要在平时的学习和工作中培养自己的个人能力，同时还要加强自己的合作意识。如果是从个人能力方面来测试，那么一般考官会采用事实判断测试，就是给予应试者少量的有关某一问题的资料，要求他作出对这一问题的全面分析。应试者可以通过向考官提出一些问题，从而获得更多的信息。其目的是测试应试者收集信息的能力，特别是从那些不愿意或不能提供全部信息的人那里去获取信息的能力，以及把握事实作出正确决策的能力。

如果是考察整体的综合团队意识，那么考官会采用编组讨论测试。编组讨论测试就是将应试者编成一个或几个不同的小组，每组人数不等，考官要求他们讨论某些有争议的问题或实际经营中存在的某种困难。例如，征收利息税问题、房改问题、移动通信单向收费问题等。要求讨论最后形成一致意见，以书面形式汇报讨论结果，每个组员都要求在书面汇报上签字。

考官或者坐在一边，或者坐在讨论室隔壁的房间里，通过电视屏幕或单向玻璃屏观察整个讨论过程，倾听讨论发言，或者进行录音录像，以便考察和进一步研究。考官将根据每一个应试者的表现，从领导欲望、主动性、说服能力、口头表达能力、抵抗压力的能力等几个方面进行考核。

面试官也喜欢说话幽默风趣的人

在面试的时候，许多人会因为紧张而失去被录取的机会。面试官认为，紧张慌乱的应聘者，在工作中也不能胜任。因此，如果你平时是个幽默的人，可以在面试时发挥一下，调节一下气氛。幽默可以说是一种优美的、健康的品质；幽默也是人与人之间的润滑剂，是一个敏锐的心灵在精神饱满、神气洋溢时的自然流露。每个人都喜欢说话风趣的人。

在求职面试过程中，求职者在回答问题时采用一些幽默的语言，这样不但能活跃气氛，也能获得面试官的好感。

一位考官这样问一个应聘者："为什么你要选择教师这个职业？"

应聘者回答说："我小时候曾立志长大后要做伟人的妻子。但现在，我知道我能做伟人妻子的机会实在渺茫，所以又改变主意，决定做伟人的老师。"

这位应聘者的回答博得在场人员的一片掌声，结果她被录取了。

这位应聘者的明智之处就在于打破了常规思维和表达模式，以真实感受胜人一筹。她用了"伟人"这个范畴来贯穿前后，表达自己所立的志向，幽默的谈吐，既清楚地表达了自己的中心意图，又出语惊人、新颖、不落俗套，因而这位求职者获得了成功。

面试中，幽默的应答不但有助于受试人吻合招聘者既定的聘用期望，而且可能重新塑造招聘者的聘用愿望。

在一次电视台主持人招聘面试中，考官问一位女学生："三纲五常中的'三纲'指什么？"这名女学生答道："臣为君纲，子为父纲，妻为夫纲。”她刚好把三者关系颠倒了，引起哄堂大笑。可她镇定自若，幽默地说：“我指的是新‘三纲’，我们国家人民当家做主，领导是人民的公仆，当然是‘臣为君纲’！计划生育产生了大量的‘小皇帝’，这不是‘子为父纲’吗？如今，妻子的权利逐渐升级，‘妻管严’‘模范丈夫’流行，岂不是‘妻为夫纲’吗？”

这位女学生机敏幽默的回答，显示了她的口才与智慧，显示了她竞争的实力，最终，她顺利通过了面试。

可见，在面试时如果因为紧张出现口误，也不妨用点幽默来自圆其说。幽默是机智灵活的表现，在非常严肃、紧张、决定前途的面试中，幽默不仅可以使自己放松，而且能使考官记住你，还会让你因此在面试中脱颖而出。需要注意的是，幽默不是搞笑，而是有创意的回答，不能为了幽默而幽默，如果自己确实没有新颖的想法，还是按常理出牌为妙。

面试冷场时，主动打破沉默留下好印象

在面试过程中，冷场常常出现在谈话双方都没有激情的情况下，所以要用你的激情保证整个面试过程的活跃和热烈。如果冷场出现，一定要主动打破沉默，找到可以激起面试官谈话兴趣的话题，或者运用提问打破沉默，如可以说：“我们换个话题好吗？”

你可以对自己以上所说做个补充。如果你刚刚谈了自己以前所取得的工作业绩，你可以接着谈一谈自己有哪些不足，或者有什么让自己感到遗憾的地方。可以从正面补充，也可以从反面，这样会让考官觉得你思考问题很全面。

王倩在一家公司待了三年，积累了一些经验，想换个环

境，找一家新的单位。在网上投出简历不久，就有一家公司通知她去面试。

面对面前的五个考官，王倩虽然身经百战，也还是手心冒汗。开始的时候他们轮番轰炸，你一言我一语，问了很多有关专业的问题和她对这个工作的认识。过了几分钟，四位考官有事出去了，只剩下一个人提问。到后来，这仅剩的一位考官问题越来越少，最终沉默下来。屋里从一片吵闹到寂静，双方都感到很不习惯，只好低下头做些小动作。

如果就此沉默下去，自己这份工作肯定要砸锅。于是，她从一个被动答问者变为主动者，抬起头来对考官说道："我听说这个公司开始的时候只是给人家做一些中介生意，经过老板和员工们的努力，几年时间就发展成了一个拥有200多人的大公司。看来公司有一种非常好的企业文化。"

听到王倩打破沉默的这句话，考官重重地点点头说："是啊。"原来他就是开始和老板一起创业的六个人之一，听到王倩谈起公司的企业文化，马上来了精神，和王倩很愉快地又聊了十五分钟。临走的时候，他对王倩说："你很不错，等好消息吧。"

第二天王倩就接到电话，她被录取了。

像王倩这样，遇到面试冷场时，可以另起一个新话题，最好能在面试之前就准备好这样几个话题，以备不时之需。一旦遇到冷场，马上话锋一转，与考官进行新的讨论，使对话朝着有利于你的方向发展。同样，也可以适当地总结一下，当考官沉默时，你可以大胆地说"总之……"为你的言论做个简短的结尾。

有的应试者不善打破沉默，他们出于种种顾虑，不愿主动说话，只等待面试官打开话匣，结果使面试出现冷场。其实，面试中的沉默有时候是许多考官的“杀手锏”，因为这能有效检验应聘者的心理素质和办事能力。有的面试官是故意不说话，只拿眼睛注视着应试者，这其实是一种无声的提问，他在等着应试者主动打破沉默。可是有些应试者以沉默对沉默，你不开口，我也不开口，导致出现冷场。

有的应试者虽然勉强打破沉默，可是词不达意、语调生硬，反使场面更显尴尬。这样的错误是致命的，一个不善于打破沉默的人，会被认为是缺少交际能力、缺少自信而且很难相处的人。一位人事主管说，在与求职者面谈的时候，他就非常喜欢沉默，以此来看看对方的应变能力。这时，你应该主动打破沉默。实际上，应试者主动致意与之交谈，会留给面试官热情和善于与人沟通的良好印象。

面试过程中的交流应该是互动的，无论是面试前还是面试中，应试者应善于寻找合适的话题打破沉默，不管这种沉默是无意的还是考官有意设置的。这是一种自信的表现，也是一种能力。

把你的特色显示出来，让人深深记住你

许多求职者在面试过程腼腆羞怯、缺乏自信，不敢表现自己，因而白白错失很多机会。其实每个人都有自己独特的优势和闪光点，这些与众不同的一面正是自己最大的竞争优势，要学会恰当地展示出来。

芬尼今年大学刚毕业，到一家公司应聘会计工作，面试时即遭到拒绝，因为她太年轻，公司需要的是有丰富工作经验的会计人员。芬尼没有气馁，她对主考官说：“请再给我一次机会，让我参加完笔试。”主考官拗不过她，答应了她的请求。结果，她通过了笔试，由人事经理亲自复试。

人事经理对芬尼颇有好感，因为她的笔试成绩是最好的。不过，芬尼的话却让经理有些失望，她说自己没有工作经历，唯一的工作经历是在学校掌管过学生会财务。他们不愿找一个缺乏工作经验的人做财务会计。人事经理只好敷衍道："今天就到这里，如有消息我会打电话通知你。"

芬尼从座位上站起来，向人事经理点点头，从口袋里掏出一美元，双手递给人事经理："不管是否录取，都请您给我打个电话。"

人事经理从未见过这种情况，竟一下子呆住了。不过他很快回过神来，问："你怎么知道我不给没有录用的人打电话？"

"您刚才说有消息就打，那言外之意就是没录取就不打了。"

此刻，人事经理对芬尼产生了浓厚的兴趣，问："那这一美元是什么意思？"

芬尼微笑着解释道："给没有被录用的人打电话不属于公司的正常开支，所以由我付电话费，请您一定打。"

人事经理马上微笑着说："请你把一美元收回。我不会打电话了，我现在就正式通知你，你被录用了。"

就这样，芬尼用这幸运的一美元敲开了机遇的大门。

其实道理很简单：一开始便被拒绝，芬尼仍要求参加笔试，说明她有坚毅的品格。财务是十分繁杂的工作，没有足够的耐心和毅力是不可能做好的。她能坦言自己没有工作经验，显示了一种诚信，这对财务工作尤为重要。她自掏电话费，说明了思维的灵活性，她巧妙地展示了自己公私分明的良好品德，这更是财务工作者不可或缺的素质。而这一切构成了她的与众不同。我们在求职面试时，要学会像芬尼这样，一方面坦诚自己的劣势，另一方面尽量展现自己的优势，不要因为某一方面的劣势而退缩。其实面试官的标准是多方面的，你所展示出来的优势或许正好可以改变他们对你的看法。也许正是你的特色给面试官留下了深刻又良好的印象，成了你面试成功的奠基石。

面试过程礼仪：展现最得体的自己

面试，就是当面考试，谁懂得礼仪，谁就能拿到加试分，谁就容易拿到高分，谁就最先通过，谁就最先拿到第一桶金。那么，在面试过程中，要注意的基本礼仪有哪些呢?

面试过程中的基本礼仪

不要紧张，要对碰到的每个公司员工都彬彬有礼，因为身体语言在人际交流中占50%以上。大家一定有遇到过面试失败的经历，分析起来，专业也对口，也没说过什么不得体的话，就是不知道输在哪里。其实，除了职场竞争激烈是主要原因外，面试时身体语言表现不当而暴露的弱点也是一个重要因素。

面试时，应试者应当与主考官保持目光接触，以表示对主考官的尊重。

在进出面试办公室时，注意进退礼仪，一定要保持抬头挺胸的姿态和饱满的精神，与人交谈时不要频繁地耸肩、手舞足蹈、左顾右盼、坐姿歪斜、晃动双腿等，这都是不好的身体语言。总之，手势不宜过多，需要时应适度配合表达。

参加面试时，除了熟记自己准备的资料外，还要在短短一个小时左右的时间内，最大限度地利用自己的长处树立良好的形象，所以掌握良好的交谈技巧也是面试成功的重要因素。

面试主考官一般较欣赏谈吐优雅、表达清晰、逻辑性强的应试者。在整个面试过程中，注意不要紧张，表述要简洁、清晰、自信、幽默，同时注意观察主考官的表情变化，也就是做到察言观色，尽快掌握主考官感兴趣的方面，再根据事先的准备做着重表述。

当与主考官的意见不一致时，不要据理力争，那会导致一时“嘴巴上的快活”而满盘皆输，要知道生死大权皆掌握在主考官手上，即使你不同意他的看法，也不能直接给予反驳，可以用诸如：“是的，您说的也有道理，在这一点上您是经验丰富的，不过我也遇到过一件事……”类似的开头方式进行交流。但在下结论时不要主动说出与主考官完全相反的观点，要引导主考官自己下结论，这样既避免了与主考官发生直接冲突，又巧妙地表明了自己的观点，特别是在回答情景问题时，稍不注意，就容易处理失当。

此外，面谈结束后，行礼、握手后再离开，离开时要先采用“后退步”的走法，然后离开。走出考场之前，再次站在门前行礼，然后再出去。

为了加深招聘人员对你的印象，增加求职成功的可能性，面试后两天内，最好给招聘人员打个电话或写封信表示谢意。感谢电话要简短，最好不要超过三分钟。感谢信要简洁，最好不超过一页。感谢信的开头应提及你的姓名及简单情况。然后提及面试时间，并对招聘人员表示感谢。感谢信的中间部分要重申你对该公司、该职位的兴趣，增加些对求职成功有用的事实内容，尽量修正你可能留给招聘人员的不良印象。感谢信的结尾可以表示你对自己的素质能符合公司要求的信心，主动提供更多的材料，或表示希望能有机会为公司的发展壮大做出贡献。面试后表示感谢是十分重要的，因为这不仅是礼貌之举，也会使主考官在作决定时对你有所印象。

面试回来后，你已经完成一次面试，但这只是完成一个阶段。如果你同时向几家公司求职，则必须收拾好心情，全身心投入第二家的面试，因为没有收到聘书之前，仍未算成功，不应放弃其他机会。

一般来说，你如果在面试两周后或在主考官许诺的通知时间内，还没有收到对方的答复，就应该写信或打电话给招聘单位或主考官，询问是否已做出了决定。

面试时的自我介绍礼仪

在面试时，恰当的自我介绍礼仪可以拉近求职者与主考官之间的距离。

1.彬彬有礼

在作介绍前，要先对面试官打个招呼，道声谢，如“××经理，您好，谢谢您给我这么好的机会。现在，我向您作个简单的自我介绍”。介绍完毕后，要注意向面试官道谢，并向在场的其他面试人员表示谢意。

2.主题明确

在作自我介绍时，最忌漫无中心，东扯一句西扯一句，或者事无巨细都一一详谈，让人听了不知所云。须知，面试官是没有那么多闲工夫听你乱扯的。一般来说，求职面试中的自我介绍宜简不宜繁，一般包括的要素有：姓名、年龄、籍贯、学历、学业情况、性格、特长、爱好、工作能力、工作经验等，对于这些不同的要素该详述还是略说，应按招聘方的要求来组织介绍材料，围绕中心说话。假如招聘单位对应聘人的工作能力和工作经验很重视，那么，求职者就得从自己的工作能力及经验出发作详细的叙述，而且整个介绍都是以这个重点为中心。

3.莫过多夸耀

在自我介绍中，要尽量避免过多的自我夸耀，一般不宜用“很”“第一”“最”等表示极端的词来赞美自己。在面试时，对自己做过多的夸耀，意味着贬低他人，这种缺乏尊重他人的介绍方式，就是有违一般礼仪的。这样做反而会引起面试官的反感。因此在谈论自己时，应尽可能避免一些夸大的形容词，把话讲得客观真实些，尽量用实际的事例去证明你所说的，最好用真实的事例来显露你的才华。

4.烘托气氛

面试场上的自我介绍目的是获得工作机会，与自我标榜、自我吹嘘无关，但你必须得想办法强化自我介绍的气氛。牢记你的优点，忘记你的缺点，你就会像磁石一样吸引人。要觉得自己的声音有魅力，自己的学识广博，只有这种自我肯定，才能使自我介绍的气氛变得活跃起来。

当然，最重要的是能够立即把思绪或情感变成风趣动人的语言，只有内外表达一致，自我介绍才算完美。

自我介绍，要尽量简洁、积极、有创意，并且尽量地找出令人欣赏的方法，不要反复使用公式化的东西，不要油头滑脑、胡乱编造，因为油头滑脑、随意编造既是对自己的不负责，也是对他人的不尊重、不礼貌。

面试时自我介绍的禁忌

面试者进行自我介绍是为了让主考官对自己有个初步的了解，并尽可能给主考官留下良好的印象，以便将面试深入下去，从而最终赢得面试的成功。因此，在自我介绍的过程中，面试者应竭力避免以下情况的出现。

1.忌“我”字连篇

千万不要以为“自我介绍”最容易用上的字是“我”字。当主考官说：“谈谈你自己吧！”一名应试者十分巧妙地回答：“您想知道我个人的生活，还是与这份工作有关的问题？”他把应该用“我”字打头的话，变成“您”字打头。

自我介绍虽然是谈“我”，却要尽量减少“我”字的使用率。老把“我”挂在嘴边的人，易使人反感，受人轻视，被认为是强迫性的自我推销。所以，要注意把“我”字变成“您”字。“您以为如何呢？”“您可能会惊讶吧？”“您一定觉得好笑。”“您说呢？”把“自我介绍”变成一场你与面试官之间沟通的谈话。

2.忌不着边际

介绍时通常都使用编年史法，但编年史不宜搞成“起居录”，不要过细，从最高的学历谈起，只要主考官不问，没有必要谈小学、中学甚至大学。谈学校设置什么课程，而无须谈你在学校时的成绩。谈与你目前求职有关的经历，而不要漫无边际，东拉西扯。多说事实，避免笼统、琐碎的词句。最好在三到五分钟内，停止“自我介绍”，话不能太多，也不要一谈起自己就口若悬河，关键是要显出你的不凡。

面试主考官问的话题有长有短，不要把所有的话题都当成论文题来做，“话多必有失”，话多并不能保证你把该讲的都讲清楚了。

3.忌得意忘形

当主考官问到某一话题时，即使你有很多得意的话可以说也不能得意忘形，最好的办法是在谈到某个话题时，先说一点，同时猜测出主考官表达的真意是什么，再继续往下说。

4.忌故意卖弄

你必须给主考官这样一种印象，即认为你是一个对自己非常熟悉，对自己的特点具有概括能力的人。当面试官说：“谈谈你自己”的时候，并不是他对你一无所知。而是面试官多少知道一些你的情况，在这种场合下他未必对你的“辉煌业绩”有浓厚的兴趣。要知道，没有哪种业绩能打动他，他不过是想听你对自己的评价，或者通过谈论自己来观察你的为人、性格等方面。面试官都相信，人在谈论自己时，暴露的问题最多，因而谈论自己能促使主考官决定：是否愿意聘你为他们工作。

当你还不十分了解面试官的为人时，自我介绍最好简短、有条有理、实事求是，不要乱加补充语、形容词；也不要用平铺直叙的方式，把所有的经历都说出来。虽然你的经历可能丰富多彩、迂回曲折，但在言论上不必表现出来。不要重复，颠三倒四。在自我介绍时，一定要给面试官留下思维清晰、反应敏捷、逻辑性强的印象。

5.忌语言空泛

参加面试就是为了推销自己，极力宣传自己的心情可以理解，不过主考官会那么天真地相信吗？相反，极力想表现的人反而容易给人一种缺乏自信的感觉。

面试时一般都会不自觉地暴露自己的弱点，朋友交往少的人，为了不让考官看出来，往往用“我交际很多”之类的语言加以掩饰，结果却弄巧成拙。

面试时如何描述离职原因

“你能否描述一下你离开以前所供职单位的原因？”这类问题在面试时经常会被问及，招聘单位能从中获得很多关于你的信息。因此，在回答这个问题时应该非常小心，要考虑到单位的感受，千万不要说得愤世嫉俗、众人皆浊我独清。

选择像“大锅饭”阻碍了发挥、专业不对口、生病、结婚等容易让人理解并接受的离职原因，千万要避免把离职原因归结为别人的主观因素，让招聘单位怀疑你的个人品行和团队合作能力。

如果你把离职原因归结到人际关系复杂方面。现代企业讲求团队精神，要求所有成员都能具有与别人合作的能力，你对人际关系的看法，可能会被认为是心理状况不佳，处于自我封闭的心境之中，从而妨碍招聘单位对你的选择。

如果你说离职是因为分配不公平。现在企业中实行效益薪金、浮动工资制度是很普遍的，旨在用物质刺激手段提高业绩和效率；同时，很多单位都开始了员工收入保密的措施。如果你在面试时将此作为离开原单位的借口，一方面你将失去竞争优势，另一方面你也会有爱打探别人收入乃至隐私的嫌疑。

最不可取的就是说上司有毛病。既然是在社会中生存，就得和各种各样的人打交道。假如你挑剔上司，说明你缺乏工作上的适应性，那么很难想象你在遇到客户或与单位有关系的人时会不会凭好恶行事。至于像竞争过于激烈、工作压力太大都不能被当成你离职的主要原因。随着市场化程度的提高，无论是在企业内部还是在同行之间，竞争都日益激烈，需要员工能适应在这种环境下干好本职工作。而现代企业生存状况是快节奏的，企业中的各色人等皆处于高强度的工作状态下，有的单位在招聘启事上干脆直言相告，要求应聘者能在压力下完成工作，这已经是越来越明显的招聘趋向。

很多招聘者建议把加入一家新公司的理由设定为事业发展的需要。例如“在原公司销售科工作了两年后，我学到了许多有关营销方面的知识。现在，我想学点别的。”“现在，我想学点新东西，而贵公司是我最中意的。”不过，要是你确实因与老板发生冲突而被解聘，那么，你最好主动把事情原委告诉他们，而不要让他们问你。话要说得既明确又有艺术性。例如“在管理形式方面，我和原公司的一位新金融主管存在分歧。不过，我们双方对此表示理解。”事实上，招聘者心里完全清楚很多人离开原来的工作岗位是由于他们跟老板合不来，然而，没有多少人想提到这样的离职原因。

最后，值得一提的是，大家在面试的时候，对离职原因要避免敏感答案，并不意味着欺骗，因为你的个人素质在一言一行中都能表现出来，你自己可能注意不到，别人却能很容易地看出来。

要求薪酬时不宜讨价还价

求职面试时难免不谈起薪酬。一个人的薪酬是与其能力、作用、表现和贡献等息息相关的，在用人单位尚未了解你的上述情况时，开价过高，难以被用人单位接受；开价过低，吃亏的又是自己。

怎样与用人单位协商薪酬？首先你必须应该知道以下几点：

（1）除非用人单位已经十分明确表态要用你，否则不要讨论薪酬；

（2）切勿盲目主动提出希望得到的薪酬数目；

（3）尽可能从言谈中了解用人单位给你的薪酬是固定的还是有协商余地的；

（4）面试前设法了解该行业的薪酬福利和职位空缺情况。

在协商过程中，如果用人单位要你开价，可告诉其一个薪酬幅度。如他一定要你说出个明确数目，可问他愿意付多少，再衡量一下自己能否接受。

为减少讨价还价的盲目性，可到其他同类公司询问职位空缺情况和大概的薪酬标准，以便自己心中有数。同时别忘了，福利也是你应得的报酬，如医疗保险、公积金、带薪休假和年底分红等。

理想的薪酬数，应是用人单位和求职者双方都能接受的，而应试者应表现出一定的灵活性。当薪酬福利谈妥后，最好要求用人单位再写份协议合同，因为有些用人单位面试之后，很可能会忘掉曾答应过的事。

工作谈判不能像其他谈判那样，你一味设法提高对方开出的条件，而对方却只顾压低你的价钱。这样会把原来和谐的气氛弄成敌对的局面，这对你实在没有好处。

谈判一旦出现僵局，不妨把话题转移到有关工作的事情上。例如，对方有心压低你的薪酬，就可将话题转移到你上任后有何大计，如何扩大市场占有率和如何降低产品成本等，那样原来紧张敌对的状态，很快便会变成同心协力的局面。

公司都希望应试者对应聘的职位感兴趣，而非完全以金钱挂帅。因此，只要老板觉得请你没有令公司受到损失，那么要争取高薪、福利就不困难。你可以讨论自己的才能、经验，要求老板让你承担多一点责任，甚至把职位提高，这样就有机会将福利提高。即使没法调升职位，但是工作范围扩大了，公司多付薪水给你，也是补偿你额外的工作，亦不会因任何一方吃亏而令谈判中断。

如果受公司预算限制，甚至比你现有或以往的薪水还要少。只要你认定这是一份理想工作，不妨暂时不谈薪水。待对方认定你是最佳人选时，再尝试以职位及工作为由，多要求些福利津贴。例如，若想要求提高公务开销，你就应说以往工作顺利，全因频频与客户交际应酬，从而提出担心公务开销不够，雇主也就会乐于增加这方面的津贴。

面试中怎样应对意外考验

不少公司为了招聘到合适的人才，会根据职位的要求，设计一些意外面试，以此测出应聘者的真才实学与自然流露的内心世界，并把这些作为是否录取的参考。因此，面试者遭遇意外情况是情理之中的事，千万不要惊慌失措，因为这不过是一道比较另类的“考题”而已。下面举几个例子：

1.面试突然提前

某公司要招聘一名业务主管，有不少人参加角逐。经过上午的笔试、上机操作考核，兴华与另外三位应聘者顺利通过了初试。这时已经到了中午，主考官通知他们：下午两点半在会客厅复试。兴华因为带了方便面，就在会客厅将就；另外三人都到外面吃饭去了。大约过了半个小时，主考官走进会客厅，见只有兴华一人，便通知兴华，下午的复试提前到一点钟在八楼总裁办公室进行。兴华一看离复试的时间只有二十多分钟，便着急地对主考官说："另外三人都去吃饭了，怎么办？"主考官说："看到他们就通知一声，没看到就算了吧。"

2.面试临时取消

某公司在招聘一批业务员的面试前，有意开来几辆满载货物的卡车，请面试者帮忙卸货。主考官一马当先，带头上车卸货；应聘者都想在主考官面前表现一下，留下一个好的第一印象，所以干得格外卖力。货卸到一半的时候，主考官突然"扭伤了腰"，在别人的搀扶下要到医院去看病。临走时主考官对应聘者说："很抱歉，今天的面试只得取消，至于什么时候面试，公司会通知你们的。"等主考官的身影一消失，不少应聘者便骂骂咧咧，甚至当即甩手而去，也有一部分应聘者坚持把货卸完才离去。这批做事善始善终者当场被公司录用。原来这就是一场特殊的面试：因为受伤的主考官走了，现场另一位默不作声的考官把这一切看得一清二楚。

职场中那些斤斤计较讲报酬、虎头蛇尾干事情的人，即使一时蒙混过关，终究经受不住实践的考验，那些不讲价钱、不计报酬、乐于奉献、勤恳踏实、善始善终的人才是最后的胜利者。

3.面试中途暂停

刚从大学毕业的于娟去一家公司应聘秘书一职，由总裁亲自面试。总裁从多方面对于娟进行测试后，脸上慢慢地露出满意的微笑。这时，总裁接了一个电话，便对于娟说："我有事出去一下，请你稍等。"总裁这一去就是半个多小时，于娟有些不耐烦；但她很快稳定了自己的情绪，从口袋里拿出一本事先准备的袖珍杂志，一会儿就进入了故事情节。总裁高兴地通知她："你明天来上班吧。"原来这半个多小时，总裁一直在另一间监控室观察她（总裁办公室装了监控器），看到于娟的行为符合一个秘书的要求，故录用了她。

面试中，当主考官中途借故退场，你一定要警惕，千万不能东摸摸西看看露出好奇的神态，更不能显出不耐烦。正确的应对方法是：如果室内有报纸或自己预先准备书籍杂志，可以拿来看一看。总之，在面试过程中，不管人多人少，有人没人，都要始终如一地保持良好的形象。

你的形象价值百万
你的礼仪价值百万
你的口才价值百万

（下册）

宿春礼　编著

哈爾濱工業大學出版社
HARBIN INSTITUTE OF TECHNOLOGY PRESS

第五章　生活社交礼仪：礼仪是看得见的风景

送礼物要符合身份，“礼”到情义到

中国是礼仪之邦，相互馈赠礼物以增进彼此间感情的事情在中国十分常见，在这样一个讲“礼”的环境里，如果你不讲“礼”，简直就是寸步难行，被人唾弃。因人因事因地送礼，是社交礼仪的规范之一，对于礼品的选择，也有一定的要求，要慎之又慎才好。

（1）要有特色。首先，送礼之前，应对受礼人其爱好和习惯了如指掌，千万不要不知对象，盲目送礼，否则起不到礼物应有的作用。其次，也可选择一些具有一定纪念意义的、有一定艺术性和趣味性的礼品，如给喜欢集邮的人送上一套珍贵的邮票，给喜欢音乐的朋友送上几张CD唱片等，都是富有情趣又值得纪念的珍贵礼品，往往能给对方带来意外的惊喜。

（2）不可太贵重。俗话说：“礼轻情谊重。”送礼未必要贵重，太贵重的礼物会增加其心理负担，而且还有“重礼之下必有所求”之嫌。

（3）精心包装。送给他人的礼品，一定要精心包装。即用专门的纸张包裹礼品，或是把礼品装入特制的盒子、瓶子之内。进行包装时，要讲究材料、包封、图像及捆扎、包裹的具体方式。在信奉基督教的国家中，应避免把丝带结成十字交叉状。

总而言之，在选择礼品赠送别人前一定要多方面考虑，不管是自己送礼的目的，还是对方可以接受的程度等都必须提前考虑到，只有这样才能送出符合对方的礼品，自己的目的也才能更好地达到。

好礼仪让聚会更加高雅

参加聚会要恪守约定时间

参加聚会首先需要注意的是，一定要遵守约定时间。违反约定时间会给人造成不好的印象，很容易粉碎他人对我们的信赖感。这样，不仅不利于个人良好人际关系的打造，而且，还有可能带来诸多负面影响。

我们都知道，所谓遵守参加聚会约定，就是要求每个成员在参加聚会时，遵守所约定的时间，按时赴约，不能无故迟到、早退或是失约。特别是在社交场合，一定要强调时间观念。毫无缘由地迟到、早退或失约，不仅耽误他人的时间，也显得不尊重他人。所以，年轻人理当惜时如金，守时守约，更应该在平时就养成珍惜时间和守时的习惯与品格。

同时，当我们参加交际型聚会时，通常不宜早到。准时到场或迟到三至五分钟，是比较合适的。如果真的临时有事难以准点到达或不能赴约，应提前通知主人，并向聚会者表示歉意。若有事耽误或搞错时间而迟到太久了，一定要向主人和聚会者表明歉意，不能为自己的过错找任何借口。

参加正式聚会要掌握好交谈分寸

在任何社交聚会中，无论我们看到了何种从未见过的大场面和豪华场景，都不要让自己的情绪外泄，表现得太过震惊和无知。越是在这样的场合中，我们越要表现出自己的价值和气质。

所以，我们在参加正式聚会，尤其是场面较为豪华的聚会时，一定要有所注意。

首先，无论看到什么，我们都不要看得发呆，要告诉自己，我们已经见过了一切值得一看的东西，而且见过不止一次，而是很多很多次。与此同时，对于眼前的事物，我们可以表示赞同，或者保持沉默。但这时候的沉默，不一定代表着默认，也许是洞察一切时的外在表现，这种赞同或沉默的态度，可以帮助我们延缓别人对自己的判断。

其次，不要说太多的话，过于聒噪的人容易给人造成不谨慎的印象，虽然在聚会上，我们的确需要跟人沟通，但这样的交流最好适可而止。不要遗憾还有什么话题没有说出来，要记得在公众场合说话要有分寸，要懂得掌握三分该说的和七分不该说的。同时，我们也要明白，与人交谈时，大多数人还是更倾向于做个言谈者，所以，这个时候，我们只要做一个忠实的听众就可以了。正如很多事情一样，要知道什么时候该听别人讲话，也要知道什么时候该轮到自己讲。

因为，在多数情况下，没有人会提醒我们说话时欠考虑，如果我们在谈话中出现了失误或错误，那就都是由于我们自身没有认真考虑或缺乏考虑造成的。其实，这时，我们只要看一下听自己讲话的人的反应就可以知道我们的言论起到了怎样的效果。

时刻设身处地地为主人着想

去别人家参加聚会活动时要做到体谅主人，尊重主人。所谓体谅主人，就是要求职员在参加聚会活动时，应当适时站在主人的角度替主人着想，并且在需要的时候主动自觉地帮助主人做一些力所能及的事情。千万不要给主人添什么不必要的乱子。

当我们到达主人家后，不要忘了去问候主人。而当聚会正在进行中时，可以找机会向主人询问一下，自己能否帮上什么忙。聚会结束后，要向主人道别才能告辞。

如果感觉聚会有不周到之处，也要尽量体谅主人，克制自己。切勿对主人的安排指手画脚、说三道四；更不要当着他人的面谈论让主人难堪的一些事，或是直接指责、诽谤、侮辱主人。在主人家中参加聚会时，要注意维护自身形象和主人的家庭环境。不论主人有无要求，都不可吸烟，不可随地乱扔垃圾或随地吐痰。不要擅自闯入主人家的书房、卧室、阳台、储藏室等处“参观访问”。更不要翻箱倒柜，随便乱拿主人的物品。这些是去别人家参加聚会的基本礼仪。

对聚会被邀请者的区别对待

邀请领导吃饭要注意的事项

男人有两大考考验：一是陪老婆逛街，二是请领导吃饭。而大多数人都觉得第二条的难度系数要远远超过第一条。鉴于上下级间的敏感关系，宴请领导和宴请一般朋友不一样，丝毫马虎不得，宴请成功很可能会升职加薪，受到重用。如果宴请不当，则可能升职加薪无望。

下属想请领导吃饭心中总有小算盘：个人工作上取得了成绩，或者晋升、涨工资，想庆贺一下，表示对领导的感谢，增进双方感情；生活遇到了难题，或是想得到提拔，有求于大权在握的领导。而对于早已经过了温饱阶段的领导来说，除了业务关系，他们在接受下级的宴请时会倍加谨慎，毕竟“吃人家的嘴软”。

正所谓无功不受禄，只有你的理由充分、自然、尊敬，领导才会欣然赴宴。

李铁大四实习进了一家建筑公司，因为特别想留在这家公司，他平时工作也很用心，但他总是感觉领导对他不愠不火的，听说领导答应同期的实习生一毕业就可以转正了，但他却迟迟没收到相关通知。一次，他从同事口中得知经理觉得他有些木讷，所以想多观察看看。

经过老同事的点拨，他总算是明白过来了，“看人家小刘、小张经常以各种理由请领导吃饭”。

星期五下班后，同事们下班陆续走了，李铁还在上传文件，这时经理进来了，见到办公室只剩李铁自己：“小李，帮我把这份文件传真一份给客户，上面有对方的电话号码。”李铁把文件传完后进入经理办公室做了汇报，经理顺口问他：“小李啊，工作还适应么？平常要多问，不懂的多问问前辈，要提高效率。你也快拿毕业证了吧。”李铁说：“经理，我正有事要请教您呢！我知道您是高级建筑工程师，这可是咱们建筑行业的人最梦寐以求的资历，我也希望毕业几年内能够考下来。我刚好明天休息想去图书大厦买些资料，希望您可以给我推荐一些专业书，再传授一些相关经验。今天太晚了，要不咱们边吃边聊？经理可一定得赏脸啊，以前都是您请大家吃饭，今天我做回东。我知道您是湖南人，对街正好有个不错的湘菜馆，那的菜可真够香辣。”经理愣了一下说：“行，你去关电脑吧，咱们现在就去。”

晚上李林和经理聊得很尽兴，从考证聊到工作又聊到大学生活。从那以后，李林的工作更得心应手，经理也越来越赏识李林，一毕业就和公司签了转正合同。

从这个案例中，我们可以看出，领导评价一个人并不只是看你的办公室表现，更倾向于通过饭桌来了解一个人的社交能力。如果想要让领导进一步认识你不妨创造一个合适的机会与领导共同进餐，把酒言欢。当领导的人，通常不会被金钱所收买，因此，在宴请时，你不必打肿脸充胖子，要以敬为先，这样领导才领你的情，你才能有一个表现自己的机会。

领导怎样邀请下属

想要当一个好领导，受下属的拥戴，就一定要善于团结下属。升职加薪虽然是最有效的激励方式，一直使用未免成本太高。因此，宴请下属，吃喝中团结激励就成了最好的选择。

作为领导，掌握着处理权，却也有苦难言。团队不好管，成员不齐心，并不是所有人都真心尊重自己，甚至连和自己吃顿饭，都老大不情愿。于是，如何宴请下属也成了对一个领导的严峻考验。宴请上级，人们很容易做到以礼相待，彬彬有礼。但是宴请比自己职位和地位低的人，还能做到真情相待，这就不失为一个领导的大家风范。

乾隆皇帝就是这样一个领导。

据说，乾隆五十年，四海升平，天下富足。时逢清朝庆典，乾隆皇帝为了显示皇恩浩荡，在乾清宫举办了盛大的千叟宴。约3000名老人成为座上贵宾，被邀请在宴席内的人还有王爷、贝勒、贝子、公卿、大臣以及兵、民、匠、艺人等，场面之大可谓空前绝后。

宴上，乾隆安排史官将饱学鸿儒们当众作的优秀诗和联句都记入史册。乾隆皇帝还亲自为90岁以上的寿星一一斟酒。之后，乾隆帝又按康熙帝《千叟宴》诗原韵再赋《千叟宴》：

抽秘无须更骋妍，
惟将实事纪耆筵。
追思侍陛髫垂日，
讶至当轩手赐年。
君酢臣酬九重会，
天恩国庆万春延。
祖孙两举千叟宴，
史策饶他莫并肩。

满汉全席，皇家贡品酒水。老人们争先恐后，一边感恩君王，一边大快朵颐。据记载晕倒、乐倒、饱倒、醉倒的老人不在少数。

一国之君能够用心安排，以情待客，“恩隆礼洽，为万古未有之举”。

中国兵法有云：“攻心为上。”人心最难了解，也最难赢得。一个人想要当好领导，唯有团结下属。诚恳、真挚地对待下属才能将下属凝聚成坚不可摧的力量。此外，必须深刻了解下属的心理，只有充分了解下属赴宴时普遍存在的问题，才能够有效沟通，有的放矢，让下属感受到你的良苦用心。作为领导，在宴请下属时一定要设身处地地考虑下属的感受和顾虑，当然，做到这点并不难，只要想想自己做下属时赴领导宴时的心情就行了。但是，做到这点也很难，因为很多人做了官，就有放不下的官架子。乾隆帝安民心，宴千叟；李世民也以“水能载舟，亦能覆舟”为鉴，堂堂帝王尚且如此，一个普通的领导又何尝不能如此呢？收起没用的官架子，你将收获有大用的人际关系。

怎样邀请同事聚餐

在同事之间，有时会发生一些小的不愉快。然而每天在同一个屋檐下，抬头不见低头见，难免有事求于人。在复杂的办公环境中，为了遇到问题时能有人“帮上一把”或者不至于有人“落井下石”，搞好同事关系十分必要，不妨请同事吃饭，联络一下感情。

同事吃饭有很多的雷区需要警惕：如今，职场上有不成文的习俗：职位升迁者要请同事吃饭。身处这样的大环境中，你也要入乡随俗，不然就会让人显得过于小气。此外，宴请同事时要注意：价格要控制在自己能承受的范围内，蓝领阶层动辄就请同事去高级餐厅，可能会被认为是太张扬，这样打肿脸充胖子却不一定换来好的结果。同样，如果是薪酬比较高的人请同事吃饭，就不能总去路边摊或是小店随便炒几个菜，会显得过于寒酸，同事也会觉得不受重视。

请同事吃饭要“师出有名”，一般邀请同事进餐的噱头是以“庆贺”为名：庆贺生日、庆贺升职加薪、庆贺乔迁之喜，也可以庆贺节日。以“庆贺”之名，邀请就会显得更加自然、真诚，赴宴的同事也不会觉得是去参加“鸿门宴”。

局没结束，和同事吃饭也不能放松警惕，一定要注重礼仪。同事之间不必过于正式，开开玩笑，聊聊家常，哪怕是打打闹闹，都可以活跃气氛，增进感情。但是也应严格区分聚餐的不同形式或者场合，尽管礼多人不怪，礼少人却容易挑，在一些正式的宴会或比较正式的场合，同事聚会时也要时刻注意形象与礼仪，不可失礼于人。

与同事吃饭，推杯换盏，不亦乐乎，却不能迷糊，席间话题的选择一定要把握“火候”，不要对领导和不在场的人说三道四，请的人也要格外慎重。请同事吃饭，一定要小心为上。历史给了我们最好的证明。

女皇武则天在位期间大力推崇佛教，她拨专款大修寺庙，大造佛像，大量翻译佛经。

武则天在强制全民崇佛时，下了一道禁杀牲畜、禁捕鱼虾的命令，规定举国上下不准杀生吃肉，为了检查禁屠令的执行效果，她还特命高级官员下基层巡视。但是“上有政策，下有对策”，武则天大力推崇佛教并不是因为宗教信仰，而是为了利用思想统治巩固皇权，但百官和百姓却是普通人，怎么可能不吃肉。这天，左拾遗张德的妻子生了一个男孩，高兴之余，他偷偷地杀了一头羊宴请宾客。久不开荤的官员们沾着同事的光饱食了一顿肉鲜。但有个叫杜肃的人，在酒足饭饱之后，居然写了一纸状文向皇帝告发张德。第二天早朝，武则天恭喜张德生了一个儿子，又问到“可是羊肉从哪里弄到的呢？”张德吓得赶紧叩头连称死罪。武则天将告密者的状文拿出来给张德并告诉他：“你聚会可以，也该有选择地交往。无赖之人，不能一起聚会。”一旁的杜肃卖友求功不成，反遭奚落，吓得直冒冷汗，羞愤难当。可见，如果不是上司的开明与英明，张德就死在请同事吃的一顿饭上了。

宴请同事，就是想趁着大家一起找乐子的机会加深了解，融洽感情，“庆贺”是最好的名目。但同时也要警惕复杂的同事关系，小心为上。

怎样邀请客户聚餐

原本是利益双方，客观存在着卖与买、供与需的关系，却可以通过宴请变成“朋友”，进而做成生意。你与客户之间，可以把宴请当成私事对待，两个人通过角色扮演在饭桌上以朋友身份博弈。

陌生人之间保持一定的警惕，要想讨好一个人最好的方式就是和他成为“自己人”。打消了人们固有的隔阂与顾虑，之后再本着“朋友”的立场来沟通。余下的事就水到渠成了。

有一次，整个南方地区日用品展会，两天的展会费用需要五万，刘念和老总商量了一下，还是狠下心来参加了。原因很简单：公司还么小，需要给行业内的实力企业做代理，保证足够的资金支持。参会的目的不是为了别的，就是为了认识行业翘楚。

根据展会的日程安排，第二天晚上展会结束，所有参会企业有一个名额参加商务宴会。到了第二天，刘念连展会都没参加，早早出来到当地最好的造型店做了造型，然后打车回来参加宴会。当然，这期间她“复习”了很多搜集来的参会企业领导资料。

晚宴上，主持人介绍了重要嘉宾之后，刘念端着酒杯优雅地朝着一位中年男士走了过去。然后用甜美洪亮的声音说：“哎哟，刘哥，没想到您亲自来参会，这会见到您可比上次气色好多了，听说阿姨的病好多了，这段时间可累坏了您这个大孝子，又忙企业又跑医院的，我们大老远听着都心疼。”

刘总先是被这个陌生优雅的女人说得一愣，接着微微笑道：“是啊，老人家就是老年病不断的，医生说好多了，最近才让出院。不过你怎么知道呀，这事也没有媒体报道呀，不过很感谢你关心，我也代老人家向你表示感谢。”

刘念一笑，“谁老了还不有个大病小情的，保养要紧，我因为我妈长期有病都快成营养师了，正好我最近去上海，到时候请您和阿姨吃顿饭，可以和阿姨探讨一些养生之道。您一定要赏脸哦。”说着笑盈盈地递上了一张名片。

晚宴剩下的时间两个人从养生聊到了展会，再从产品聊到企业。两人约好，刘念到上海“出差”时，再就企业合作的事边吃边聊。

客户就是上帝，而上帝往往遥不可及，但即便是上帝，也能远兜远转，论出朋友之谊来，这就是“海内存知己，天涯若比邻”。在成为“朋友”之后，双方就有共同的感情基调了，吃饭办事成了“分内事”。当然，与“上帝朋友”就餐就更有讲究了。吃饭的地方要有档次，吃的东西要有档次，点菜的方式要讲究，上菜的礼仪要讲究，吃的人要有品位，谈话的内容也要有品位，以显示双方的档次和身份。

怎样邀请异性吃饭

当女性不再躲在家里弹琴作画、相夫教子，而是和男人一样出来工作、社交，与女性一起吃饭成了现代男士的重要课题。女性是一个敏感的群体，她们渴望被尊敬、被重视，她们也需要被尊敬、被重视。与女士吃饭要落落大方、彬彬有礼，更要注意细节。

宴请女士吃饭不同于寻常哥们吃饭，利害关系甚至比与领导吃饭还要复杂微妙。一次有风度、讲究细节的宴请能大大提升男士在女士心中的形象。

那么，宴请女士时，如何做一个有风度又重细节的绅士呢？

邀约异性共餐必须遵守约定的时间，一定要定好闹钟提前到，让女性在公共场合等五到十分钟还勉强可以接受，如果让对方等的时间太长，就显得不尊重对方，是一种极其失礼的行为。实在有事耽搁应用电话事先告知，解释、道歉以免影响对方的情绪，导致社交失败。

男士在进门出门时，要主动为女士开门关门，以示对女性的尊重和照顾；如果女士在入门处更换外衣外套，男士要主动帮女士把外衣、外套挂在衣帽架上。进到餐桌前，男士要主动为女士移动椅子，请女士落座。

女性在点餐时，往往选择多，挑选细，反复咨询，占用时间长，还经常反复地改。男士们千万不能表现出不耐烦或者直接抢过菜单擅自做主，要体贴照顾，协助她们挑选。当女士选择好菜后，更不要对所选菜品指指点点，说她不会挑，而是要真心地鼓励夸奖，来满足女性的自尊心。

结账是请客吃饭的最后一个环节，也是一个重要的环节。收尾做好了，才不至于功亏一篑，在结账时，如果价格偏高，千万不要表现出一副抱怨的表情，要面带微笑地刷卡或付现，并对侍者的服务表示感谢。

文明观赛礼仪须知

国有国法，家有家规，体育比赛自然也有一些所有观众都需要共同遵循的观赛礼仪。

1.入场礼仪

（1）根据场地要求着装，不可赤膊光背。有些场地、场馆对观众穿鞋有特殊要求，应提前了解，做好相应准备。

（2）尽量提前入场，这样，既尊重运动员，也不影响他人观看比赛。

（3）不带年龄太小的孩子，以免影响他人观赛。

（4）入场时，主动出示票证，配合工作人员安检，对号入座，注意礼让老弱、残疾、妇女儿童及外国朋友，如有需要，为其引路指座。

（5）携带的标语内容要健康，不要有过激言辞，不要做变相广告。

（6）不能带入场的物品有：打火机等易燃易爆的危险物品，酒瓶、凳子、刀具等硬件物品，易拉罐等罐装物品，宠物等等，具体的还要看比赛大会的宣传。

（7）如开车前往，按规定路线行驶、停车。

（8）在露天赛场观赛前注意天气，如果可能有雨，宜带雨衣，打伞会遮挡后面观众的视线。

2.退场礼仪

比赛中，若要提前退场，在不打扰他人的情况下尽快离开。退场时，向最近的出口缓行或顺着人流行进；比赛中途遭遇突发事件不要慌张，应在场馆工作人员的指挥和疏导下，迅速有序地离开场馆；整洁有序的观赛环境需要靠有素质的观众共同创造、维护，所以退场时，记得带走垃圾。

3.懂得尊重

现代体育比赛的精髓就是尊重、友谊、平等、不歧视，观众对于运动员、裁判员以及观众彼此之间都要给予最大的尊重、理解和宽容。

（1）升国旗、奏国歌仪式时，应面向国旗肃立、脱帽、行注目礼致敬。

（2）当介绍运动员时，观众应给予热烈的掌声，以示欢迎，不只给予本国的和自己喜欢的运动员，还应包括其他的运动员。

（3）观看比赛，应热情真诚地为双方运动员的精彩表现加油喝彩，千万不要“嘘”对手。

（4）观看比赛激情投入是人之常情，但千万不可失态。

（5）啦啦队助威时要有组织、有秩序地进行，助威、鼓掌、喝彩要适时。

（6）观众之间应互相尊重，彼此包容，对粉丝、拥趸也需宽怀大度。

（7）冷静对待赛场判决，尊重裁判，理智对待比赛结果，谩骂、起哄甚至围攻裁判都是不应该的。

（8）为了表示对运动员和裁判员的尊重，应该等待比赛结束后再退场。比赛结束时，要向参赛的运动员鼓掌致意。

（9）请体育明星签名或合影也应讲礼貌，这也是体育迷应该具备的素养。

4.遵守秩序

赛场及赛事过程均有各种要求和规矩，观众需自觉遵守，尤应听从赛会工作人员的指引。

（1）慎用电子设备。如今观看比赛，许多观众举起相机，想留住美好瞬间，不过这种良好的愿望已经成为不文明的行为。因为拍照时的闪光灯，会把选手的注意力带走。一般来说小球项目，观众是不能使用闪光灯的。

2010年4月4日，2010年斯诺克中国公开赛决赛下半场的第11局时，丁俊晖已经以61比1领先，但是在打倒数第五颗红球，也就是超分的一球时，右侧底袋没能打入。当时的情况是，在丁俊晖俯身瞄球的同时，对面的无数闪光灯哗啦哗啦响成一片，影响了他的视线，其对手马克·威廉姆斯随后抓住机会65分清台，逆转成功首次取得领先，这局也成为整场比赛的转折点，丁俊晖最终与冠军失之交臂。像丁俊晖这样被闪光灯害得丢冠的人在斯诺克比赛上屡见不鲜。

（2）不喝倒彩，胜负都精彩。比赛总有胜负，观众也有倾向，但作为文明的观众观看比赛应该注意把握分寸，合理宣泄自己的情绪。切忌不要向客队喝倒彩，不要因裁判的误判而起哄，不要用过激的语言攻击客队队员，不要将垃圾、矿泉水瓶等扔进赛场。

某次在日本举行的世界女排大赛中，现场观众的文明表现便给人留下了深刻的印象，无论是日本队领先，赢球，还是更多地处于输球，比分落后之际，观众始终热情不减、始终如一地为自己热爱的球队加油，并在“偏爱”主队的同时，也没有忘记为其他国家运动员的精湛表演鼓掌。当出现争议判罚时，听不到起哄、喝彩的杂音。这是值得所有观众学习的行为。

（3）服从组委会的安排，不进入比赛场地观赛。尤其是观看篮球比赛时，一定要服从工作人员安排，只能站在跑道上和场地外观看，不要进入比赛场地，以免影响运动员和裁判的发挥。

（4）手机要关机或设置在振动、静音状态。体育场馆内一般不允许吸烟，吸烟请到吸烟区。

除了前面介绍的观看比赛的通用礼仪要求外，各种比赛项目都有各自的礼仪要求，在观看时要自觉遵守。

观看几种比赛项目的礼仪要求

1.田径比赛

田径比赛由田赛、径赛、公路赛和全能项目组成，田赛以远度或高度计算成绩；径赛以时间计算成绩。

（1）在进行短距离径赛项目时，当运动员站在起跑线后，宣告员开始介绍每位运动员时，观众应报以热烈的掌声和欢呼声，以表示对运动员的喜爱和支持。当裁判员发出“各就位”口令后，即运动员俯身准备起跑时，赛场应保持绝对的安静，观众不要鼓掌呐喊，而应该在心里默默地为运动员加油，以免场上运动员因场外因素而分神。当发令枪响后，观众就可以完全释放出自己的活力和激情为自己的偶像呐喊助威了。

（2）在一些长距离项目中，如马拉松，当远远落后的运动员坚持到终点时，观众应该把最热烈的掌声送给这些运动员，为其重在参与的精神鼓掌。另外，看马拉松和竞走比赛时，要服从现场工作人员的指挥，自觉在安全线外观看比赛。运动员跑过身边时，严禁横穿比赛路线、严禁擅自给运动员递送物品、严禁翻越护栏等道路安全设施。有的人会出于好心，将手中的水递给运动员，但这可能会导致他们被判犯规甚至出局。

（3）当运动员开始跳跃、投掷项目助跑时，观众可以根据运动员的助跑节奏鼓掌，但要注意不同项目的节奏是不相同的，要根据运动员的步点来掌握。一般赛场都会有比较专业的拉拉队长进行引导助威，你只需跟上节奏即可。

（4）在高度项目比赛中，即使运动员水平再高，最终都要以自己所不能逾越的高度而告终。所以当运动员成功越过某一高度时，我们应该向运动员表示祝贺。但是，当运动员最终未能越过更高高度的横杆而结束比赛时，观众也应该向运动员报以热烈的掌声。

（5）比赛进行时，注意不要在看台上随意走动。

（6）比赛结束时，获胜运动员为答谢观众一般还会绕场一周，大家一定要用掌声和欢呼声为其精彩表现表示欣赏和鼓励。

2.游泳比赛

游泳包括现代游泳、跳水、花样游泳和水球。其中，现代游泳又分为自由泳、仰泳、蛙泳和蝶泳四种。

（1）游泳馆内严禁吸烟，防止烟气融入水中被运动员吸入体内。

（2）不可使用闪光灯，以免刺激运动员特别是仰泳运动员的眼睛。

（3）裁判员发令时，不可鼓掌欢呼或发出噪音，以便运动员听清发令声。

（4）当运动员走上跳板或跳台时，应保持安静，以免干扰运动员的起跳和节奏。

（5）运动员不慎动作失误，也应给予鼓励的掌声。

（6）观看花样游泳应在音乐开始时保持安静，以保证运动员能清楚地听到音乐；比赛中观众不要喊口号加油，以免破坏优美的音乐与运动员动作的和谐意境。

3.体操比赛

体操比赛设有团体、个人全能、自由体操、跳马等14个项目，由裁判长根据A、B两组裁判员的评分得出运动员最后得分。其中，艺术体操要求在音乐的伴奏下完成动作，由三个裁判组打分评定分数。蹦床比赛则由三个成套动作构成，技术分与难度分相加为最后得分。

（1）体操比赛在很大程度上是心理比赛，运动员需要良好的比赛环境。观众在一套动作结束时可以鼓掌称赞，但运动员做动作时不可鼓掌助威，应保持场上安静。在观看体操比赛中，鼓掌加油通常有两种情况：一种是运动员技惊四座的漂亮动作完成后。如两个动作间的精彩连接，男子单杠中的飞行动作，艺术体操中开始和结束的两串动作，以及吊环中一些坚挺的支撑动作等，都可鼓掌喝彩。另一种是运动员动作失败，掉下器械，但又重上器械继续比赛；或者完成整套动作后落地不稳，但仍然站起来完成最后的亮相，这时都应为运动员的坚强意志和顽强作风报以热烈的掌声。

（2）作为女子项目的艺术体操是动作与音乐相配合的竞技项目。比赛进行中，应保持安静，不应喝彩或发出敲击声。可在完成动作后，鼓掌喝彩，但时间不宜持续过长。

（3）蹦床有“空中芭蕾”之称。比赛中，选手要完成规定动作和自选动作，做出各种复杂多变的翻转动作，难度较大。运动员需要高度集中注意力，观看比赛应提前入场，如果迟到，在入场口等待，在运动员完成该套动作后，再轻声进场。比赛过程中不宜鼓掌喝彩，待结束动作后，方可鼓掌，时间不宜持续过长。

（4）体操比赛拍照时不要使用闪光灯，因为闪烁的灯光会分散运动员的注意力，影响运动员对空间高度和时间方位的判断，甚至可能造成比赛失误或者受伤。

（5）体操是由裁判员打分的项目，当你认为有裁判不公的现象时，不要起哄，不要冲动，要克制自己的情绪。欣赏艺术体操要关闭手机或设置在振动、静音状态，不要影响运动员动作与音乐的配合。

4.篮球比赛

篮球分为男子项目和女子项目，比赛由四节组成，每节十分钟，每队五人，得分高的一队获胜。

（1）热情呐喊。很多体育项目在比赛进行中都要求场外观众尽量保持安静，这在篮球场上则完全不需要。正在你争我夺的运动员最需要的就是来自观众的热情呐喊。

（2）及时喝彩。打出好球时，要及时喝彩，给予鼓励。但是，和其他比赛不同的是，篮球比赛中遇到罚球时，看台上的球迷喝倒彩或挥舞充气棒来分散罚球队员的注意力是被允许的。当然，在球员罚球命中后，观众仍然应用掌声给予鼓励。

（3）衣着可随意。在看篮球比赛时，观众衣着高档西装、洁白衬衣只会让你在球场内倍感拘束，而简单T恤、牛仔裤和休闲鞋才是最佳选择。此外，观众可以带上充气棒或写有助威词语的标语等物品，表达自己的心意，但标标语牌不要过大，文字不可以粗俗，也不要带锣鼓、小号一类的高噪音乐进场。

（4）罐装饮料不能带。为了避免比赛开始后进场影响其他人观赛，观众应在开赛前半小时提前到达，但要在赛场入口处接受严格的安全检查。特别需要提醒的是，观众进场时不得携带任何罐装饮料，如感到口渴，应在场馆内购买软包装饮料。

（5）适当控制情绪。在观看篮球比赛时，观众的情绪往往会因比赛的紧张程度而发生微妙变化。特别是在有中国队参加的比赛中，球迷“爱自己人”的特点有时表现得非常明显，而这种“爱护”要恰当。比赛结束后，向自己喜爱的篮球明星索要签名和合照，要求得到满足后，不要忘记说声谢谢。遇到喜爱的外国球星时，尽量用英语对话。

5.足球比赛

足球比赛分为上、下两个半场，每半场45分钟。每队上场队员不多于11名。如果比赛双方在90分钟内进球数相同，则进行加时赛，若仍未分出胜负，则进行点球决胜。

（1）足球比赛是对抗性、冲撞性很强的球类运动。观看足球比赛，情绪起伏会很大，因此，应特别注意控制自己的情绪。

（2）球队入场，要为双方球员鼓掌，为营造赛场氛围，球迷可以穿着与自己喜爱球队相同颜色的球衣，可以采取敲锣打鼓、有节奏鼓掌、摇摆旗帜等方式喝彩助威。

（3）比赛时，观众可以采取敲锣打鼓、有节奏鼓掌、摇旗呐喊等方式喝彩助威，不喝倒彩，不辱骂、不用语言攻击场上队员、教练员、裁判员。

（4）观赛时，尽量不站起来，如前排有人站起来，影响到自己的视线，可以平和的语气提示对方，避免不必要的争端。

（5）不携带赛场明令禁止的各种物品入场，不往场地内投掷杂物，以免造成场内秩序混乱。比赛结束后带走垃圾，妥善处理。

6.排球比赛

排球采取五局三胜，每球得分制，接发球队胜1球时得1分。每局比赛（决胜局第五局除外）先得25分并同时领先对手2分的队胜一局。沙滩排球采取三局二胜，每局比赛（决胜局除外）先得21分并至少领先对方2分的队胜一局，其他规则同排球。

（1）较之冲撞性的球类运动，排球被称作高雅运动。进入排球比赛场地，观众举止应文雅得体。开赛前，举行运动员入场仪式，运动员向观众行礼时，观众应以热情的掌声回应。

（2）比赛时，配合队员们始终营造高涨的赛场氛围，适时适度地呐喊助威。当队员每一次精彩的倒地救球、拦网或进攻得分时，观众的叫好声是对运动员的最大鼓励。

（3）当自己支持的球队由于失误而失分时，观众的掌声是对运动员的最大安慰。注意维持正常的赛场秩序，不向场内扔东西。

（4）沙滩排球比赛规模较小、时间较短、观赏性较强。观看沙滩排球比赛时，观众可根据比赛场地的特点穿着便装、休闲装或运动装，适当使用防晒用品以降低紫外线对皮肤的伤害，最好戴墨镜、自备饮料。为了不影响其他观众，不宜使用遮阳伞。

（5）如球飞到看台，观众不要将球扔回场内，而应将球交给捡球员。

7.乒乓球、羽毛球

乒乓球比赛分团体、单项（单打、双打、混双），采用五局三胜（团体）或七局四胜制（单项）。以11分为一局，先得11分的一方胜一局。

（1）从运动员准备发球开始到这个球成为死球的这一段时间内，整个赛场要保持安静，不要鼓掌、跺地板、大声讲话、呐喊助威、随意走动、展示旗帜和标语等。

（2）不要使用闪光灯拍照。闪光灯对乒乓球比赛的影响是非常大的，因为乒乓球球拍和球的碰撞是在瞬间完成的，闪光灯会闪花运动员的眼睛，使运动员无法判断来球的质量，从而影响回球的质量和命中率。

（3）呐喊助威时要含蓄一些，不要将锣鼓和喇叭带进体育馆内，因为过大的声音、过激的语言会影响运动员的心情和注意力。

（4）场馆内禁止吸烟；手机关闭或调整到振动、静音状态。

参观时除了记忆，什么也别留下

环境保护（简称环保）是由于生产发展导致的环境污染问题过于严重，首先引起发达国家的重视而产生的，利用国家法律法规约束和舆论宣传而逐步引起全社会重视，由发达国家到发展中国家兴起的一项保卫生态环境和有效处理污染问题的措施。旅游让人心情放松，但在旅游时不要乱扔杂物，真正做到“除了记忆，什么也别留下”，具体如下：

1.“到此一游”不能做

在旅游胜地游览时，不能在游览区内任何地方乱写、乱画、乱刻，“到此一游”的字样常常出现在游览区域内，这是极其不文明的行为。

2.不要随意登高

游览区的树木、雕塑、建筑、都是不准攀爬的，不要为了登高望远或者拍照留念而悍然犯禁。

3.不得踩踏草坪

公园里大都有许多令人赏心悦目的草坪。它们有的允许游人行走、坐卧，有的则严禁践踏。在允许游人进入的草坪上活动时，不要有任何可能毁坏草坪的举动。如草坪四周设有围栏或悬挂着“请勿入内”的标牌时，则不可入内破坏。

4.爱护公园内的动植物

对于园林里放养的鸟兽，不要对其进行抓捕、恐吓。对于在饲养室里的珍禽异兽，不准喂食、投打或惊吓。在一般情况下，前往公园私自挖土取石、汲水、移植草木、寻觅奇花异石、挖掘古藤树根、捕猎飞鸟游鱼的做法，都属于侵犯公物的行为。另外，有些人习惯在早上到公园里“喊山”，即在公园的山丘上高声呼喊，来锻炼自己的肺活量。但这种行为严重影响了栖息在山林中的鸟类，应该尽量避免。

5.游览时应注意人身安全

游览时，应随着人流行动，不要只身独闯危险地段。在登山时，虽说“无限风光在险峰”，但也要量力而行。不可有意攀缘悬崖峭壁，免得“一失足成千古恨”。

在湖滨、河畔游览和登船游玩时，不要肆意打斗追逐，以防翻船落水。如果岸边已有禁止游泳的告示，则勿下水“探险”。公园里的湖泊、河流安全系数不高，所以最好不要玩水、沐浴。

6.切忌在禁烟区吸烟、用火

吸烟者、野餐者、野炊者特别应当注意，在进食完毕，即将离开之际，一定要检查一下有无明火或尚未熄火的灰烬，不要留下“星火燎原”之患。在大多数时候，野外用火都是禁止的，以防止发生火灾。尤其公园里树木较多，基本都属于禁烟区，吸烟以及明火都需要绝对禁止。此外，在有明文规定不准吸烟的名胜古迹之处，更要严守这一规定。

7.进食后要清扫干净

如果在游览时吃了零食，或者集体进行了野餐、野炊，则应在进食完毕之后，自觉地将废弃之物收拾在一起，然后根据废物的物理性质分类投入金属、塑料及其他分类垃圾箱内。并对原地的环境卫生进行清理、打扫。不要乱扔果皮、纸屑、烟蒂、塑料袋、包装盒、易拉罐、饮料瓶，尤其是不要将其抛入山林、沟壑、湖泊、水池、下水道或动物饲养室。

8.不随地大小便

在游览时不准随处大、小便，即使对自己所带的儿童，也应教育其大、小便进卫生间，绝不能任其到处随意进行“方便”。另外，尽量不要带宠物去游览，尤其是不要带喜欢随地“排泄”的宠物，来糟蹋良好的环境。

娱乐场所，不要让自己的快乐带给别人痛苦

运动娱乐：玩得快乐也要玩得高雅

运动娱乐是一种复杂的社会文化现象，以身体活动为基本手段，增强体质、增进健康及其培养人的各种心理品质为目的。尤其是随着社会经济的发展，人们的生活水平得到了提高，人们对精神方面的需要高于对物质方面的需要。人们对于体育的认识不只限于强身健体的方面，希望通过体育活动的参与得到更多的精神享受。运动可以给人们以美的享受，还有在比赛现场，随着比赛的进行，人们可以大声地叫喊，可以尽情地发泄自己的情感，使人们在精神上有一种轻松感。一次成功的射门，一个漂亮的投篮，随着快节奏的音乐跳健美操等，不只是健身，更重要的是给人们的一种快感、成就感和心情的舒畅感。这些都是体育带给人们精神方面的价值。生活水平越高，人们越是注重体育精神层面的价值。对商务人员而言，运动不失为一种很好的交际、放松的手段。但是，值得注意的是，在进行不同体育运动时，要遵循一定的规则和礼仪。“无规矩不成方圆”“无礼不成邦”，玩也要玩得高雅。

健身运动，服从管理

随着经济文化的发展，人们对于健康问题的认识日益深刻。健身运动在现代社会越来越流行，特别是在白领阶层。对于职员来说，健身运动也是一种常见运动。参加健身运动有很多问题需要注意。正规的健身房，不仅器材繁多、场地开阔，而且健身者众多。因此，健身房一般都实行严格的管理：进入健身房时，健身者要出示凭证；活动时，要注意时间的长短，一般健身运动都要限时；运动前后，要更换服装，以便于轻松运动；需要占用场地时，要预先约定，以防到时候产生不必要

的冲突；使用器械时，要讲究先来后到；集体锻炼时，一定要听从口令，统一行动。健身者必须认真遵守上述合理要求，认真服从有关方面的管理者。只有这样，才能维护健身房的正常秩序和整体环境，以利于所有健身运动的正常进行。

游泳运动，尊重异性

游泳运动是男女老幼都喜欢的运动项目之一。游泳运动可以改善心血管，提高呼吸系统的机能，改善肌肉系统的能力；有改善体温调节的机制、预防疾病，治疗康复、磨炼意志，促进心理健康和智能发育等作用；还可以使身体成分比例更加合理，从而塑造健美的体型。所以游泳运动深受职场中人的欢迎，成为他们常用的健身、塑形、放松身心的方式。商务人由于其特殊身份，参加游泳运动如果遇到异性一定要注意以下问题。

在游泳时，一定要有意识地尊重异性，特别是对于陌生的异性，更是要表现得尊重。在游泳池中，一定要与异性保持距离。对于异性，尤其是陌生的异性，不要主动上前攀谈，更不要尾随其后。在异性面前，不论与对方是否熟悉，都不要言语调戏对方，或者动手动脚。没有经过要求，一定不要随便帮助异性。如果异性要求自己提供恰当的帮助，便可以尽力相助。如得到异性的帮助，事后应主动感谢对方。

滑雪运动，礼待他人

滑雪运动也是常见的一种运动。它是一种比较刺激的带有技巧性的运动。在滑雪场上进行这类运动时，一定要礼貌待人。

在公共滑雪场上滑雪，难免会与他人有所接触。这时，滑雪者不论对同行者、工作人员，还是其他滑雪者，都应以礼待之。

（1）参加滑雪运动，如果与亲朋好友同去，务必要互相照应。要重点关照初学者。不能对同伴不闻不问，更不能将某个朋友或亲人孤身一人扔在滑道上。

（2）滑雪时，应与其他滑雪者友善相处。使用滑道与运送车时，应当排队进行。滑雪时，滑雪者之间要维持一定的间距。万一不小心碰撞了其他人员，一定要及时道歉。遇到求助者或需要帮助之人，则应毫不犹豫援助对方。

（3）滑雪时，滑雪者一方面要服从滑雪场上的全体工作人员的管理，另一方面则要对其服务表示感谢。

网球运动，场上谦恭

网球运动是一项优美而激烈的运动。参加者除了要遵守网球运动规则，还应注意自身形象，做到以下几点。

在网球场上运动时，一定要保持自身的风度。第一，要认真遵守比赛的规则，不能因为一个球的失败而与对手大喊大叫或大动干戈。第二，不要任意自取或借用他人的球拍，因为人们往往都比较习惯使用自己的球拍，而不喜欢与别人更换球拍。第三，如果在比赛时条件有利于自己，例如，太阳光或者风向“照顾”自己等，那么就应适时主动与对手交换场地。最后，在比赛开始与结束时，要以微笑或握手等方式向比赛对手友好致意，但是，没有必要在场上四处奔走、欢呼雀跃、脱衣乱舞，甚至跨越球网，表现得过于兴奋，甚至疯疯癫癫。这些都是有失风度的做法。

保龄球，讲究先来后到

保龄球又叫“地滚球”，最初叫“九柱戏”，它在现代社会中是一种时尚运动，深受广大青年人的欢迎。保龄球的打法看似简单，但如果不遵守规则，也会变得很危险。

打保龄球，要讲究先来后到，礼让也是一种保护。保龄球运动有很多礼仪，如不能走进球道，因为球道上有油用来减小球滚动的摩擦力，人走在上面非常危险；还有助走时不能向前跑，而应以平稳步速向前走；从回球机上取球时，手要注意别对着机器的出口。参加保龄球运动时，最重要的一点是要讲究礼让：先来后到。其实这种做法不仅能展现自我风度，更重要的是维护打球者安全的需要。按照规矩，要等待相邻球道，特别是右侧球道投球后再出手。如果不这样做，万一运动者摔到相邻的球道，而这边的人正在出手投球，则会有很大的危险。所以，打保龄球时，一定要注意这个问题，先来后到，适时礼让别人。

娱乐场所禁忌

1.忌不当使用手机

手机是现代人们生活中不可缺少的通信工具，如何通过使用这些现代化的通信工具来展示现代文明，是生活中不可忽视的问题，如果事务繁忙，不得不将手机带到社交场合，那么你至少要做到以下几点：

将铃声降低，以免惊动他人。

铃响时，找安静、人少的地方接听，并控制自己说话的音量。

如果在车里、餐桌上、会议室、电梯中等地方通话，尽量使你的谈话简短，以免干扰别人。

如果下次你的手机再响起的时候，有人在你旁边，你必须道歉说：“对不起，请原谅。”然后走到一个不会影响他人的地方，把话讲完再入座。

如果有些场合不方便通话，就告诉来电者说你会打回电话的，不要勉强接听而影响别人。

2.忌随便吐痰

吐痰是最容易直接传播细菌的途径，随地吐痰是非常没有礼貌而且绝对影响环境、影响我们身体健康的。如果你要吐痰，把痰吐在纸巾里，丢进垃圾箱，或去洗手间吐痰，但不要忘了清理痰迹和洗手。

3.忌随手扔垃圾

随手扔垃圾是应当受到谴责的最不文明的举止之一。

4.忌当众嚼口香糖

有些人必须嚼口香糖以保持口腔卫生，那么，我们应当注意在别人面前的形象。咀嚼的时候闭上嘴，不能发出声音。并把嚼过的口香糖用纸包起来，扔到垃圾箱。

5.忌当众挖鼻孔或掏耳朵

有些人，习惯用小指、钥匙、牙签、发夹等当众挖鼻孔或者掏耳朵，这是一个很不好的习惯。尤其是在餐厅或茶坊，别人正在进餐或茶，这种不雅的小动作往往令旁观者感到非常恶心。这是很不雅的举动。

6.忌当众挠头皮

有些头皮屑多的人，往往在公众场合忍不住头皮发痒而挠起头皮来，顿时皮屑飞扬四散，令旁人大感不快。特别是在那种庄重的场合，这样是很难得到别人的谅解。

7.忌在公共场合抖腿

有些人坐着时会有意无意地双腿颤动不停，或让跷起的腿像钟摆似的来回晃动，而且自我感觉良好以为无伤大雅。其实这会令人觉得很不舒服。这不是文明的表现，也不是优雅的行为。

8.忌当众打哈欠

在交际场合，打哈欠给对方的感觉是：你对他不感兴趣，表现出很不耐烦了。因此，如果你控制不住要打哈欠，一定要马上用手盖住你的嘴，跟着说："对不起。"

靠右行走，还是靠左行走

由于文化背景不同，通常我国在讲到方位词时，一贯认为前面比后面高，而左面比右面高。这不仅体现在座次、乘车等方面，在站立或行走时，也习惯以左面为重，右面为轻。但是依据国际惯例右为尊位的原则，在涉外活动时，行走，也要以右侧为主位。

因为在正式的国际社会交往中，如果需要将人们分为左右而进行并排排列时，对出席活动的国家、团体人士的位次按某些规则和惯例进行排列，这种排列的先后次序被称为礼宾次序。为使国际社会交往顺利进行，必须讲究礼宾次序。

礼宾次序是体现东道主对宾客的礼遇。礼宾次序的排列主要依据是：宾客的身份和职务高低；宾客的姓氏顺序；参加国的国名字母（多以英文字母为准）；通知代表团组成的日期先后来依次排列。礼宾次序在一般社交场合，约定俗成的做法是：一旦涉及顺序，大都讲究右贵左卑。行走的时候，要请外宾走在内侧也就是右侧，而我方人士走在外侧；进餐的时候，主人要请客人坐在自己右边。

多数情况下，在并排站立、行走或者就座的时候，为了表示礼貌，主人理应主动居左，而请客人居右。男士应当主动居左，而请女士居右。晚辈应当主动居左，而请长辈居右。未婚者应当主动居左，而请已婚者居右。职位、身份较低者应当主动居左，而请职位、身份较高者居右。在不同场合也有特殊要求：两人同行，以前者、右者为尊；三人行，并行以中者为尊，前后行以前者为尊；上楼时，尊者、妇女在前，下楼时则相反；迎宾引路时，主人在前，送客时，则主人在后；宴请排位，主人的右边是第一贵客，左边次之；出门上车，应让尊。

这些礼宾次序看似繁杂，实际有章可循，只要时刻记得以右为尊的国际通用法则，就不容易犯错。

付小费，要遵守外国人的规则

在国外，付小费被认为是一种对服务的认可和客人对服务员的尊敬，小费甚至是服务行业从业人员的主要收入来源。在赴国外旅游的过程中，似乎大家都把给小费看作一件很平常的事，殊不知这平常的小事里面隐藏了大大的学问，由于各国各地各行业小费的数额没有统一规定，所以应该酌情支付。

在泰国，顾客所付的小费，无论多少，都是需要的。

在日本，当进入饭店大门时，顾客可向女招待员付一些小费，而对于其他人员可不必付。在新加坡，付小费是被禁止的，如若付小费，则会被认为服务质量差。澳大利亚也没有付小费的习惯。

在瑞士的饭店餐馆，不公开收取小费，而司机则可按明文规定收取车费10%的小费。

在法国，付小费是公开的，服务性的行业可收不低于价款10%的小费，财政税收也将小费计入。

在意大利，收小费属于“犹抱琵琶半掩面”的半公开现象。当遇到“拒收”的“示意”时，最好是乘送账单之机递上小费。一般在意大利饭店里（餐馆），客人最多给10%的小费。在咖啡馆酒吧，一般酒台上放着专给你放小费的小盘子或储钱猪。在旅馆里，通常每周给打扫清洁的女工五欧元。坐出租车则不一定要给小费，把车钱凑成整数就行了。

在美国，小费现象是极普通而自然的礼节性行为。而墨西哥人将付小费与收小费视为一种感谢与感激的行为。

一般来说小费是消费的10%~15%，不过经常有人高兴多给点。有些餐厅在结账的时候专门列有一项是“小费”，必须要交的。付小费的其他情况包括坐出租车和到旅馆请人搬行李等。在这些情况下付一两块钱小费就行了，而不是15%。坐出租车付10%的小费。支付小费时，要注意态度，一般是若无其事地给，千万不能大呼小叫地说“喂，小费”，这种轻慢的态度，即使追着人家给人钱，人家也没兴趣拿。

除了我们熟知餐饮、乘车、旅游等需要付小费，在欧洲诸国，有时上洗手间也是需要付小费的，有的在出口处的桌子上摆一个盘子，供使用者随意放一些零钱当作清洁费；有的会在入门处清楚标示每人的如厕费用，有看守者待你付过费后再开门的，也有机械投币式的，投下一个硬币门开一次，常见有人卡住栅门让其他人免费通过的情形，这当然是极度有损形象的行为。

排队注意“四不原则”和“四点精神”

在外国排队，有约定俗成的四不原则：

（1）不贴身：排队时要离前面的人至少半米的距离，贴身或太近了是无礼的行为；

（2）不越线：在画线的地方不要越线，否则会有偷窥别人隐私的嫌疑；

（3）不扎堆：排队时要一字形站开，不要扎堆，否则后来者不知该跟随前面的哪一位；

（4）不穿越：别人排队时，其他人最好不要从队列中间穿越。

关于欧美国家排队，有四点精神可以很好地诠释：

（1）平和。他们能以平和的心态应对突然的变故。

在乘机时，突然广播说，因为目的地气候突变，航班要推迟数小时，等候已久的乘客都能很平静地散去，没有牢骚抱怨，更没有大吵大闹，就像什么事情也没有发生。

（2）规则意识。他们排队不“投机取巧”。

某次在洛杉矶的环球影城，游客们排队等候进入“水世界”景点参观。当时正值中午，烈日炎炎。在靠近门口的地方有遮阳帆布，往后一点则暴露在烈日之下。但游客井然有序地排着一字形长队，后面的人没有因为被阳光暴晒而往前面挤。

（3）认真。在外国人眼里，排队不能“偷工减料”。

有一位记者到超市采购了满满的一手推车的货物，在排队付款时，看到后面一个美国人手中只拿着两件商品，于是对他说：“你东西少，可以在我前面先付款。”他婉言谢绝道：“你比我先到，再说我没有急事。”这种言行，似乎排队是其必须完成的一项神圣使命，即便是别人礼让，也不能破例。

（4）公平意识。排队本身就是先到先得的公平意识的体现，欧美人尤其注意公平地排队。比如用公共卫生间，大家在卫生间门外列成一队，而不是在卫生间内排满一行行小队列，不仅可以避免卫生间内部不必要的拥挤，而且也可以给正在如厕者留出较多的隐私空间。更主要的是，这种排队方式，按照先来后到的原则，对在外等候的如厕者相对公平些。

赠送礼品要与对方身份一致

说起涉外交往的原则，其中非常重要的一环就是对等平衡。注意送礼双方身份的对等，双方身份和礼品规格要一致。有多方外国友人在场的情况下尤其要注意，送礼要讲究平衡，避免厚此薄彼。

在国际交往中，为了增进友谊，人们经常通过赠送礼品来表达谢意和祝贺，以使相互的情谊更加牢固。给外国友人馈赠礼品要尽可能考虑受礼人的喜好，这是赠送礼品最基本的原则。如不了解对方喜好，稳妥的办法是选择具有民族特色的工艺品。

怎样挑选外事礼品

送给外国朋友或外国友人的礼品应该具有一定的特殊性，需要和国内的企事业单位定制的商务礼品有些区别。

在挑选外事礼品赠送时需要注意以下几点。

（1）“礼轻情意重”。在涉外交往中依然是十分讲究的，所以选择礼品的时候需要选择一些有纪念性的。因为在很多国家里，都不时兴赠送过于贵重的礼品。反之，则很可能会让受礼者产生受贿之感。

（2）需要挑选具有民族特色的，要体现礼品的民族性，北京的京剧脸谱笔筒、脸谱镇纸就很受欢迎。另外风筝、二胡、笛子、剪纸、筷子、图章、书画、茶叶也都不错。

（3）要了解对方的习惯，要有针对性地选择外事礼品。挑选礼品时要因人而异，因事而异。选择礼品时，务必要充分了解受礼人的性格、爱好、修养与品位，尽量使礼品受到受礼人的欢迎。此外，还应考虑到在不同情况下，向受礼人所赠送的礼品应当有所不同。比如，在国务活动中，宜向国宾赠送鲜花、艺术品。出席家宴时，宜向女主人赠送鲜花、土特产和工艺品，而玩具、糖果等则是送给孩子们的最佳选择。

（4）要了解对方的风俗习性，要重视文化差异性。向外国友人赠送礼品，是绝对不能有悖于对方的风俗习惯的。要解决好这一问题，就要了解受礼人所在国家的风俗习惯。在挑选礼品时，主动回避对方可能存在的与礼品品种、图案、形状、数目、包装等有关的禁忌。

送礼给外国人要注意的事项

西方人在送礼时十分看重礼品的包装，多数国家的人们习惯用彩色包装纸和丝带包扎，西欧国家喜欢用淡色包装纸。向外国友人赠送礼品时，既要说明其寓意、特点与用途，又要说明它是为对方精心选择的。不要画蛇添足地说什么“小意思，实在拿不出手”等等，这种过谦的说法，会大大减低礼品的分量。西方国家人们接受礼物后会即刻表示感谢，并且当面拆看，不论礼物价值的大小，都会对礼物表示赞赏，这与中国人的习俗不同。

适时的赠礼更为必要。有些国家，在对方送礼时才能还礼；在有的国家（如日本），要选择人不多的场合送礼。在英国，合适的送礼时机是请别人用完晚餐或在剧院看完演出之后。在法国，如向初次结识的朋友送礼是不礼貌的行为，应等再次相逢的时候，适当时机再送。

各国习俗不同，种类方式有差异

日本人视送礼为向对方表达心意的一种物质表现形式。礼不在厚，赠送得当便会给对方留下深刻印象。送日本人礼品要选择适当，中国的文房四宝、名人字画、工艺品等最受欢迎，但字画的尺寸不宜过大。所送礼品的包装不能草率，哪怕是一盒茶叶也应精心打理，但日本人忌讳打上蝴蝶结。中国人讲究送烟送酒，而日本人却送酒不送烟。中国人送礼成双，日本人则避偶就奇，通常用1、3、5、7等奇数，但又忌讳其中的“9”，因为在日语中“9”的读音与“苦”相同。按日本习俗，不宜当众向个人赠送礼物，须在私下进行送出。

在与美国人交往中可通过赠礼来自然地表达祝贺和友情，一是圣诞节期间，二是当你抵达和离开美国的时候。如是工作关系可送些办公用品，也可选一些具有民族特色的精美工艺品。在美国，请客人吃顿饭，喝杯酒，或到别墅去共度周末，被视为较普遍的“赠礼”形式，你只要对此表示感谢即可，不必再作其他报答。去美国人家中做客一般带些小礼品如鲜花、美酒和工艺品即可，不必备厚礼，如果空手赴宴而去，则表示你将回请主人。

欧洲国家并不大盛行送礼，即使是喜庆场合和重大节日，这种馈赠也仅限于家人或亲密朋友之间。来访者不必为送礼而劳神，主人绝不会因为对方未送礼或礼太轻而产生不快。德国人不注重礼品价格，只要送其喜欢的礼品就行，包装则要尽善尽美，忌讳用白色、棕色或黑色的纸包装礼品；法国人将香槟酒、白兰地、糖果、香水等视为好礼品，体现文化修养的书籍、画册等也深受欢迎；英国人喜欢鲜花、名酒、小工艺品和巧克力，但并不大欣赏饰有客人所属公司标记的礼品。

造型生动的木雕或石雕动物、古香古色的瓷瓶、织锦或香木扇、绘有山水花鸟的中国画和唐三彩、中国的工艺品在阿拉伯国家很受欢迎，都是馈赠的佳品。向阿拉伯人送礼要尊重其民族和宗教习俗，不要送酒，因为多数阿拉伯国家明令禁酒；向女士赠礼，赠送饰品给予女士是大忌，并且一定要通过她们的丈夫或父亲。

国外礼物赠送禁忌

在德国送礼，对礼品是否适当、包装是否精美要格外注意，玫瑰是专送情人的，绝不可送给主人，德国人喜欢应邀郊游，但主人在出发前需要细致周到的安排。

在法国，重逢时法国人一定会送礼。礼品选择应表示出对法国主人的智慧的赞美，应邀去法国人家用餐时，应送几枝不捆扎的鲜花，不能送菊花，菊花在法国只在葬礼上才用的。

刀剪在拉丁美洲被认为是不能赠送的，否则视为友情的完结，手帕也不能作为礼品，因为它是和眼泪相联系的。拉丁美洲人喜欢美国生产的小型家用产品，比如厨房用具等。在拉美国家，最好不送奢侈品，征税很高的物品则更受欢迎。

日本人非常讲究礼仪，有相互赠送礼物的习俗。但一般送些对其本人没什么用途的物品，于是收礼人再转送，日本人喜欢中国的丝绸和名酒及中药，对一些名牌货也很喜欢，但对狐獾图案的东西则比较反感，因为狐狸是贪婪的象征，獾则代表狡诈。

讲究外表的英国人，一般不会用花费昂贵的东西来送礼，高级巧克力、名酒和鲜花也是英国人收礼的最爱之物，合适的送礼时机应是晚餐后或看完戏之后，对标有公司标记的礼品，英国人普遍不欣赏。公司若送礼，最好以老板和私人名义。

购物要符合“上帝”的身份

出国旅行，购物是很多人必不可少的环节，尤其是在纽约、巴黎这样的购物天堂，几乎没有人能抵挡住诱惑。那么，在文化背景不同的购物场合，如何才能使自己购物的心情更加舒心、愉悦，并留下良好的国际印象呢？就从下面的几点做起吧。

1.超市或无人售货商店

在这类场所购物时不宜多摸、多动，不能打开包装，通常相应的商品都放有已开封的样品，你可以就近寻找。需要注意的是，在超市购物时，请尽量准备零钱，以免因找零而耽误其他顾客的时间。

2.名品店

世界著名的消费品多数不是国内品牌，由于国外的贸易机制，使得在国外购买这些名品价格相对便宜。在这些名品店购物，千万不要像早些年的那些暴发户一样挥霍无度，在对商品仔细了解、询问后，再礼貌地请导购员协助购买你所中意的商品。

3.查看商品

有很多商品是可以亲自动手摸一摸的，还有一些商品是不能用手触摸的，在展示柜台前，通常有写着“如果您要观看，请招呼店员”的标识，动手前一定要仔细看清楚。通常白色的商品、高级手表或珠宝都不要随便触摸，如果想亲手确认商品的质量，也可以请店员过来帮忙。高级手表或珠宝店一般也会备好手套，以供顾客鉴赏商品。

如果您错拿了部分商品请将它归还原处，也可以将它放在超市指定的地点。购买衣物时也请您将试过的衣物归还售货员，不要随便放在角落就扬长而去。贵重的商品轻拿轻放也能为您避免很多麻烦。

此外，在品尝食品的时候只能吃一次，如果觉得想多尝一次以进行比较的话，最好请店员同意，切忌试吃不能没完没了。

4.试衣

各种各样颜色丰富的化妆品为女士们平添了许多风采，但是这些色彩斑斓的口红、眼影却往往成为商场新衣的“污染者”。所以，要特别提醒各位爱美的女士，在试穿衣服前，建议您用干净的纸巾把口红、眼影等擦掉，等试衣完毕后再涂上也不迟。在试穿衣服的时候，为了不把店里的衣服弄脏，最好穿着衬裙。套头服装，应该戴上店里准备的面罩，如果在试穿的时候弄脏衣服不要隐瞒，要告诉店员。

此外，在挑选一些颜色比较浅的衣服时，要注意自己的手是否干净，印上“黑五指山”的衣服恐怕很难再卖出去了。

5.试鞋

为了卫生问题，在试穿鞋子的时候不要光着脚，一些鞋店里会备有专门试穿用的一次性袜子。试过之后如果感觉不满意，要面带笑容婉言谢绝。在婉拒别人的提议时，应该从自己的角度上说明原因，比如“这件衣服很好看，但是和我想要的稍有差别。”

6.价格和商品税

在国外买东西前，最好向当地人了解一下情况，因为即使是在同一街道，同类商品价格有时也会差异很大，更何况是不同国家和地区了。在不少国家买东西还要加附加税。不同国家的税率不同。有的商品标价上已包括附加税，有的标价则不包括附加税，顾客在付款时需付附加税。

此外，在免税商店购物时，外国旅客需出示护照，由商店填写一份免税单交给顾客。出境时，需要将所购商品一同交海关核对。所以，所购物品应随身携带，不要装箱托运。

7.与店员交流

现在大部分商场、超市的背景音乐音量适中，不会影响您与同伴或售货员的交流。除非您是故意为了引起大家对您行“注目礼”，否则请尽量低声说话。

通常进入一家店时，都会有店员主动走上来询问是否需要帮助，这时如果想摆脱他，可以笑着对店员说：“我想自己随意看看，不麻烦你了，谢谢”即可，不能露出厌烦的神色。

即使自己是顾客身份，也别忘了对店员的尊重。店员对你说“欢迎光临”时，不要视而不见，应该看着对方的眼睛轻轻颔首致意。另外，店员帮你选商品、取商品的时候，你应该微笑着说“谢谢”，即使什么也没买，离开时也应该向店员点头致意。

8.禁止吸烟

大部分商场、超市是禁止吸烟的，即使没有规定，吸烟也有可能为您带来麻烦——不小心烟灰烧着了其他顾客的衣服或者是陈设的商品，后果不堪设想。

9.自觉排队

买东西、试衣服、交款、上厕所时，只要是两人以上，请自觉排队。排队时保持与前面顾客一米的距离比较好。

10.其他细节

（1）带孩子购物时，应主动规范孩子的行为，不要让他们四处乱跑，以免损坏商品或遭遇危险。

（2）有些商店不允许拍照，如果想把款式用手机拍下来，要事先征求店员的许可。

（3）使用信用卡的时候要签名，签名之后不要把签字笔随便一丢，要轻轻地放在桌面上。

下篇

你的口才价值百万

第一章　口才是事业成功的奠基石

社交场合，善言者胜

语言作为信息传播的工具，对于我们社交之重要，正如骏马对于骑士的重要。

有了正确的目标，端正的态度，要想取得社交的成功，还要讲究一些方法，良好的方法是达到目标的保证。当然，社交的方法是多种多样的，其中很重要的一点，是取决于一个人的口才。

所谓口才，就是口语表达的才能，即善于用口语准确、贴切、生动地表达自己思想感情的一种能力。随着社会交往逐渐频繁，人们越来越重视“舌头”的功夫了。有的人讲话闪烁着真知灼见，给人以深邃、精辟、睿智、风趣之感，他们理所当然成了社交场上的佼佼者。

凡是善于谈话，并能够利用其美妙的言辞引起他人的注意，使他人倾倒、使他人乐于亲近的人，在社交中，将会受益无穷。

善于谈话的人，不但能使不相识的人见了他产生良好的印象，并且能多识与多交朋友。他能广结人缘，到处受人欢迎；他可以得到最上流的交际，即使他自己的地位也许很低下。

平日的聊天是没有明确目的的即兴式交谈，因此有人认为，聊天不存在交际方面的东西。但是，聪明的人往往会利用聊天的机会，认识朋友、拉近关系、增进友谊，获得许多新的信息，扩大接触面。

聊天还可以调节心理、愉悦情怀，使你郁闷不堪的心情在聊天中烟消云散；你也可以在聊天中去安慰别人、鼓励朋友、解决矛盾、加深了解。

因此，聊天也是一种交际，其深刻的交际内涵在聪明人眼里是宝藏，在不识货的人眼里是稻草。对于如何利用聊天聊出名堂来，从而达到交际的目的，善于言谈的人有他们自己独到的方式方法。

聊天从本质上说是没有什么目的，可以海阔天空地闲聊。但从微观来说，闲聊未必就“闲”，口才好的人能从“闲”聊中聊出感情来，使之达到一定的目的。在这个过程中，他们可以掌握闲聊的方式和话题，把它变作具有目的的语言交流。

会说话的人总是有目的地选择话题。尽管聊天的范围不受限制，但是庸俗低级、格调低下、无意义与价值的话题他们一般都不谈，搬弄是非、贬抑他人的话题更是回避，对方的忌讳和缺点从不提及。

他们从不选择挑战性的话题。因为他们知道挑战性的话题容易引起争论，弄得大家都不欢而散。他们也不会自以为是，以教训的口吻与人说话，不随便炫耀，导致别人的反感。与别人在一起聊天，他们绝不会独占鳌头，而总是使大家都有发言机会。

可见，并不一定是在正式场合才算社交，像聊天这种轻松随意的交流也算作是社交，一个善于言谈的人总是能在这看似平平的聊天中获得很多的人际关系。

社交成功的人往往离不开他的一张社交好嘴，而要说到社交口才，风趣的谈吐不得不提。幽默的语言能帮助我们与他人进行沟通和交往，还能帮助我们处理人际关系问题，顺利渡过困难的处境。

幽默能够帮助我们在社会交往中与人建立一种和谐关系。当我们希望成为能克服障碍、具有乐观态度、赢得别人喜爱和信任的人时，它就能帮助我们达到目标。

在社交场合，当你看穿他人的想法时，不妨神色自若，然后轻松地使用幽默力量。例如，西方著名喜剧女演员卡洛，有一次坐在某餐厅里用午餐，这时有一位老妇走向她的餐桌，举起手来摸摸卡洛的脸庞。这位老妇的手指滑过她的五官，带着歉意说："我看不出有多好。""省省你的祝福吧！"卡洛说，"我看起来也没有多好看。"卡洛这一妙语，打破了双方的尴尬局面。

如果我们想要在社交生活中给人一个良好的印象，就得运用幽默力量。不论做客或是待客，我们都要尽力以此待人。当我们进入室内，就要把幽默力量反映出来。一个面带怒容或神情抑郁的人，不会比一个面露微笑、看来健康快乐的人更受欢迎。纽约一家著名的时装公司董事长史度兹曾经说："客人所能发出的最美妙的声音，就是笑声。"

无论在何时何地，幽默都会帮你打开人与人沟通的大门，假如你要去赴朋友新居乔迁的宴会，主人也许会有点紧张，这时正是你运用幽默力量向他开开玩笑，松弛他的心情的大好机会。例如可向主人说："王小姐邀请我来的时候，告诉我说：'你只用手肘按门铃就得了。'我问他，为什么非用手肘去按不可，她说：'你总不至于空手来吧，会吗？'"

由于社交原因、政治兴趣、业余爱好，等等，我们的生活中存在着许多社会团体。而这些团体则是社会上的人所聚集的小社会。在这些社会团体中，不论你只是其中的普通一员，或者担任委员、干事、总干事、主席，等等，你都会因为运用幽默力量在其中，而获益匪浅。

总之，从友好的态度发出的幽默，就相当于好的仪态举止，能使我们的社交活动游刃有余，不断成功。

说话风趣，还可以使许多尴尬、难堪的交际场面变得轻松和缓，使人立即消除拘谨或不安，使气氛得到活跃，使谈话者之间关系融洽，沟通人们的思想感情。比如，美国前总统里根就任总统后，第一次访问加拿大期间，他向群众发表演说，正在这时，许多举行反美示威的人群不时地打断这位总统的话语。陪同他的加拿大总统埃尔·特鲁多显得很尴尬，里根却面带笑容地对他说："这种事情在美国时有发生。我想这些人一定是特意从美国来到贵国的。他们使人有一种宾至如归的感觉。"里根幽默、风趣的言谈，使紧紧皱眉的特鲁多顿时眉开眼笑了。

幽默是人的思想、学识、智慧和灵感在语言运用上的结晶，是瞬间闪现的光彩夺目的火花。幽默初看起来似乎是一种表面的滑稽，形式的逗笑，而实际上它是以严肃的态度，来对待对象、现象和整个世界。它能使听者对你的说话感兴趣。

幽默只是说话艺术中的一个部分。社交中处处都有口才发挥的空间，好口才能使社交得心应手，使你充分展现自己的魅力，从而获得更多的人脉资源。

好口才把你送上没有天花板的职场舞台

美国人类行为科学研究者汤姆士指出："说话的能力是成名的捷径。它能使人显赫，令人鹤立鸡群。能言善辩的人，往往使人尊敬，受人爱戴，得人拥护。它使一个人的才学充分拓展，熠熠生辉，事半功倍，业绩卓著。"他甚至断言："发生在成功人物身上的奇迹，一半是由口才创造的。"美国资产阶级革命时期著名政治家、外交家富兰克林也说过："说话和事业的进步有很大的关系。"无数事实证明，说话水平是事业成功的重要因素之一，口语表达的好坏直接关系到事业的成败。

我们在办公室这个有限的空间中，做得最多的事情就是与人交流，要是能掌握一些谈话技巧，就可以使自己在芸芸众生中脱颖而出，可以得到老板的赏识，同时和同事的相处也会变得融洽。

腰杆子一向颇直的刘罗锅就不仅能力强、有原则，更重要的是沟通起来很机灵，让乾隆皇帝不宠爱他都不行。

有一回宰相刘墉陪乾隆皇帝聊天，乾隆很感慨地说："唉！时光过得真快，就快成了老人家喽！"刘墉看看皇帝一脸的感伤，于是说："皇上您还年轻哩！"

"我今年45岁，属马的，不年轻啦！"乾隆摇摇头，接着看了一眼刘墉问："你今年多大岁数啦？"

刘墉毕恭毕敬地回答："回皇上，我今年45岁，是属驴的。"

乾隆听了觉得很奇怪，于是就问："我45岁属马，你45岁怎么会属驴呢？"

"回皇上，皇上属了马，微臣怎敢也属马呢？只好属驴喽！"刘墉似笑非笑地回答。

“好个伶牙俐齿的刘罗锅！”皇上拊掌大笑，一脸的阴霾尽失。

很多人都有这种经验，在一个公司待上一段时间，就会发现公司里升迁很快的往往不是那些只懂得埋头苦干而一言不发的人，相反，那种技术能力稍差但是说话能力很强的人通常会受到老板的特别优待，有的甚至连升三级。

虽然工作能力是职场上不容忽视的工具，但适当的说话技巧却能让人更有可能在职场里出类拔萃。正因为意识到这一点，越来越多的人开始重点关注谈话技巧的功用，他们有时还总结一些办公室常用句型，不但能帮你化危机为转机，更可以让你成为上司眼中的得力助手。

传递坏消息时的句型：“我们似乎碰到一些状况……”你刚刚才得知，一件非常重要的工作出了问题，此时，你应该以不带情绪起伏的声调，从容不迫地说出本句型。千万别慌慌张张，也别使用“问题”或“麻烦”等字眼，要让上司觉得事情并非无法解决。

上司传唤时的句型：“我马上处理。”冷静、迅速地做出这样的回答，会令上司认为你是有效率、听话的好部属。

表现出团队精神时的句型：“莎拉的主意真不错！”莎拉想出了一个连上司都赞赏的绝妙点子，趁着上司听到的时刻说出本句型。做一个不忌妒同事的部属，会让上司觉得你本性善良、富有团队精神，因而另眼看待。

说服同事帮忙时的句型：“这个工作没有你不行啦！”有件棘手的工作，你无法独立完成，适时使用本句型，让对这方面工作最拿手的同事助你一臂之力。

闪避你不知道的事时的句型：“让我再认真地想一想，三点以前给你答复好吗？”当上司问了你某个与业务有关的问题，而你不知该如何回答时，千万不可以说“不知道”，可利用本句型暂时解危，不过事后可得做足功课，按时交出你的答复。

职场中有这样一种说法，“人在职场必备五个‘C’”。所谓的五个‘C’是指Communication（沟通）、Confidence（信心）、Competence（能力）、Creation（创造）、Cooperation（合作），而毫无疑问的是Communication（沟通）名列其首。在工作中掌握交流与交谈的技巧是至关重要的。我们不仅仅要确定对方是否了解我们的意图，更重要的是让彼此在同一个观点、同一件事情上，可以取得共识。这其中的沟通，仰赖的就是个人沟通的技巧。因此，如何有效沟通、表达自己的理想与见解是一个很大的学问，是决定我们在职场中是否能够成功的重点。

有的人很会向上司提意见，不仅不会使上司讨厌他，而且提好建议更让上司喜欢他。

在德国某电子公司的一次会议上，公司经理拿出一个他设计的商标征求大家意见。

经理说：“这个商标的主题是旭日，这个旭日很像日本的国徽，日本人民见了一定乐于购买我们的产品。”

营业部主任和广告部主任都极力恭维经理的构想，但年轻的销售部主任说：“我不同意这个商标。”经理听了感到很吃惊，全室的人都瞪大眼睛盯住他。

年轻的销售部主任没有同经理争论那个带红圈圈的设计是否雅观，而是说：“我恐怕它太好了。”经理感到纳闷，脸上却带着笑说：“你的话叫我难以理解，解释来听听。”

“这个设计与日本国徽很相似，日本人喜欢。然而，我们另一个重要市场是中国的人民，他们也会想到这是日本国徽，就不会产生好感，应当不会买我们的产品，这不同本公司要扩展对华贸易营业计划相抵触吗？这显然是顾此失彼了。”

“天啊！你的话高明极了！”经理叫了起来。

面对权威人士提出自己的想法，这位年轻主任不仅有充分的理由，而且还注意了技巧。年轻主任先用一句“我恐怕它太好了”抚平了经理的不快，使他不失体面。后来他以充分的理由，提出反对经理的意见，经理也就不会感到下不了台了。同时他的真知灼见也引起了经理对他的注意。

《北梦琐事》中说王光远是个急功近利的人，巴结上司，出入达官显贵的家。

如果某某是他巴结奉承的对象，即使这个人的诗写得一般，他也会这么说：“实在了不起！这样的好诗哪怕是李白、杜甫也写不出来。”

对方喝醉酒，无论怎样责骂他，他不仅不会生气，而且还赔笑脸。有一次，上司喝酒喝醉了，拿着鞭子说：“想要打你，怎么样？”

王光远却说：“只要是阁下的鞭子，自当乐意接受。”说着他转过身子，把背部向着上司。

醉汉真的打了起来，可是王光远一点也不生气，依旧和颜悦色，还始终说着客套话。

同席的朋友们对王光远实在看不过去，就问他：“你不懂得耻辱吗？”

王光远毫不隐讳地说：“我只懂结交他有益无害。”

世人称他是“面皮厚如铁”，这便是“铁面皮”一词的由来。

所以，赞美要讲究艺术，只图效果，搞得太露，让人感到肉麻，最后弄不好适得其反，连被赞美的人也接受不了，产生反感。

总之，如果你以为单靠熟练的技能和辛勤的工作就能在职场上出人头地、扶摇直上，那你就有点太幼稚了。当然，才干加上超时加班固然很重要，但懂得在关键时刻说适当的话，也是成功与否的重要因素。卓越的说话技巧，不仅能让你的工作生涯加倍轻松，更能让你名利双收。多加强自己口才的训练，并在适当时刻派上用场，加薪与升职必然离你不远。

会说话，好办事

“这年头，办个事儿真难啊！唉！”现实生活中，我们常常听到这一类的抱怨。有些人在办事的过程中，两眼一抹黑，既没有门路也没有关系。其实这也没什么，因为大多数人都是这样。关键在于有些人天生不善言谈，把本来可以抓到的机会和有用的人都轻易地放掉了。

生活中，我们需要求人，需要说服人，需要维系人与人之间融洽的关系。有些人不会说话，结果总让自己活在进退不能自如的紧张和压迫之中，每天气喘吁吁，惊惧不安。有些人懂得说话的艺术，有一张好嘴巴，如果他们本来平庸，这张好嘴巴能让他们出类拔萃；如果他们本来优秀，这张好嘴巴令他们更加锦上添花。

唐代天祐年间，叛臣朱全忠用计诱骗五路兵马反驻守太原的唐晋王李克。叛军中有一员猛将高思继异常勇猛，且善用飞刀，百步取人首级，后来被李存孝生擒。李存孝本意留他在帐前听用，可高思继却执意要回山东老家过田园生活，以此改恶从善。后来，李存孝被奸臣康立君、李存信所害。朱全忠闻李存孝已死，又发兵来犯，其帐前王彦章不仅勇猛盖世，且智谋过人。晋王将士皆哑然相对，无人请战。晋王见状，痛哭一场。还是长子李嗣源说道："昔日降将高思继闲居山东郓州，何不请他迎敌？"晋王闻言大喜，遂命李嗣源前往山东求将。

李嗣源来到山东郓州，直奔高家庄寻高思继。提起前事，高思继说道："自勇南公存孝擒我，饶了性命，回到老家，'苦身三顷地'，与世无争，今已数年，早把兵家争战之事置之身外。今日相见，别谈这些。"李嗣源见高思继已无出山之意，于是在心里暗暗琢磨良策。自古道：文官言之，武将激之。对高将军好言相求，难以奏效，必须巧用激将之法，激其就范。于是，李嗣源编出一通谎言，说道："天下王公，各镇诸侯，皆闻将军之名，如雷贯耳，称羡不已。我与王彦章交兵败下阵来，我对王彦章说：'今日赶我，不足为奇，你如是好汉，且暂时停战。我知道山东浑铁枪白马高思继，盖世英雄，有万夫莫当之勇，待我请来，与你对敌。'王彦章见我阵前夸耀将军，愤然大叫：'就此停战，待你去请他来，不来便罢，若到我这宝鸡山来，看我不把他剁成肉酱！'"高思继本是勇武之人，生性直爽豪放，经此一说，不禁激得心头火起，口中生烟，大叫家丁："快备白龙马来，待我去生擒此贼！"遂披挂上马，辞家出山，向宝鸡山飞驰而去。

李嗣源利用最常用也是最有用的一招求人法——激将法，使得事情圆满成功。求人时，尤其是求熟人的时候，利用一下感情，摸透对方心理，采用适当的激将，他就会动用他的所有关系和力量，尽力帮你把事办好，以显示他的威力。

人与人之间本来有许多地方是相同的。如果你能掌握一定说话技巧，就能使人与人之间这些隐蔽的相同之处真正变成一种共鸣，这对你求人办事帮助很大。

伽利略年轻时就立下雄心壮志，要在科学研究方面有所成就，他希望得到父亲的支持和帮助。

一天，他对父亲说："父亲，我想问您一件事，是什么促成了您同母亲的婚事？"

"我看上她了。"父亲答道。

伽利略又问："那您有没有娶过别的女人？"

"没有，孩子。家里的人要我娶一位富有的女士，可我只钟情于你的母亲，她从前可是一位风姿绰约的姑娘。"

伽利略说："您说得一点也没错，她现在依然风韵犹存。您不曾娶过别的女人，因为您爱的是她。您知道，我现在也面临着同样的处境。除了科学以外，我不可能选择别的职业，因为我喜爱的正是科学。别的对我而言毫无用途，也毫无吸引力！难道要我去追求财富、追求荣誉？科学是我唯一的需要，我对它的爱有如对一位美貌女子的倾慕。"

父亲说："像倾慕女子那样？你怎么会这样说呢？"

伽利略说："一点也没错，亲爱的父亲，我已经18岁了。别的学生，哪怕是最穷的学生，都已想到自己的婚事，可是我从没想过那方面的事。我不曾与人相爱，我想今后也不会。别的人都想寻求一位标致的姑娘作为终身伴侣，而我只愿与科学为伴。"

父亲似乎有所感悟，但始终没有说话，仔细地听着。

伽利略继续说："亲爱的父亲，您有才干，但没有力量，而我却能兼而有之。为什么您不能帮助我实现自己的愿望呢？我一定会成为一位杰出的学者，获得教授身份。我能够以此为生，而且比别人生活得更好。"

说到这，父亲为难地说："可我没有钱供你上学。"

“父亲，您听我说，很多穷学生都可以领取奖学金，这钱是公爵宫廷给的。我为什么不能去领一份奖学金呢？您在佛罗伦萨有那么多朋友，您和他们的交情都不错，他们一定会尽力帮忙的。他们只需去问一问公爵的老师奥斯蒂罗·利希就行了，他了解我，知道我的能力……”

父亲被说动了：“嗯，你说得有理，这是个好主意。”

伽利略抓住父亲的手，激动地说：“我求求您，父亲，求您想个法子，尽力而为。我向您表示感激之情的唯一方式，就是……就是保证成为一个伟大的科学家……”

伽利略最终说动了父亲，他实现了自己的理想，成了一位闻名遐迩的科学家。

伽利略采用了“心理共鸣”的求人办事法，先不切入正题，以对方当时的心情来体会现在的心情，引起对方兴趣，然后再逐渐转移到正题上。整个过程使我们不得不相信，如果伽利略没有足够好的说话技巧，他就不可能成为后来的大科学家伽利略。良好的口才为他打开了通往理想的第一扇大门。

求人办事有多种多样的方式，但不管你是送礼或别的什么，你必须口头来表达清楚你的意思。人们不难发现，同样的请求内容，不同的人，用不同的方法和语言表达出来，得到的结果常常是不一样的。

求人说话必须说动人心，诚恳、礼貌地勾起对方要帮助你的欲望。所谓诚恳是指要让被请求者感到你是发自内心求助于他，从而重视你的请求。这是求人成功的先决条件。

所谓礼貌是指应该尽量选用被请求者乐意接受的称呼，在问路、请求让座时，这一点就显得非常重要。问路时，称对方为“老头”“小孩子”，那你肯定一无所获；若改用“老人家”“小朋友”等，效果就会好些。

不强加于人是指不用命令、祈使的语气，而多用委婉、征询的口气，例如，尽可能地使用“麻烦……”“劳驾……”“可以……吗”这类句式，即使是很熟的人，这一套也是非常好使的。

所以，掌握几种求人的语言技巧是非常有必要的。比如以情动人。这一般用于比较大的或较为重要的事情上。把对人的请求融入动情的叙述中，或申述自己的处境，以表示求助于人是不得已之举；或充分阐明自己所请求之事并非与被请求者无关，以使对方不忍无动于衷、袖手旁观。还有“先捧后求”。所谓“捧”在这里是指对所求的人的恰到好处、实事求是的称赞，并不包括那种漫无边际、肉麻的吹捧。任何人都不会拒绝别人的赞美，所以求人时说点对方乐意听的话，尤其是顺便就与所求的事有关的方面称赞对方一下，也不失为一种求人的好办法。

天底下没有免费的午餐，求人时也要注意互利原则。这就是“互利承诺”。在求人时不忘表示愿意给对方以某种回报，或将牢记对方所提供的好处，即使不能马上回报对方，也一定会在对方用得着自己的时候鼎力相助。配以“互利”的承诺，让对方觉得他的付出值得，同时也会对求助者多一分好感。

寻找“过渡”。倘若向特别要好和熟悉的人求助，可以直截了当、随便一点。但有时求助于关系一般的人、生人或社会地位较高的人时，则常常需要一个“导入”的过程。这个导入过程可长可短，需视情况而定。

求人是正常的，但是求人毕竟是要麻烦人家，所以在说话的时候尽量委婉动听、讲究技巧，会让对方觉得帮助你义不容辞。求人办事的方法千百种，有效的语言手段却是一个必要条件。彬彬有礼的语言是最好的敲门砖，讲究分寸和火候就会让人无法拒绝。

第二章　把握技巧，张弛有度防“口祸”

“四话”不说

传说王安石的小儿子王元泽，从小口齿伶俐，常常以惊人妙语博得四座叫绝。有一次，客人要考他，指着厅里的笼子问他，人家都说你聪明，告诉我，这笼里关的两只兽，哪是鹿，哪是獐？王元泽从未见过这些动物，便发挥“口才”，说道：獐旁边的是鹿，鹿旁边的是獐。果然博得满堂喝彩。

其实，王元泽在这里答非所问，算不得高明，充其量是耍点小聪明而已。有人以为，只要口才好，石头人也能听得眨巴眼，这是一种糊涂认识。王元泽答非所问，并非因为口才不好，而是他根本没有见过这两种动物，不肯承认无知，又卖口乖，可谓说风不正。

说话禁忌多，而常有人犯的就是说假话、说大话、说空话、说套话，对此我们不能掉以轻心。

1.不说假话

我国人民历来赞颂说真话的美德，反对说假话。因此，《韩非子·外诸说左上》中关于曾子教子的故事，一直历久不衰。曾子为了让孩子相信母亲的诺言，把妻子开玩笑说的话付诸实施，将猪杀了，在孩子眼中维护了母亲诚实的形象。

曾子的妻子是有意骗孩子吗？恐怕未必。但起码可以说，她没有意识到这种哄孩子的教育方式有多么深的危害性。一次谎话可以使孩子从小沾染不必负责这种不良习气。曾子的行动虽近乎愚拙，也未必有效，但他坚持了最可贵的精神——不说假话。

在人际交往中，真实是赢得人心、获得成功的保证。

一个不说真话的人，在事实上是不能与人沟通、交流的。即使在一段时间内可能获得某种交际效果，但最终还是要付出代价的。

然而，在现实生活中，说真话不是任何人在任何情况下都能办到的。特别是在交际环境不正常时，更是如此。

有时，说话人受某种环境的制约，在进行言辞表达时，也可能在“真实”上打一些折扣。应当说，这是一种说话的策略，与我们所强调的真实性原则是有区别的。

2.不说空话

吹肥皂泡是孩子喜爱的游戏，一个个大大小小的肥皂泡，在阳光下闪耀着五彩的光泽，随风飘荡，非常壮观，但上升不了多高，就一个接一个碎了。因此人们常常把说空话比作吹肥皂泡，实在恰当不过了。空话总是充塞着各种动听虚幻而迷人的词句，却没有半点实在的内容，它迟早会被粉碎的。

有一次，列宁参加一个会，议题是讨论关于彼得格勒的工业恢复计划的问题。人民委员施略普尼柯夫作这一问题的报告时，用了许多美丽动听的词句，描绘出一幅十分诱人的前景。报告后，扬扬自得的施略普尼柯夫认为那些精彩演说词必定会受到列宁的称赞。可是列宁却向他提了几个问题：目前在彼得格勒哪一家工厂生产钉子？产量多少？纺织厂的原料和燃料还能保证用多少天？这些简单的问题把报告者问得张口结舌。只好老老实实承认没有下去看过。列宁批评说："谁需要你们那些大吹大擂毫无保障的计划？针线、犁、纺织品在哪里？你们如何为农村保证生产出这些东西？你不能回答这些问题，原因只有一个，就是实际的计划工作被你们用漂亮的言辞和废话代替了，这是哄骗，这是欺骗。"

3.不说大话

为了让人留下印象而夸大事实，常常反倒造成了负面印象，因为真相迟早都会被揭穿。

某甲用暴发户的口气告诉某乙："我把100元大钞往柜台上一扔，要店员把领带给我包好。"

某乙听了暗暗心惊，因为当时他也在场，知道店家还找了某甲30元，此君的说法非但有违事实，竟还大言不惭地说自己将钱扔在柜台上，对店员颐指气使，实在俗不可耐到了极点。

说话的态度正可以显示我们的修养，客观说话正是品质的表现。

4.不说套话

还有一种令人反感但又常听到的话就是套话，我们也要坚决杜绝。

长期以来，形式主义的恶习禁锢着一些人的头脑，他们惯于用一些现成的套话来代替自己的语言，用一些流行的名词代替自己的思想，三句不离口号，颠来倒去几个名词，既没有思想性，更没有艺术性。有人做报告一开口就是"国内形势一片大好"，然后就是社论式的语言，结尾又离不开"奋勇前进""争取胜利"之类的话，由于没有切实生动的内容，没有独特的语言，使人感到单调干瘪。

苏联的教育家加里宁曾讽刺过那些说客套话的人，他说："什么叫作现成话呢？这就是说，你们的脑筋没有起作用，而只是舌头在起作用。说现成的套话，你们就不能使人家产生印象。为什么呢？因为这套话用不着你们说，大家也知道了。你们害怕，若按照自己的意思来讲话，那就会讲得不漂亮。其实你们错了。"

总之，"四话"危害性很大，它使人沉浸在一种夸夸其谈的恶劣氛围中，如果"四话"不除，很难锻炼出良好的口才。

别拿滑稽当幽默

很多研究表明，在演讲中运用幽默是有益处的。最重要的一点是听众喜欢具有幽默感的演讲者，也许听众不会自动将演讲者的话视为真理，但是他们会更乐意接受演讲者所传达的信息。

将幽默巧妙地融入演讲中，能把听众的注意力吸引到主要观点上。社会学研究表明：人们对于融入笑话或者轶事中的信息的记忆时间要长于对于纯粹信息的记忆时间。许多演说家追求的理想境界是将观点融入一个笑话中，当听众记住这个笑话并将它讲给别人听时，他们会很自然地记住其中的观点。

因此一个初次登台演说的人，常认为自己应该像一个演说家那样带有幽默性，即使他在平时，言行庄严得像《百科全书》一样。但是，当他站在讲台上要讲话的时候，一开始就想先讲一则幽默故事，尤其是在饭后举行演讲，更易发生这种情形。结果，他自以为十分得意的作风，竟会使听众感觉到像读字典一样乏味，他的故事，根本不会引起人家的兴趣。

遗憾的是有很多人把滑稽与幽默混为一谈，其实滑稽和幽默是不同的。滑稽是一些笑话或有趣的动作等，而幽默是一种更高层次的智慧积淀。那些从小生长并工作在马戏团、喜剧俱乐部或者议会的人具有滑稽的天赋。但是我们都知道，一个具有幽默感的人甚至可能不会讲笑话。他不会使你开怀大笑，但是能让你感到气氛很友好，博得你的浅浅一笑。这恰好是你在演讲中应努力达到的境界。你要学会在演讲中运用幽默感，而不是用笑话展现自己滑稽的一面。

你听说过哪一个演讲者以一个毫无意义的笑话开始他的演讲？如果演讲者在演讲开始讲一个毫无意义、毫不相关的笑话，听众会有什么反应呢？可能这个笑话很滑稽，你会开怀一笑。即使是这样，这个笑话也只是分散一下听众的注意力，因为它对演讲毫无帮助，只是在浪费时间。

另一种糟糕的情况是听众对演讲者讲的笑话没有反应，这被称作笑话的炸弹效应。听众都明白演讲者的意图，试图展现滑稽的一面，但是没有人回应，这时演讲者会在一片寂静中感到很紧张，听众也会感受到这种紧张的气氛（听众甚至会看到演讲者脸上渗出的汗珠）。在这种情况下，演讲者就陷入笑话炸弹效应的尴尬境地中了，而且很难摆脱。

一个舞台上的演员，如果他对观众说了几则自以为幽默而实际上乏味的故事，他立刻会被喝倒彩而驱逐下台。当然，演讲台下的听众，比较文雅得多，他们比较具有同情心。但是他们虽然被同情心驱使勉强在表面上克制着，或不致对演说者发出嘘嘘声，心里却不禁要为他的演说失败而深感失望！

整个演说中，没有比引起听众高兴的发笑更为困难的。幽默是一件十分微妙的事，和一个人的个性有着密切的关系，有的人生来就有这种天才，但有的人却没有。一个没有幽默天才的人，如欲勉强做得幽默，正如一个碧眼的人想把他的眼睛改成黑色一样不可能。

要知道，一个故事的趣味，很少含在故事的本身里，故事之所以有趣，完全得看讲故事的人是怎样的讲法。100个人同讲一个幽默的故事，有99个人是要失败的。如果你确定你是一个具有幽默天才的人，你就应该努力培养你的这份天才，使你无论到什么地方，都备受欢迎。但是，如果你的天才不在这方面，那么，你硬要去学幽默，就是“东施效颦”、愚不可及了。聪明的演说家们，从不会为了只想幽默而讲一则故事。幽默有如糕饼上的糖霜，而不是饼本身，所以只能巧妙地穿插一些在演说里面。例如，驰名美国的幽默演说家利兰，替自己定上一个戒条，在开始演说后的三分钟内，绝不讲述故事，这个戒条，也值得我们效法。

另外要强调的是，使用伤害性的幽默也属假作幽默之列。有的人为了表现幽默，不惜使用一些令人反感的言辞，以牺牲感情为代价，结果只会适得其反。幽默本来应该是演讲者与听众之间的桥梁，然而在此却变成了一种伤害，这不能算作是真正的幽默。

因此，首先应该尽量避免有关个人性别和种族的笑话，这是一个基本常识。能够起控制作用的不是演讲者的想法，而是听众的感受。可能有些人会很反感你讲的笑话，而这些人实际上并不是笑话的攻击对象。很多人认为种族和性别问题是很令人反感的。这里要提醒一下：有关艾滋病的笑话和种族的笑话同样令人反感。

假如你正在听笑话，并且你是爱尔兰籍的，笑话正是有关爱尔兰人的，你的感觉如何？专家们建议不要使用这种话题的笑话，但是有些人还是要冒险使用。请你牢记一点，你是想利用幽默交友，而不是树敌。

其次，你听过演讲者使用“男女混合公司”这个短语吗？演讲者可能是这么说的：“我知道一个笑话，但是我不能在男女混合的公司里讲。”应避免说这个短语，因为它的使用要考虑听众的性别。如果公司中只有男性职员，演讲者可以讲这个笑话，因为它只会冒犯女性而不会使男性职员反感。

很多女性都反感黄色幽默。所以辞典中将“男女混合公司”定义为具有高雅品位和低俗品位的人的混合。通常听众不全是由低俗的人组成的，如果你总是在男女混合公司里讲黄色笑话，肯定会冒犯听众的。

最后，“讽刺”这个词起源于古希腊，在文学作品中被演化成“摧残肉体”。现在人们已经很少使用讽刺这个词了，但是这并不意味着它已经被人们完全遗忘了。那些使用大量讽刺性质笑话的演讲者的主要目的是显示他们的智慧。不幸的是，这些伤害人的话语只能表现演讲者缺乏智慧的一面。

虽然讽刺有时可以用来有效地攻击演讲者与听众的公敌，但是这并不意味着听众可以坦然地面对讽刺。听众都知道讽刺随时会转向他们，尤其是在他们提出敏感话题的时候。面对尖刻的演讲者，听众会感觉很不自在。很多演讲者利用幽默来缓解紧张气氛，讽刺则会起到相反的作用。

那么，难道演说的开头，应该严肃得像一头巨象般呆笨吗？不，如果你能够，不妨在开头先引用几句名演说家说过的话，或是谈一些涉及当时的事情使大家发笑或是故意夸大地批评一些矛盾的事。这样的幽默，比引用那些引人发笑的故事，有更大概率获得成功。

引人发笑的最简便的方法，是讲一些关于你本人可笑的事件，把自己说得十分可笑，而又装得好像有些发窘，那么听众的心理，恰如见到一个人被果皮滑了一跤，或一个人正在拼命追赶他那被风吹去的帽子一般，觉得十分好笑。

最忌说话不看人

讲话的目的是为了让别人听，要使人家能听懂、听清、听进去，你就应该注意说话的对象。

每一个人在社会中都扮演一些不同的角色，而不同的角色，使人在心理上、在意识上……有一些不同的特点，而由此，又决定了人们对于语言表达的内容、方式的选择和接受的某些取向。

正因为如此，同一个意思，不同的人可能就会采取不同的表达方式，而我们这里尤其强调的，是同样一句话，不同的人听来，会有不同的，甚至是截然相反的感觉。

这样，说话要看对象，就成了口语交际中必然而又重要的要求了。如果忽略了或无视这一要求，就一定会给交际带来不好的影响，甚至还会使交际无法正常进行。

人与人之间的差别是多方面的，就口语表达和接受而言，最大的现实差别主要有以下几个方面，而口语交际中的“不看对象”，也主要表现为对以下一些方面的“不注意”：

1.不注意年龄差异

我们经常可以发现，小孩之间的吵架常常是由于互相诋毁导致的。

“阿军，你为什么又跟小亮打架呢？”妈妈问道。

“谁叫他骂我是个秃子！”阿军愤愤地说。

“你长得真像个包子！”一个小男孩对旁边的女孩说。

女孩马上反驳道：“你以为你长得美呀，哼，芦柴棒一根！”

年龄的不同，会导致听话者对话题反感的程度不同。像小孩，你就不能指责他；而对于老人，最忌讳提及“死”字。例如，几位年轻工人去看望一位退休多年的老师傅——

“您老身体真硬朗，今年高寿？”

“79，快80了。”

“好呵，人生七十古来稀，厂里数您最长寿吧？”

“哪里，老宋才是冠军，他活了85岁。可是年岁不饶人，他前不久去世了。”

“喏，这回该轮到你了！”

老师傅一听这话，脸色陡然变了。

不要把听话者一视同仁，你不仅要考虑他（她）的性别，还要考虑他（她）的年龄。

2.不注意语言差异

世界上有许多种语言，受各方面因素的限制，大部分人只能掌握和运用本国或本民族的语言。对这些人，你要是对他们讲外语可就不妥了。即使是本国或本民族语言，还存着方言不同的问题。如汉语，使用它的人遍布全国各地，但每个地区都有自己的方言，这给口语交际带来了极大不便。同样的话，在不同的地区可能会有不同的意思，所以说，交谈时要注意对象在语言上的差异。

有些人不注意这一点，在不同地域的人面前也用方言，结果闹出笑话，有时候甚至会产生不良后果。

有这样一个笑话，有个广州人到北京去排队买东西，他对站在最后的一位女青年说：“同志，你最美（尾）吧？”中国女子不像某些西方女子那样喜欢人家公开夸她漂亮，特别不喜欢素不相识的异性同她搭讪或夸她漂亮，结果，那个女青年白了他一眼。那个广州男子见她不出声，就顺口又说一句：“我爱（挨）你站着！”这一下可把那个女青年惹火了，劈头盖脑就骂：“你这个人咋的？想要流氓吗？大白天的，又不认识你，什么‘美’呀！‘爱’呀！想到派出所去是不是……”那个广州人挨了一顿骂，有口说不清。后来，一位到过广州的女同志才给那个女青年解释清楚了。原来那个广州人说的是：“同志，你排的是最后一个吧？”他把“最后”说成“最尾”，“尾”字和“美”字，广州人用普通话表达不容易分得清；同样，“挨”和“爱”字也容易混淆。我们国家疆土辽阔，文字同而言语异，这不仅影响了社会交际，而且每每闹些误会，令人啼笑皆非。上述故事正反映了这种现实。

可见，进行口语交际时，如果不注意交际对象在语言上的差异，是会妨碍交际的。

3.不注意文化层次差异

一位大学毕业生分到一家厂子工作，起初感觉不错，但没过几个月，发现车间主任对他越来越冷淡了。他很迷惑。后经一位好心师傅指点，他才恍然大悟：原来他在学校待惯了，说话爱用些术语，像什么“最优化方案”“程序化”“目标管理”等。而车间主任只上过技校，最烦别人在他面前咬文嚼字、卖弄学识。

到什么山上唱什么歌，当你与不同层次的听话者说话时，你就必须用他所具有的文化水平说话。一般来说，文化层次越高，越喜欢用一些典雅的言辞。

4.不注意风俗习惯的差异

由于人们所处的地域不同，所以形成了不同的风俗习惯。不同的交谈对象，可能会有不同的风俗习惯。如果不注意交谈对象的风俗习惯，也可能造成失误，影响交际。

不久前，一位美国生意人来到一家公司洽谈生意，生意商刚走下小车，公司经理迎了上去，一句生硬的英语脱口而出：“You had breakfast yet？”（您吃过早饭了吗？）

经理这一问，可把生意人问懵了，他看了看周围的人，又拿出表看时间，很是莫名其妙。他问身边陪同的翻译人员：“这家公司的先生没有邀请我吃饭呀！现在都10点钟了，还没吃早饭吗？”这位翻译员突然省悟过来，连忙解释，才避免了一场误会。

在西方国家，如果你问对方吃过饭没有，他们会以为你想邀请对方就餐或吃点东西。假如对方回答“还没有吃过”，你又不发出邀请，对方则会认为你要弄他们。前面经理的“您吃过早饭了吗”本来是一句典型的中国客套话，可是外商理解不了，险些造成误会。

此例告诉我们，说话要注意区分对象，注意交际中的习俗，即使客套话也不例外。

总之，说话一定要考虑对方的风俗习惯，千万别说些有违对方风俗习惯的话。

5.不注意心理因素

由于性别、年龄、经历等方面不同，就造成人与人之间的心理差异。例如有人性格开朗，有人性格内向；有人是多血质，有人是抑郁质；有人爱好玩乐，有人爱好学习。这些都表现出人与人之间的心理差异。交谈时如果不注意这一点，也容易出问题。

切忌“哪壶不开提哪壶”。这是一句老话，指的是在交际中，一方提到了另一方最不想提的话题。而日常的口语交际中，这样的人确实有不少。

某学校在分配住房中，一位青年教师“谎报军情”，本来没有登记，填表时却写上已登记，结果取得了分房排队的资格。

到分房子的时候，排在他后边的人揭穿了他，使得他当场被宣布取消了分房资格。

当天，这件事情就传开了，很多人都知道了。这天晚上，这位青年教师的一位同事遇到他，关切地问了一句：“听说你这次分房遇到了点儿麻烦？”

要说，这句问话也够得上“委婉”了，因为并没有直接说出“作弊”之类的话，而只是说“麻烦”。可无论如何，这样的问话毫无疑问是有害而无利的，只能使对方陷入尴尬甚至痛苦的境地，并由此而不悦、上火、生气。

因此，哪壶不开提哪壶是极不明智的，尽管你的出发点可能并不坏，但是绝对不会有好的效果。

像遇到上边那种情况，比较合适的做法是说点别的什么，甚至于什么也别说，点个头，打个招呼也就可以了。

跟得意人谈你的失意事，他至多作表面的虚与委蛇，绝不会表示真实的同情，有时也许会引起误会，以为你是请求帮助，他会预先防备，使你无法久谈。所以要诉苦应向同病的人去诉苦，同病自会相怜，可得到精神上的安慰，可以稍解胸中不平之气。你要谈得意事，应该向得意的人去谈。你捧他，志同道合。年轻人涵养功夫不够，稍有得意事，便要逢人告诉，自鸣得意，结果让人骂你小人得志，笑你沾沾自喜，也许无意中引起别人的妒忌。另外偶有不如意事，你觉得抑郁牢骚，有如骨鲠在喉，总想一吐为快。最好的办法，得意事要放在肚里，失意事也要放在肚里，不要随便对人乱说。

总而言之，你要说话先要看准对方，他是愿意和你说话的人吗？如果不是，还是不说话为妙。这个时候，是你说话的时候吗？如果不是时候，还是沉默的好。说话的成功与失败，与时机有关系。多说话，未必当你是能干；少说话，未必当你是呆子。

最好不要动辄争辩

在日常的许多事情中，没有几件是值得我们以牺牲友谊为代价来换取的。而你却偏偏如此做，好像你的精神和时间都不值钱，更不用说感情的损害了。除了彼此都能虚心地、不存半点成见地在某一个问题上专门讨论之外，一切的争辩都是应该避免的，即使这是一个学术性的争辩。

哲学的唯物与唯心争论了两千余年，至今胜负未分，心理学各种理论的争辩也至少有几百年，现在还是不分高下，你可以看书阐述你的主张，但是不可在谈话中处处争辩。才智值得敬佩，但不是好胜。而且，你应该听过大智若愚这个词吧！修养高的人，绝不肯轻易与人计较。

留心我们的周围，争辩几乎无处不在。一场电影、一部小说能引起争辩，一个特殊事件、某个社会问题能引起争辩，甚至，某人的发式与装饰也能引起争辩。而且往往争辩留给我们的印象是不愉快的，因为它的目标指向很明白：每一方都以对方为“敌”，试图以自己的观念强加于别人。

你喜欢和人争辩，是否是以为你用争论压倒了对方，就会得到很大的利益呢？你要明白，你必定压不倒对方。即使对方表面屈服了，心里也必悻悻然，你一点好处也得不到，而害处却多了。好争辩，第一你损害了别人的自尊心，令人对你生反感；第二你很容易犯着专去挑剔别人缺点的恶习；第三它使你变得骄傲；第四，你将因此失掉一切的朋友。

请从体育精神做起吧，输了，不必引为可耻；而后，竭力去学习尊重别人的意见。好胜是大多数人的弱点，没有人肯自认失败，所以一切的争辩都是没有必要的。谈话的艺术就是提醒你怎样挣脱这愚蠢的漩涡，更清醒地去应付一切。如果能够常常尊重别人的意见，你的意见也必被人尊重，如此，你所主张的，就很容易得人拥护而不必把精神花在无益的争辩上。你可以实现你的主张，你可左右别人的计划，但不是用争辩的方法来获取。如果你想借某一问题增加你的学识，你应该虚心地请教，而不要企图借助争辩来实现，请记得：争辩是一场漫漫无期的战争。

每个人的见解、主张，都是经过长期的生活经验形成的，你不可能在短时间内通过一场争论改变它。因此，当你遇到与别人意见不同的情况时，一方面不要太过心急地要求别人立刻同意你的看法，应该学会理解、同情对方，容许别人作更多考虑。另一方面也不要因别人的意见一时和自己不同，就说什么“话不投机半句多”，跟人断绝交往，闭口不说话。如果你能很礼貌又很谦虚地听取别人不同的见解、主张，必然会受到人们的欢迎和尊敬。

我们都知道推销员一般能说会道，有好的口才。这种口才是说服客户或顾客购买自己的产品，而不是让对方承认自己说得有道理。

小王是公司的推销高手，销售业绩连续三年居公司第一，是公司公认的金口才。他刚刚从事推销时的一件事对他触动很大、影响很深。

小王公司生产的产品是一种更新替代型产品，与原有产品相比，功能加强了，售价也不高。小王刚开始去推销时，遇到的第一个顾客，可能思想有点保守，接受新事物有些慢，只承认原产品好，对新产品的优点视而不见。小王不服气，他拿出新旧产品的产品说明书，两相对照，给顾客讲解。同时又实际进行操作，证明新产品功能确实比旧产品好；然后进行性价比、产品性命周期对比。最终，顾客在小王的攻势下，不得不承认小王说的是对的，替代产品确实比原有产品好。但顾客却没有购买任何产品。

让顾客认同了自己的观点，小王成功了吗？没有，推销员应该有好的口才，口才体现在让顾客购买自己的产品，而不是让顾客不得不承认你正确。

小王正是从这件事中吸取了教训，以后经过刻苦的学习和训练，才坐上了公司推销的第一把交椅，成为公认的金口才。

切记："常有理"不是金口才，在谈话中，有输才有赢。给对方留一点空间，也就给自己留下了回旋的余地，离你的目的也就更近了。

当你觉得某些情况下不得不大打出手、争论一番时，最好先问自己几个问题：

（1）这次争辩的意义何在？如果是一些根本就很不相干的小事情，我们还是避免争论为妙。

（2）这次争辩的欲望是基于理智还是感情（虚荣心或表现欲等）？如果是后者，则不必争论下去了。

（3）对方对自己是否有深刻的成见？如果是，自己这样岂不是雪上加霜？

（4）自己在这次争论当中究竟可以得到什么？又可以证明什么？

心理学家高伯特普曾经说过："人们只在不关痛痒的旧事情上才'无伤大雅'地认错。"这句话虽然不胜幽默，但却是事实。由此，也可以证明：愿意承认错误的人是少的，这就是人的本性。

口头禅是口才的绊脚石

本来很好的语言，如果加入许多口头禅，就好像玻璃被蒙上一层灰一样，大大减少它原有的光彩。

有人喜欢在谈话中，用太多不相干、不必要的口头禅。例如，什么地方都加上一句"自然啦"或"当然啦"这类的词句。又有人喜欢加太多的"坦白说""老实说"；有的人喜欢老问别人"你明白吗""你听清楚了么"；有的人又喜欢老说"你说是不是""你觉得怎么样"；也有些习惯性地在每一句话的语尾，加一句"我给你讲""你说可笑不可笑"。像这一类的小毛病，可能你自己平时一点也不觉得，问一问你的朋友们，请他们替你注意一下，有则改之。

在我们平常与人讲话或听人讲话之时，经常可以听到“那个、你知道、他说、我说”之类的词语，如果你在说话中反复不断地使用这些词语，那就是口头禅。口头禅的种类繁多，即使是一些伟大的政治家在电视访谈中也会出现这种毛病。

有时，我们在谈话中还可以听到不断的“啊”“呃”等声音，这也会变成一种口头禅，请记住奥利佛·霍姆斯的忠告——切勿在谈话中散布那些可怕的“呃”音。如果你有录音机，不妨将自己打电话时的声音录下来，听听自己是否出现这一毛病。一旦弄清自己的毛病，那么在以后与人讲话的过程中就要时时提醒自己注意这一点，当你发现他人使用口头禅时，你会感到这些词语是多么令人烦躁，多么单调乏味。

如果你是管理者，说话更要干净、利落、文雅，这不仅是交际的需要，也是培养个人良好谈话修养的要求。因此，管理者讲话最忌带不文雅的口头禅。这是一种不良的语言习惯，它有失管理者的风度，所以必须坚决戒除。

有的领导讲起话来，满口“这个”“那个”“嗯”“啊”，这种口头禅纯属无病呻吟，往往把语句肢解得支离破碎，使语言显得拖沓、紊乱、不流畅，令人生厌。

有的管理者说话时经常使用如“他妈的”“丫挺的”或者更为粗俗、不堪入耳的语言。这种口头禅给人粗野鄙俗、低级下流之感，让人留下极为恶劣的印象，不仅降低了管理者本人的身份和品位，还会使人大生反感。这些口头禅应该下功夫快快戒除。

有些管理者在与人交谈之中，经常使用如“你知道吗”“我告诉你说”“我跟你讲”“你明白吗”“是不是啊”，等等。它们往往只是说话的一种语言习惯，在句子里没有实际意义，却反复出现。这种口头禅给人一种自以为是、盛气凌人、居高临下、轻视蔑视对方的感觉，使听者心理上产生不舒服的感觉。

口头禅大多在无意识中不自觉地形成，它反映了管理者身上某些修养的欠缺，有的较明显，有的则从微妙的细节中体现出来。由于管理者出于工作和社交的需要，经常与人交谈，所以，要想给人留下彬彬有礼、谦逊而干练的美好印象，必须戒掉不良口头禅。

演讲要引起听众注意，求得听众的共鸣，最要紧的是语言字字闪光、句句有力。当然不能像机关炮，扫射得听众眼冒金星，丈二金刚摸不到头，但也不能言语拖沓，表达紊乱，让口头禅充斥全篇。

演讲中常见的口头禅比如："好像""也许""说不定""大概""大约""或许是""反正""太那个了""怎么说呢""这个""那个""那么""就是""是不是""对不对""嗯""啊""吧""好吗""行吗""他妈的""奶奶的""狗日的"等。这些口头禅会影响听众的情绪，削弱演讲的效果。因为个别语句反复出现，破坏语言结构，使语言断断续续，前后不贯通，每一次口头禅的出现，等于一次切割，把整个演讲切得支离破碎，给人一种断续离散之感。口头禅是一种相似的言语模式，听来平淡枯燥。有人把口头禅比喻为"语言的肿瘤"是很有道理的。

查尔斯·罗勃兹是纽约市颇有威望的投资顾问。他的创业史很曲折。每每回忆过去时，他总是提及过去对口才表达的不重视。他很喜欢说"也许"，正是这个随意说出的口头禅很多次使他的生意坐失良机。

美国副总统休伯特·汉弗莱很喜欢使用"我认为"这句口头禅，有时一段短短的话语中竟出现几次，所以听众很讨厌他的演讲。

有人特别爱用某一个词，来表达很多的意思，不管这个词本身有没有那么多的含义。例如，有人喜欢用“伟大”这个词，于是在他的话中，什么都“伟大”了起来：“你真太伟大了！”“这文章太伟大了！”“今天吃了一餐伟大的午饭！”“这批货物卖了一个伟大的价钱！”最妙的是有人喜欢用“那个”代表一切的形容词，你听他说的是些什么意思吧：“今天太那个了！”“他这个人很那个，是不是？”“我觉得这点事未免有点那个。”这一类的毛病，大概由于太偷懒，不肯去动脑筋找一个恰当的词。要多记一些词语，才能生动而恰当地表达你的思想。

口才好的人，说的话精确而细腻，丰富而活泼，而不是来来回回嚼着一个词。那些使人觉得累赘至极的口头禅尽量早日消除为好。

过分自夸只会让自己变得毫无价值

爱自我夸大的人是找不到真正的好朋友的，因为他自视甚高，睥睨一切，不大理会别人的意见，只会自己吹牛。他只想找奉承和听从他的群众，而不是朋友，于是朋友们都避之唯恐不及。他常自以为是最有本领的人，如果做生意，他觉得没人比得上他；如果是艺术家，他就自以为是一代大师；要是在政治舞台上活动呢，他会觉得只有他才能救世界救人类。面子是别人给的，脸是自己丢的。若具真实本领，那么赞美的话应该出自别人的口，自吹自擂其实只是丢自己的脸而已。凡有修养的人必定不会随便说及自己，更不会夸张自己。他很明白，个人的事业行为在旁人看来是清清楚楚的。

请你不必自吹自擂，与其自己夸耀，不如表示谦逊，也许你自己以为伟大，但别人不一定同意，自己吹捧自己，绝不能捧得太高。好夸大自己事业的重要性，间接为自己吹擂，纵使你平日备受崇敬，听了这话别人也会觉得不高兴。世间没有一件值得向人夸耀的事情，自己不吹擂时，别人还会来称颂，自己说了，别人反而瞧不起了。

千万不要故意与别人有不同的意见，有的人专门喜欢表示与别人不同的意见，处处故意表示与别人看法不同，比如说：你说这是黑的，他在这个时候就硬说是白的；后来你又改变了看法也说这是白的，他在这个时候就会反过来，说它是黑的了。

这种人与那些处处随声附和的人，一样会被人看不起，最后还有可能会让人认为他是一个不忠实的人。

好口才帮助你待人处世，没有一个人不愿意做一个口才好、到处受人欢迎的人。但是若为了展现你的口才，到处逞能，这样只会惹人憎厌，所以口才应正确且灵活地表现。

在谈话时，很有可能会出现一些分歧，这时如果立刻提出异议，对方一听就感到别人对自己不尊重，就会感到自己的意见被完全否定了，这样的结果很显然是令人不愉快的。

如果这种场合真的出现，就要把事情说得清楚一点，要先说明哪一点是自己同意的，哪些地方也完全同意他的看法，然后再把不太同意的某一点说出来。对方在这种情况下也就很容易接受你的批评或修正，因为他现在已经知道了双方在主要部分的意见还是完全一致的。

无论怎样，都要预先表示对方意见中你所同意的各点，就算它是不重要的一点，也要说出来。这样做的目的就是为了缓和一下谈话的气氛。

总而言之，要避免在陌生人面前夸耀你个人的成就、你的富有，或者总向人说自己的儿子怎么怎么了不起之类的话。当然更不要在一般的公共场合，把朋友们的缺点与失败当作是谈话的资料，也不要发一些无谓的牢骚，诉苦和发牢骚不是获得同情的好方法。这也是做人的一些基本态度。

所以，对于你的国家、社会、朋友、亲属以及同事，等等，都要经常注意并且关心着；对于所见所闻，都要去研究一通，尽量地去了解它们的意义，而不是对什么都漠不关心，让它们在眼前或耳旁溜过。你要随时都计划、安排、改进你的生活，而不是糊糊涂涂地过日子。

不要总是责怪对方

某国巨盗葛洛莱，他的绰号叫作“双枪手”，他是杀人如麻、无恶不作的魔王，他和纽约市的150多个警察和密探激战了一小时之后，终于被捕了。但是在他被捕之前，他正在写着一封信，说他是温和而善良的人，从不曾伤害任何人。当他被判死刑的时候，他还在竭力喊冤，说是为了自卫才伤人，不应该受此极刑。这个故事告诉我们，就是一个无恶不作的巨盗，他还是自认为是好人的，那么一般人也就不用说了。谁都不肯自认其错，我们硬去批评人家，又有什么好处呢?

正如唠叨是影响说服成功的礁石一样，无用而令人心碎的指责也是成功说服的敌手。不要时时处处指责对方，这样改变不了对方。可有些人不仅在家庭内部，而且在朋友和熟人面前，也不忘指责自己的伴侣。这种指责不仅改变不了对方的缺点和错误，反而伤害了双方的感情。如果对方确实有错，那就委婉地提出，真诚地帮助，甚至以情感的力量去感化对方，相信对方一定会在意你所付出的一切。

对别人批评，只会使别人竭力掩饰自己的过错而已。这不仅关系到被批评者的颜面，而且还足以引起被批评者的反感。在某国的军队中有一条军法，就是士兵不得随意指责哪一个同仁或是军队中的什么，如果谁违反了这一条军法，就要受到严厉的责罚。这一条军法的用意，便是免除大家因批评而彼此闹意见，使内部发生不合作的现象，这是很好的。一家商店的老板，如果他只是批评伙计，说一伙计怎样怎样的不好，这班伙计一定不会为他忠心服务，这家商店一定不会发展的。一个主妇，老是批评着佣人的不好，佣人也不会忠心地做事，这样主妇是不会得到什么好处的。所以我们批评和指责别人是无益的。

据说，女性如果在其他女性面前被伤害了自尊心，那简直比死还难过。当有的家庭妇女在超级市场顺手牵羊偷拿物品被当场发现时，处理这件事的人员考虑到女性的深层心理，便将她带到个别的房间内进行处理，可以说这是一种很好的说服方法。所以，有第三者在场时，我们不应向别人尤其是女士提出批评。

有些人很喜欢指责他人，一旦出现问题，他们首先想到的就是如何将责任推卸于人。有些人似乎养成了一种不以为然的恶习，他们动不动就批评、指责他人，有些人更以此为快。一旦出现了问题，他们首先想到的就是射出批评之箭，中伤他人。还有些人，他们本来自己在某方面做得并不好，却非要拼命去批评人家。这种批评怎会以理服人呢？其结果要么伤害他人，要么被人抵触，弄得自己反遭他人伤害。其实，尽量去了解别人，尽量设身处地去思考问题，这比批评责怪要有益得多，这样不但不会伤人害己，而且让人心生同情、忍耐和仁慈。“了解就是宽恕”，何不多点温柔之术呢？所以，当我们批评他人时，先想想自己：“我做得怎样？是否应该完全怪罪他人？”这样你也许会完全改变自己的想法和行为，并与他人保持一种良好的人际关系。

让我们记住，我们所要说服的对象，并不是绝对理性的动物，而是充满了情绪化、成见、自负和虚荣的东西。

的确如此，我们很多人说话时，经常只顾自己痛快，过后才发现不小心伤了别人的心，尤其是当别人做了错事，或自己因此而吃了亏，就更觉得自己受了委屈而要在嘴上图个痛快，于是一些难听尖刻的话就不自觉地冒了出来，结果往往是爽快一时却伤了和气。

有时别人并没什么大错，但不幸遇到你情绪不好，也可能遭到你尖锐的责备，结果当然更糟。同学不小心把你的笔盒碰翻，你破口大骂，从他（她）帮你捡东西开始一直骂到东西捡完。如果边上的同学早就习惯你这种脾气，那还好一些，否则你会发现以后经常会遇到许多冷眼。

只要你不是无缘无故地责备别人，在你开口之前，别人总是处于一种被动的心理状态，因为他们感到自己做错了事，自责的心理能让他们安静地接受你的责备，但绝对不是任你处置，随你发泄。当你的责备已经到伤害他们自尊心的地步，那么自责心理就可能立即消失，并可能产生不快，慢慢地，不快会发展成怨恨。尖锐的责备很可能把别人的自责转化为怨恨。服务行业有忌语，那是因为这些忌语不够礼貌，不够尊重顾客；而教师的忌语则可能是伤害学生自尊的话，作为老师千万不能对学生说“你笨得像头猪”，否则你原有的一点好意会被这种伤害冲得荡然无存。

朋友之间不能在责备对方时，老账新账一起算，把以前的不满都说出来，甚至以前已责备过的事情也提出来加以重复。朋友之间，永远不要重复责备第二次，甚至责备越少越好。约翰博士说过：“上帝本身也不愿论断人，直到末日审判的来临。”那么我们又何必如此呢？因此，你要帮助对方认识并改正错误，你要说服别人，从现在开始，就请记住这个原则：不要总是责备他人。

第三章　幽默的人总是处处受欢迎

以其人之道，还治其人之身

以其人之道，还治其人之身是指按照对方的逻辑去理解或推论，由此及彼，最后使其搬起石头砸自己的脚，自食其果。

这种返还幽默法，要善于抓住对方一句话、一个比喻、一个结论，然后把它接过来去针对对方，即把对方给自己的荒谬语言或行为及不愿接受的结论，经逻辑演绎后还给他，以其人之道，还治其人之身。

餐馆里有一位顾客叫住老板："老板，这盘牛肉简直没法吃！"

老板："这关我什么事？你应该到公牛那里去抱怨。"

顾客："是呀，所以我才叫住了你。"

顾客按照老板的荒谬逻辑，推论出老板即是"公牛"，让对方哭笑不得，自食其果。

这位顾客所用的幽默方法就是返还幽默法。

返还幽默法一般是对方攻击有多少分量，就以同等的分量还击。软对软，硬对硬，不随意加码。加码过重会影响幽默情趣。

有个顽童见到一位老人骑着一头毛驴由城外进来，闲来无事存心想调皮捣蛋一番。

这顽童在老人骑驴朝着他过来的时候，忽然大声说："喂！你要不要吃方糖？"

老人见这孩子挺有爱心的，于是高兴地回答："小伙子，谢谢你，我不吃糖。"

没想到这顽童竟然说："我又不是对你讲，我是对你的驴讲！"

路人听到了都哈哈大笑。

原本以为老人会因为没面子而大怒，没想到他一愣，随即举起手拍了一下驴头说："你这坏家伙，刚才我问你有没有驴朋友，你还撒谎说没有，坏蛋！"

他又打了驴子一下，在路人嘲讽那顽童的笑声中，洋洋得意地走了。

以其人之道，还治其人之身就是要懂得"顺藤摸瓜""借竿上树"。

一位阔太太牵着哈巴狗上街，见到衣衫破烂的三毛，想拿他开心取乐，便对他说："你只要对我的狗喊一声爸，我就赏给你一块大洋。"三毛眼珠一转，笑着说道："喊一声给一块，要是喊十声呢？""那当然给十块了。"阔太太不假思索地答道。三毛躬下身去，顺着狗毛轻轻抚摸，煞有介事地喊了声："爸！"阔太太妖里妖气地笑了一阵，随手给了三毛一块大洋。三毛连喊十声，阔太太很爽快地赏了三毛十块大洋。这时，周围挤满了看热闹的人。三毛傻笑着向阔太太点了点头，故意提高了嗓音，长长地喊了一声："谢谢，妈——"围观的人大笑不止。阔太太面红耳赤，目瞪口呆，半晌方才醒过味来。

故事中的三毛就是使用了“以其人之道，还治其人之身”式幽默方法，幽默地回敬了阔太太的侮辱。

这种方法用于对付那些耍赖之人最有成效，往往能使对方的无理取闹不攻自破，使对方作茧自缚。

一位懒汉去朋友家做客。早晨起床后，自己不但不收拾床铺，朋友替他叠被时，他还振振有词地说：“反正晚上要睡，现在何必去叠！”饭后，懒汉将碗筷一推，一动不动地坐在沙发上闭目养神。朋友又得收拾桌子，又得洗刷碗具，懒汉说：“反正下顿还要吃，现在何必洗呢？”到了晚上，朋友劝他把脚洗一洗，这样既讲卫生，又有益于健康。懒汉又耍懒，反驳说：“反正还要脏，现在何必洗呢？”于是，朋友打算惩治他一下。第二天，吃饭的时候，朋友只顾自己，对懒汉不管不顾。懒汉来到饭桌旁，见没有自己的碗筷，便嚷道：“我的饭呢？”朋友问道：“反正吃了还要饿，你又何必去吃呢？”睡觉的时候，朋友也同样只顾自己，不理懒汉，懒汉见状，焦急地问道：“我睡哪儿？”朋友反驳道：“反正迟早要醒，你又何必要睡？”懒汉急了，叫道：“不吃，不睡，不是要我死吗？”朋友泰然答道：“是啊，反正总是要死，你又何必活着？”说得懒汉哑口无言。

故事中的朋友紧紧抓住了懒汉的荒谬逻辑，顺竿上树，以其人之道还治其人之身，使得懒汉无话可说。在这种方法的使用上，聪明的阿凡提可以说是行家，他经常利用这种方法惩治那些刁钻狡猾的地主。

从前有个巴依（地主），对人非常狠毒刻薄。一天，阿凡提来到巴札（集市），刚巧巴依正在那儿吃鸡。巴依一口咬定说，鸡的香味是鸡的一部分，阿凡提闻到了香味，所以一定要付钱。阿凡提皱皱眉头，晃了晃手里的钱袋说："钱的声音是钱的一部分，你既然听见了，那当然是我付过钱了。"在聪明的阿凡提面前，巴依无言以对，狼狈而去。

阿凡提依据巴依的荒唐逻辑"鸡的香味是鸡的一部分"，导出自己的结论"钱的声音也是钱的一部分"，并以此为突破口，以退为进，步步逼近，终于将对方逼得无路可走，只得低头认输。在使用"以其人之道，还治其人之身"式幽默术时，关键在于抓住对方的语言逻辑，然后以此为基点，推出荒唐的结论，令对方的诘难不攻自破。

借题发挥

借题发挥法，顾名思义，就是借现场的人、事、物甚至对方的语言为题，加以发挥、阐述，诠释出全新的思想来，从而制造了幽默。

德国科学家亚历山大·冯·汉保尔特访问美国总统杰弗逊的时候，看见他书房里的一张报纸，上面刊载了对他攻击辱骂的言论。

"为什么让这种诽谤言论在报上发表呢？"汉保尔特拿起那张报纸说道，"这家胆大妄为的报社为什么不查禁？或者对该报的编辑加以罚款？"

"把报纸放进你的口袋里吧，先生，"杰弗逊笑嘻嘻地回答说，"万一有人怀疑我们是否有新闻自由，你可以把这张报纸给人们看看，并且告诉他们你是在什么地方找到它的。"

上例中，杰弗逊接过对方的话题，把它与“新闻自由”联系起来，令人拍案叫绝。借题发挥常能让人巧妙地达到自己的目的，尤其是在某些场合，它比直言其事更显得委婉曲折。借题发挥是指巧妙地借助别人的某一话题，引申发挥，出人意料地表达自己的某种思想。在日常生活中，有些场合，有些话不宜直截了当地说，这时巧用借题发挥，会起到意想不到的效果。

相传南唐时，京师连日未下雨，大旱。于是某日，烈祖问群臣：“外地都下了雨，为什么京师不下？”大臣申渐高说：“因为雨怕抽税，所以不敢入京城。”烈祖听后大笑，并决定减税。

申渐高的话就是借题发挥，巧借烈祖的话，引申发挥了京城的税多，应该减税的意思。非常巧妙，效果也很好，烈祖在笑声中接受了他的意见。

借题发挥能让坏事变成好事，让平淡生出幽默。在现实生活中，由于受传统文化的影响，人们的大脑中存在着许多忌讳观念。如大年三十不能说“死”“亡”“灭”等不吉利的词语，吹灭蜡烛应当说成“止烛”；婚宴上不能说“离”“散”“死”等词语。诸如此种禁忌，在我们的生活中很多很多，但有时不自觉地说出或做出了一些有违“大忌”的话或事时，如何应付呢？这就要用到一种“临时发挥，化忌为喜”的幽默术。所谓“临时发挥，化忌为喜”式幽默术，就是在不自觉地做了或说了一些有违“大忌”的事或话时，或者由于客观的原因而带来一些不愉快、不吉利的事情时，及时地用一些双关语、名诗佳句、谐音字词等化忌为喜，消除尴尬，抹掉人们心头的阴影，使快乐重新回到心头。

大刘应邀参加一位朋友的婚礼，可天公不作美，小雨从早到晚一刻也未停过。等大刘赶到朋友家时，衣服上溅满了星星点点的泥水。

当新人双双向他敬酒时，朋友看到他满身泥水，略带歉意地说："冒雨前来，叫你辛苦了。这都怪我没选好日子。"大刘赶忙接过话茬幽默地说："老兄此言差矣，自古道：'久旱逢甘雨，他乡遇故知，洞房花烛夜，金榜题名时'，这人生的四大喜事，让你们小两口一天就赶上了两个，这才叫双喜临门呢。"一句话说得满堂喝彩，大大活跃了当时的气氛。

大刘意犹未尽，接着说道："既然说到了雨，敝人有首打油诗，借此机会赠给两位新人。"接着便吟道："好雨知时节，当婚乃发生。随风潜入夜，听君亲吻声。"一首歪诗吟罢，逗得新娘面颊绯红，引来满座欢笑。

上例中，大刘机智地临场发挥，使本来不受婚礼欢迎的雨，瞬息之间带上了逗乐喜庆的色彩。

有一顽童，正月初一那天，一大早便出门找伙伴戏耍去了。玩了一段时间后，发现自己头上一顶崭新的帽子不知何时丢了。于是心惊胆战地跑回家去，对他母亲"汇报"了一下大体情况。要是在平时发生这种情况，母亲一定会大声斥责他。可是今天是大年初一，不能骂孩子，尽管心里很火，也硬忍着没有爆发。这时，来他家串门的邻居李叔听了后，笑着说："狗娃子的帽子丢了，这没关系，这不正好意味着'出头'了吗？今年你一定走好运，有好日子过了。"一句话，说得孩子的母亲转怒为喜，并附和着说："对！对！狗娃从此出头了。"于是大家一阵哈哈大笑。

大年初一丢了帽子，可谓是触犯了大忌，最起码也会使过年的欢庆气氛大大扫兴。可是邻居李叔的一句话，化忌为喜，引来一场皆大欢喜的吉祥气氛。

临场发挥是很讲艺术性的，要发挥得招彩而又得体是不容易的。但只要在这方面做个有心人，那么，不久的将来，你的口中也会妙语连珠，幽默诙谐。

活学活用

人的一生，都是在不停地学习。这个学习包括两个方面，第一种是学习文化知识，如学生们每天坐在教室里听老师讲课；另一种则是在实践中学习，学习各种技术技巧。学习的效果也可以分成两种，一种是潜移默化式的，另一种就是立竿见影式的——我们把这一种叫作活学活用。幽默技巧中也有一种方式叫作活学活用式的幽默。

活学活用式的幽默是指在学习别人的做法时，立刻理解并掌握别人的方法，然后将这种方法运用到自己的实践中来，当时学习，马上应用。

一次，小王向邻居借了一笔钱，借钱的时候，说好一个月后归还。一个月后，邻居向他要钱，他故作惊讶地说："我没有借你的钱呀！"邻居看了看他说："你忘了吗？上个月的时候，你向我借的。"

小王故作惊讶地说："对，的确上个月我借了你的钱，但是，你应该知道，哲学上讲'一切皆流，一切皆变'。现在的我已不是上个月向你借钱的我了，你怎么叫现在的我为过去的我还钱呢？"

邻居气得一时无言以对，他回到家里，想了一会儿，拿了一根木棍，跑到小王家里狠狠地把小王痛打了一顿。小王抱着头气势汹汹地叫道："你打人了，我要到法庭去告你，等着瞧吧。"邻居放下木棍，笑嘻嘻地对小王说："你去告吧，你刚才不是说'一切皆流，一切皆变'吗？现在的我，早已不是刚才打你的我了，你要去告，就告那个刚才打你的我吧。"小王听了，无话可说，被痛打一顿，也只好自认倒霉了。

邻居活学活用，惩罚了小王，而下面的仆人，也用了同样的方法。

一个吝啬的老板叫仆人去买酒，却没有给他钱，仆人问："先生，没有钱怎么买酒？"

老板说："用钱去买酒，这是谁都能办到的，如果不花钱买酒，那才是有能耐的人。"

一会儿，仆人提着空瓶回来了。老板十分恼火，责骂道："你让我喝什么？"

仆人不慌不忙地回答："从有酒的瓶里喝到酒，这是谁都能办到的。如果能从空瓶里喝到酒，那才是真正有能耐的人。"

不花钱买酒与空瓶里喝酒一类比，其内在就出现了针锋相对的矛盾，谐趣顿生。仆人"现炒现卖"的学习灵性，表现了智慧。

球王贝利向足球爱好者们赠送过各式各样的礼物，像明信片、手帕、袜子、护腿、球鞋、球衣等，甚至有几次他被球迷团团围住，不得不剪下头发相赠。

在一次比赛之后，有个足球俱乐部的老板挤到贝利跟前，竟然向贝利要“几滴血”，他央求贝利道：“请给我几滴血吧，我要把您的血输到我的球队的中锋身上，这样会大大增强他们比赛的意志。”

贝利风趣地答道：“先生您能不能送我几滴血呢？那样就能大大增加我的财气啦！”

输贝利的血能增强比赛的意志，那么输老板的血自然也就应该能增加财气啦！只要前者能够成立，那么后者也应该能够成立！看来贝利不仅是球王，而且还很有“学以致用”的幽默精神。

活学活用式的幽默同别的幽默技巧，如以谬还谬，仿造仿拟式的幽默有共通相似的地方，也有不同的地方。活学活用式的幽默关键的地方是要尽快学习掌握对方的方式方法，深刻地理解对方的意图。然后就是马上学以致用，将学到的方式方法尽快投入使用。在这一使用过程中，要注意应巧妙地置换条件，否则按照正常的方式去理解，则没有幽默可讲了。幽默的力量只有突破常规才能显示出来。

拿自己开开玩笑

如果你有风趣的思想，轻松地面对自己，你便会发现自己可以原原本本地接受自己的身高、体重或其他身体特征；你也会发现幽默能帮你以新的眼光去看待你对经济的忧虑。也许你无法得到真诚的爱，但是你能使你的人际关系充满温暖和谐，与人分享欢乐，甚至和仅仅有一面之缘的人也会有很好的关系。

自嘲是自己对自己幽默，是消除自己在沟通中胆怯的良方。

自嘲是运用戏谑的语言，向别人暴露自身的缺点、缺陷与不幸，说得俗一些，就是把脸上的灰指给对方看。

俗话说得好："醉翁之意不在酒。"自嘲同样是这个道理，有着独到的表达功能以及实用价值。

苏格拉底的妻子是位有名的泼妇，一次苏格拉底正同朋友们谈话时，他的妻子突然冲进书房大骂苏格拉底，并随手将脸盆中的水浇在苏格拉底身上，把他全身都弄湿了。正当大家感到尴尬万分之际，苏格拉底笑了笑说："我就知道，打雷之后，必有大雨下来。"

长篇小说《围城》重版，《谈艺录》与《管锥编》问世以后，钱钟书的名声日盛，求访者愈来愈多，钱钟书有不愿意接受访问的脾气。有一天，有一个英国女士打电话给他，要求拜访，钱钟书在电话里说：

"如果你吃了一个鸡蛋感觉很好，又何必认识那只下蛋的母鸡呢？"

在这里钱钟书自比"母鸡"，虽然是有意贬低自己，但却是在说英国女士没有必要来拜访他。正如人们喜欢谈论一些关于别人的笑话一样，在适当的时候，也要拿自己开开玩笑，要善于自嘲。

美国著名的律师乔特是最善于讲关于自己笑话的人。有一次，哥伦比亚大学的校长蒲特勒在请他作演讲时，曾极力称赞他，说他是"我们的第一国民"。

这实在是一个卖弄自己的绝好机会。他可以自傲地站起来，一副得意扬扬的神气，仿佛是要对听众说："你们看，第一国民要对你们演讲了。"

但是聪明的乔特并没有如此。他似乎对这种称赞充耳不闻，却转而调侃自己的“无知”。这种自嘲很快博得了听众的好感。

他说：“你们的校长刚才偶然说了一个词，我有点听不太懂。他说什么‘第一国民’，我想他一定是指莎士比亚戏剧里的什么国民。我想，你们的校长一定是个莎士比亚专家，研究莎士比亚很有心得，当时他一定是想到莎士比亚了。诸位都知道，在莎氏的许多戏剧中，‘国民’不过是舞台的装饰品，如第一国民、第二国民、第三国民，等等。每个国民都很少说话，就是说那一点点话，也说得不太好。他们彼此都差不多，就是把各个国民的号数彼此调换，别人也根本看不出有什么分别的。”

这实在是一种非常聪明的方法，它使自己与听众居于同等的地位，拉近了自己与听众的距离。他不想停留在蒲特勒所抬举的那种高高在上的地位上。如果他换一种说法，用庄重一点的言辞，比如，“你们校长称我为第一国民，他的意思不过是说我是舞台上的一个无用的装饰品而已。”虽然表达的意思是一样的，但是绝对不能把那种礼节性的赞词变为一种轻松的笑话，也绝对不会取得那样的效果。

无论是在一帮很好的朋友中，还是在一大群听众中，能够想出一些关于自己的笑话，能够适当地自嘲，是赢得别人尊敬与理解的重要方法，远远要比开别人玩笑重要得多。拿自己开开玩笑，可以使我们对世事抱有一种健全的态度，因为如果我们能与别人平等地相待，就可以为自己赢得不少的朋友。相反，如果我们为显示自己是怎样的聪明，而拿别人开玩笑，以牺牲别人来抬高自己，那我们一生一世也难以交到一个朋友，更不用说成功了。

成功的人士从不试图掩饰自己的弱点，相反，有时他们会拿自己的弱点开开玩笑。而现实生活中，我们却经常可以遇到一些专喜欢遮掩自己弱点的人，他们也许脸上有些缺陷，也许所受教育太少，也许举止粗鲁，他们总要想出方法来掩饰，不让别人知道。但这样做以后，他们却于无形中背弃了诚恳的态度，毫无疑问，与之交往的朋友会对他们形成一种不诚恳的印象，使人们不敢再与他交往。世界上最不幸的就是那些既缺乏机智又不诚恳的人。很多人常常自以为很幽默，经常喜欢拿别人开玩笑，处处表现出小聪明，结果弄得与他交往的人不敢再信任他，以前的朋友也会敬而远之，纷纷躲避。

适当地拿自己开开玩笑吧，这不仅是一种机智，更是驱散忧虑、走向成功的法宝。

反唇相讥

很多人喜欢拿人开玩笑，但大多是出于友好和善意，然而也不乏那种酸味十足，以伤害他人自尊心为乐的人。对于这种人，千万不能沉默以对，这样会让他得寸进尺。不如来个针锋相对，反唇相讥。他言辞锋利，你言辞更锋利，他有气势，你比他更有气势，以威对威，以势对势，义正词严，理直气壮。同时，在对他的谬论进行抨击时，制造幽默。

1984年10月，在里根与蒙代尔的总统竞选过程中，里根竞选班的人们认识到，里根要克服的大难题是他给人一种年纪太大的感觉，不宜当总统了。所以，里根利用每一个机会就年龄问题说笑话。

第二次论战是在严肃的气氛中进行的，里根和蒙代尔就范围广泛的各种问题相互进行十分单调的攻击。老资格的记者亨利·特里惠特向总统提出了一个事先预料的问题：

“总统先生，您已是历史上最年迈的总统了。您的一些幕僚们说，最近在和蒙代尔先生的遭遇战之后，您感到疲倦。我回忆起肯尼迪总统，他在古巴导弹危机中，不得不连续干好几天，很少睡觉。您是否怀疑过，在这种处境中您能履行职责吗？”

解释一下这个既棘手又彬彬有礼的询问，其意思就是你是否过于年迈，不宜当总统？里根用反唇相讥法幽默地笑着说：“我希望你能知道，在这场竞选中我不愿把年龄当作一项资本。我不打算为了政治目的而利用我对手的年轻和缺乏经验。”

在里根与蒙代尔的最后一次总统竞选电视辩论中，蒙代尔抓住里根已近古稀之年这个问题大做文章，公开对里根是否有能力履行总统之职表示怀疑。里根听后，朝蒙代尔一笑，说：

“对方的年轻幼稚，我早有耳闻。但我不会抓住对手的年轻无知、经验匮乏这一弱点来攻击我的对手。但是，这一弱点怎能使美国人民相信、放心他能完美地履行最高行政长官这一职责呢？”

里根说“不会”怎么怎么，实际上已经反驳了对方的错误观点了。

政治上的口角之争从来都没有停歇过，反唇相讥法幽默可以追溯到古希腊时代：

亚西比德是古希腊的一位了不起的政治家。一天，他同比他大40岁的佩里克莱斯大谈如何才能治理好雅典。可老佩里克莱斯对此并无兴趣。

“在你这个年纪，我也是像你现在这么说话的。”佩里克莱斯冷冷地对亚西比德说。

“哦，那时我要能结识您该有多好啊！”亚西比德回答说。

两人的年龄相差40岁，一般由于代沟的原因，年龄大的人往往听不进年轻人的意见，亚西比德说“那时我要能结识您该有多好啊”，正是用反唇相讥法指出了佩里克莱斯老态龙钟，朽木不可雕也！反唇相讥的要点就是以快打快、以强击强，起到一种闻之震耳、以正压邪的作用。

古时，一个雪天的早晨，一个长工披着一张羊皮在财主院里扫雪。财主起床后看见了酸性大发，想趁机挖苦长工。于是大声说：“喂，穷小子，你身上怎么长出一张兽皮？”

长工笑语以对：“老爷，你的身上怎么也长出一身人皮？”

针尖对麦芒，长工将“兽皮”换成“人皮”，就把老爷放出的恶语射向了老爷自己。

苏联诗人马雅可夫斯基曾与反对苏维埃政府的人进行论辩。

反对者问：“马雅可夫斯基，你和混蛋差多少？”

马雅可夫斯基怒而不露，不慌不忙地走到反对者跟前说：“我和混蛋只有一步之差。”

在场的人听了都哈哈大笑起来，那位攻击马雅可夫斯基的人只好灰溜溜地跑了。

难怪人们总把激烈的语言交锋称为唇枪舌剑呢，有时候两片嘴唇、一条舌头，比真枪实弹的威力还要大。

海涅是犹太人，因此经常会遭到一些“大日耳曼主义者”的攻击。一次晚会上，一个自称是“素有教养”的旅行家，对海涅讲述了他在环球旅行中发现的一个小岛。他说：“你猜猜看，在这个小岛上，有什么现象最使我感到惊奇？”接着他说：“在这个小岛上，竟没有犹太人和驴子！”

白了这个旅行家一眼，海涅不动声色地反击道：“如果真是这样的话，那么，只要我和你一块儿到小岛上去，就可以弥补这个缺陷了！”

旅行家的本意是说海涅是犹太人，海涅却机智巧妙地将对方比作驴子，从而维护了自己的尊严。

俄罗斯有一位著名的丑角演员杜罗夫。在一次演出的幕间休息时，一个很傲慢的观众走到他的身边，讥讽地问道：“丑角先生，观众对你非常欢迎吧？”

“还好。”

“要想在马戏班中受到欢迎，丑角是不是就必须具有一张愚蠢而又丑怪的脸蛋呢？”

“确实如此。”杜罗夫回答说，“如果我能生一张像先生您那样的脸蛋的话，我准能拿到双薪。”

这位傲慢观众的脸蛋，同杜罗夫能否拿双薪，本无丝毫内在的联系，在这里杜罗夫却巧妙地把它们牵扯在一起，从而产生了幽默，对这位傲慢的观众进行了反讽。

抗美援朝时，一些外国记者敌视中国人民，利用采访的机会，散布对中国人民的敌意。

有一次，一位外国记者采访周恩来总理，周总理刚批阅完文件，顺手把钢笔放在桌子上。外国记者看见桌子上放的是一支美国生产的“派克”钢笔，便故意地问：“请问总理阁下，你们堂堂的中国人，为什么还要用美国生产的钢笔呢？”

周总理朗声笑着回答道：“提起这支笔，那可说来话长，这不是支普通的笔，是一位朝鲜朋友抗美的战利品，作为礼物送给我的，我无功不能受禄，就想谢绝，哪知那位朋友说，留下做个纪念吧！我觉得有意义，便收下了这支美国生产的钢笔。”

那记者听完后，一句话也说不出来。

周总理针对外国记者企图讽刺、讥笑中国落后的意图，成功地巧借话题，说了这番幽默风趣而又有分量的话。周总理用“战利品”“做个纪念”和“觉得有意义”等词句，暗示这支笔正是中国人民强大的结果。试想，要是面对对方的讽刺挖苦，忍气吞声随便搪塞过去，对方一定内心窃喜阴谋得逞，此类攻击日后一定源源不断。周总理把对方的顶撞作为铺垫，顺势把自己的态度幽默地抖搂出来，可谓棋高一招，效果立竿见影。

声东击西的幽默法

声东击西法，是一种更加含蓄迂回的幽默技巧。意在向东而先向西，欲要进击先后退。在利用幽默的语言来回击或反驳一些错误观点的时候，这种技巧的运用特别有力。

但是，声东击西法要取得好的效果，取决于听众的静心默思，反复品味。因为这种幽默技巧的特点是：你想表达的思想不是直接表达出来，而是以迂为直，被埋藏在所说出来的话后面。听众在听完话之后，必须有个回味的时间，才能体会出个中的奥秘，产生幽默风趣的情绪。

“劳驾，请问去警署的路怎么走？”一个行人停步问路人。

“这很简单，你用石头把对面商店的橱窗给砸烂，十分钟后你就到了。”

路人似乎是答非所问，他没有具体回答去警署的路线，却提示了去警署的一种可行的办法：你只要制造事端，自然有人送你去警署。这就是声东击西法的幽默。

阿凡提是一个智者，而且他还是个大幽默家。他的话多属于声东击西法的典型，而且显得十分幽默。声东击西法在不少场合都可以见到：明是说罪，暗里摆功；明是说愚，暗里表忠；明说张三，实指李四；欲东而西，欲是而非，等等，都属于这一类。当然，在日常的生活中，这种声东击西法的幽默技巧也可以诙谐地加以运用，以产生强烈的幽默效果。

有一人应友人之邀参加家宴，友人很吝啬，仅仅招待了他几滴白酒。这人临走对友人说：“劳驾你，请在我的左右腮帮上各打一记耳光吧。”友人问什么原因，这人说：“这样的话，我脸上通红，老婆才知我在你家吃饱喝足了，否则，不好交代啊！”

这位吝啬的友人也觉得不好意思，便拿出一个很大的酒杯，可倒酒时仅盖上杯底。这人便向友人要一把锯子，友人很奇怪，这人回答说：“我是想把这杯子无用的上半部锯掉。”

这位先生面对友人的吝啬不好直说，转弯抹角，几句妙语实在值得玩味。既表达了自己的不满，也讥讽了友人的小气。同样是曲意嘲讽主人吝啬，下面这个幽默似乎技高一筹。

有一客人见主人招待他时没有菜肴，便跟主人要来副眼镜，说视力不好使，带上眼镜后，大谢主人，称赞主人太破费，弄这么多菜，主人道："没什么菜呀？怎么说太破费？"客曰："满桌都是，为何还说没有？"主人曰："菜在哪里？"客指盘内曰："这不是菜，难道是肉不成？"

此则笑话一波三折，客人嘲讽主人，手段高明，令人叫绝。话说出了口，又能置身事外。

人类的语言非常奇妙。它的功能变化万千。同样一个词语，只要换一种语言环境，意思和味道就很不一样了。不懂得这门道的人，是很难利用语言的这种灵活性来开拓他的幽默途径的。

暗讽就是利用一种特殊的语言环境，把词语的针对性转向谈话对方，从而产生幽默的效果。

魏晋时，谢石打算隐居山林，奈何父命难违，不得已在醒公手下做司马。一次，有人送醒公草药，其中有一味名叫远志。醒公问谢石："这药又叫做小草，为什么同是一物而有两个名称？"

谢石一时答不上来，郝隆当时在座，应声说道："这很好解释，隐于山林的就叫远志，出山就作小草了。"

谢石听到此处，满脸愧色。

魏晋时人们崇尚回归自然，并不以官宦为荣，隐居山林，过闲云野鹤似的生活是非常时髦的举动。郝隆这里表面上解释是草药的名称，实质上是嘲讽谢石，而谢石即使想反攻也无从下手。

从前，有个盲人被无辜地牵涉到一场官司中，开堂审判时，他对县太爷说："我是一个瞎子。"

县官一听，立刻厉声责问："混账！看你好好的一只清白眼，怎么说没有眼睛？"

瞎子接过县官的话说："我虽然有眼睛，老爷看小人是清白，小人看老爷却是糊涂的。"

这里，盲人采用的就是暗讽法。他所说的"清白"和"糊涂"，实际上是利用一词多义的现象而造成的一语双关的修辞效果，从而达了"讽刺"的目的。

表面上看，他说的"清白"是指盲人的眼睛是清白眼，而实际上却是暗指人自身是清白无辜的。"糊涂"一语，貌似指盲人因眼睛看不清县官，但实际上却是说县官说话做事糊涂，是个糊涂昏官。所以，整句话的表面意思是"小人看不清老爷"，而实际上却是"我看老爷是个糊涂官"。

反常规的类比幽默

类比幽默法是指把两种或两种以上互不相干甚至是完全相反的、彼此之间没有历史的或约定俗成的联系的事物放在一起对照比较，显得不伦不类，以揭示其差异之处，即不协调因素。

在类比幽默中，对比双方的差异越明显，对比的时机和媒介选择越恰当，所造成的不协调程度就越强烈，对方对类比双方差异性的领会就越深刻，所造成的幽默意境也就越耐人寻味。

人们的日常生活和科学研究一样，凡分类都是约定俗成，得用同一标准，否则，必然造成概念的混乱，导致思维无法深入进行。人们从小就训练掌握这种最起码的思维技巧。如：

猪、牛、羊、桃就不能并列在一起，人们会把桃删去，这是科学道理，但并不幽默。在类比分类时要产生幽默的趣味恰恰要破坏这种科学的逻辑规律，对事物加以不伦不类的并列。

赵阿婆的女儿吵着要买嫁妆，赵阿婆气恼地说："死丫头，你的婚事也不和我商量，东西我不买！"

母女大吵起来，引得许多邻居来看。

邻居陈伯站出来说："你不能怪她没和你商量啊！"

赵阿婆问："为什么？"

"你当年成亲时不是也没和女儿商量吗？"陈伯反问道。

赵阿婆一时语塞。女儿却高兴起来，陈伯又转身对姑娘说："你妈不给你买是不对，可你妈出嫁时，你给她买了吗？人要彼此一样才好呀！"

母亲成亲和女儿商量与母亲成亲女儿买嫁妆并列一起，都是不可能的事，意思完全相反，差异巨大，但说明了母女二人争吵的理由，是都没有为对方着想，因此，经陈伯如此点化，母女二人不得不心服口服。类比幽默术是个反常规的"坏孩子"，它是借着一丝灵气，将事物不伦不类地加以归类。因其具有简便的特征，常为人们所使用。

星期六，一位年轻人照例进城卖鸡蛋。他问城里常打交道的中间商："今天鸡蛋你们给多少钱一个？"

中间商简单地回答："两美分。"

"一个才两美分！这价真是太低了！"

"是啊，我们中间商昨天开了个会，决定一个鸡蛋的价格不能高于两美分。"

年轻人艰难地摇摇头，很无奈，但也只好将蛋给卖掉，回去了。

第二个星期六，这个年轻人照例进城了，见的还是上次那个中间商。中间商看了看鸡蛋，说："这个星期你的鸡蛋太小了。"

"是啊，"年轻人说，"我们的母鸡昨天开了一个大会，它们做出决定，因为两美分实在太少，所以不能使劲下大蛋了。"

一个是人会，一个是鸡会，并列一比，妙趣横生。

类比幽默的幽默感是"比"出来的，其情趣也是"比"出来的。这样就有利于对方心理接受。我们看下面一例：

有一位中学生，成绩很好，几乎每次考试都是全班前两名。有次考到第五，她妈妈生气地说："去年我为你感到骄傲，这次你怎么了，你曾经是班上考得最好的呀！"

女儿微笑着说："每个同学的妈妈都想为自己的孩子考第一而骄傲。如果我老是第一，他们的妈妈可怎么办呀？"

孩子得第一的妈妈的心情和孩子成绩差的妈妈的心情并列相比，两种心情完全相反，其趣就生于此。类比幽默是把风马牛不相及的一些概念，或彼此之间没有历史的或约定俗成的联系的事物放在一起对照比较，显得不伦不类，以揭示其差异之处，即不协调因素。它能使人在会心的微笑或难堪的境况中开启心智，受到教育。

人们都清楚，微妙的男女关系里，有不少玄妙的心理因素支配着，要是你能巧妙地掌握和运用这些因素使其为自己服务，你将战无不胜！而这里所说的技巧就是幽默。

男人在没有竞争的情况下，获得女性的青睐后，他的自大心理便会油然而生，自以为很了不起，并且在自大之余，还会小看那位小姐，不珍惜那段情感。因此，女性这时就有必要抬高自己的身份去对付他，以便获得较公平的对待。这时幽默是绝佳工具。

因为男人有保护、支配女人的愿望，同时对于容易获得的常常漠然视之，而对不易到手的却有着憧憬的倾向。巧妙控制这一心理，用实用效果极佳的类比幽默术是再好不过的了。

女朋友："我得告诉你，今天我接吻了五次。"

男朋友："什么？你说你今天是第五次接吻了？"

女朋友："是！"

男朋友："还有四个，是谁？"

女朋友（故意停顿一下）："苹果、橘子、蔷薇、姐姐的孩子。"

这里的幽默之趣就出在那不相称的排列上，一时把男朋友的心搞得七上八下，会让他永远记住这一次的吻。你的智慧使他认为你是有价值的女性而对你另眼相看。

操作类比幽默术时，要注意将智慧和超脱精神结合起来，因为你的智慧能帮你选择多种的类比对象，而你的超脱精神则能保证你不受一些不合理或常规思想的束缚。当你使用幽默术时，不妨参考一下先辈前人在这方面所留下的经典范例，从中你可以学到不少经验。

拒绝伪幽默

何为幽默？

对于幽默的含义各人都有不同的理解，当年鲁迅、蔡元培、林语堂等大家为译成“幽默”还是“诙摹”有过一番争论。“幽默”一词在中国得以广泛流传，林语堂先生功不可没。

林语堂说，“humor”既不能译为“笑话”，又不尽同“滑稽”；若必译其意，或可用“风趣”“谐趣”“诙谐”，无论如何，总是不如音译直截了当，也省得引起别人的误会。“凡善于幽默的人，其谐趣必愈幽隐；而善于鉴赏幽默的人，其欣赏尤在于内心静默的理会，大有不可与外人道之滋味”。

幽默，生动有趣而意味深长，中国古代称笑话为雅谑或雅浪，而幽默从字义看，幽者雅也，默则可理解为机智冷静，林语堂的译法可谓独到。

列宁说，幽默是一种优美的健康的品质。

幽默应是对噱头、调侃、贫嘴、说教、卖弄、装傻卖乖或尖酸刻薄的超越。在我们当下流行的文化里，在我们的电视里，在我们的广播电波里，让人感到非常遗憾的是噱头、调侃、贫嘴、说教、卖弄、尖酸刻薄和装傻卖乖等伪幽默已经泛滥成灾。相声、小品、文娱节目，演员们、主持人们、追逐时髦的少男少女们，几乎都在“幽默”着，而现场的观众居然也被逗笑了。幽默这个外来词在我们生活中经历了很长时间，随着时间的流逝，幽默的定义逐渐被曲解了；幽默这个高雅的词也被滥用了；被称之为“有趣”的东西实际上是低级趣味；被称之为“可笑”的东西常常令人似笑非笑而感受乏味；被称之为“意味深长”的东西实际上是意味“伸长”到无影无踪。

在某次电视主持人大赛中，有一个令人极恶心的场面——一个西装革履的选手腆着肚子一手上举、一手扶腰，一前一后摇着脑袋装成茶壶，说陕北话，然后是一片笑声。后来这个选手又用了一个洋泾浜式的英语牵强地回答了一个问题，说自己最大的特点是幽默，并用英语说了一段逻辑混乱的话。令人意料不到的是，评委竟然说他幽默，让他得了高分。

不少主持人都喜欢这样哗众取宠式地“幽默”一把。某省台的一个综艺节目，其男主持人就特别“幽默”，他能扭腰送胯，一会儿男声、一会儿不男不女类似太监的声音，可他再“幽默”收视率也上不去。这节目似乎决心要一条路走到黑，又找了一个腰围即将超过身高的胖女人来做主持，不知道是不是由于这女主持人太胖，口腔的空间都被舌头占满，她的普通话几乎说到了无人能懂的地步，于是她一个劲地摇动她的一身胖肉，一会儿跪着一会儿趴下，尽全力作践自己，拼命讨好观众。她似乎不知道这是在把自己送给别人当笑料，是对自己的嘲弄，是作践自己的人格。看着她就觉得可怜，怎么好意思不施舍一点笑声呢?

拿无知当个性，拿无聊当有趣，这不是真正的幽默，这是幽默的大误区。

有个不争的事实，荤段子已经臭了大街。起初大众还能容忍，然而一旦泛滥，便难免倒了人的胃口。在幽默语言中，不管是舞台表演的，还是人际交往的，性暗示过分强烈的叫作荤幽默或黄色幽默，反之则可以理解为“素幽默”。黄色幽默发生在公开场合，有伤大雅，引人反感，即使本来可能接受它的人，也往往顾忌朋友师长的态度而不知如何反应是好。所以，这种荤幽默最不宜在公众场合讲，否则不但令人不愉快，反而会降低自己的魅力。

中国是深受儒家文化熏陶的国家，讲究的是“非礼勿听，非礼勿视”。要注意绝对不要在公众场合，尤其是有异性、长辈、上级等在场的情况下谈及黄色笑话。不顾国情、毫无节制地讲露骨的笑话，其实也是对别人的一种侵害，更是对自己人格的贬低。

另外，幽默的制造千万不要拿别人的要害当材料，勿以讽刺他人为乐。

众所周知，幽默是以社会生活为基础产生的，它不是虚飘在空中的幻景，它的存在本身体现了人们多方面的社会功利需要，包括惩恶扬善、沟通心灵、调解纷争，等等，这使幽默必然地要和讽刺、嘲笑、揭露联系在一起。但是，幽默所有的善意的讽刺、温和的嘲笑，其中灌注着深厚的情感因素，正像萨克雷《布朗先生致侄儿书》所说的：“幽默是机智加爱。”爱减弱了幽默批评的锋芒，通过诱导式的意会发生潜移默化的作用。苛刻的幽默很容易流于残忍，使人受到伤害、陷于焦虑之中。通常，讥讽、攻击、责怪他人的幽默，也能引人发笑，但是它却常常导致意想不到的后果，使本应欢乐的场面变得十分难堪。

一位中学教师在出差途中拎了一兜香蕉去看望一个多年未见、新近升为副处长的老同学。老同学心宽体胖，雍容富态，开门见是同窗好友，一边让进屋，一边指着他手中的兜戏谑道：“你何时落魄到走门子了？本处长清正廉明，拒绝歪风邪气腐蚀贿赂。”一句讥讽的调侃，使教师自尊心受了伤，反感顿生，扭身就走。

显而易见，幽默既不等同于一般的嘲笑、讥讽，也不是为笑而笑，轻佻做作地贫嘴耍滑。幽默毕竟是修养的体现，它与中伤截然不同。幽默好似“维生素”，中伤却似恶人剑；幽默笑谈是美德，恶语中伤系丑行。真正好的幽默是真情实感的自然流露，是严肃和趣味间的平衡，它以一种古怪的方式激发出来，却经常表现出心灵的慷慨仁慈。

正因为这样，讥讽他人受到许多幽默理论家的一致反对。林语堂认为幽默与讽刺极近，却不能以讽刺为目的。讽刺每趋于酸腐，去其酸辣，而达到冲淡心境，便成幽默。玛科斯·雅克博似乎更率直：“不要讽刺！讽刺会使你和受害者都变得冷酷无情。”

如果总是要在与你地位、处境相差很远，确切地说是比你背景差的人身上打主意，对那些不如你的人拼命调侃，这可算是幽默的一大伪造。

客观而论，站在你的角度上，比你混得差的人可笑之处肯定不少；但如果总是津津乐道地笑话不如你的人，你就会被别人笑话，笑你不厚道、笑你没出息，专捡软的吃。高明的幽默一般是避开、淡化了题材中人物的面目，或者将聚光灯对准“大人物”，找乐趣。

有的农民由于长期的贫困而缺乏知识，我们整个社会都负有改变这种状况的责任。如果我们缺乏同情，去嘲笑他们，那就不是幽默，而是残忍。先看以下几则笑话：

有一个乡民进城卖瓜，走近路口，红灯亮了，仍挑担向前走。交警走到他面前，行了一个礼说：“阿伯，请留步，红灯亮了。”

乡民抬头看看亮着的红灯，说：“灯在上边亮，我在下边走，不碍事。”

一个卖完柴的乡民扛着扁担进了一家商店，刚推开门，恰巧店里敲打十点半的钟声，“当”的一声响，把乡民吓得直打哆嗦，他赶紧向店员解释说：“不是我打的，这不是我打的。”

一般来说，无知是可笑的，无知还偏要装得有学问、精明，就更可笑了。将无知作为幽默“原料”，虽然有些道理；若问题牵涉到乡民的无知时，如果忘记当时的背景，只是嘲笑他们，是不公平的，也是不近人情的。

幽默之所以成为幽默，其必要条件就是使人快乐，而一切痛苦或不愉快的因素都不能因它而生，否则就不是真正的幽默。另外，千万别轻视别人的职业或种族。职业歧视很致命。你嘲笑对方本来就不满意的职业无异于嘲笑对方的才干、信仰、人品甚至人格，因而随意玩笑的结果只能是造成彼此深切的隔阂。

一位向来内向、腼腆的女大学生在自谋职业之时，被迫改变初衷做了一家宾馆的公关小姐，她讨厌终日在客人面前说笑周旋，而渴望当一名文静的女教师。一日，当她出席同学聚会时，她最亲密的女友迎过来：“哇，好漂亮！全体起立，向我们的卖笑女郎致敬！”欢快的笑声中，本来春风满面的她顿时目瞪口呆，随即伤心地冲出了聚会厅。

人的职业选择有自愿和不自愿两种，因而心理上也会产生骄傲或自卑两种截然不同的情结。洋洋得意者固然从你的风趣中感受到了羡慕，而更多的失意者则只能从你的调侃里嗅出轻蔑的气味，由此产生无法消除的误解。

同样，种族蔑视也是施展幽默的一大障碍。特别是东方人最讲宗族，民族的一切都被披上神圣的色彩，轻慢抑或戏谑对于民族感情来说是十分危险的。不但费力不讨好，还可能招致灾祸，引起强烈的不满。

幽默家赫伯·特鲁有一次去看一个朋友，他以这样一句话来开始彼此的谈话：“我来讲个波兰人的笑话。”“算了，赫伯，”他的朋友说，“我不愿听。”

“我真不明白，”他抗议道，“你是波兰裔的美国人，而我也算半个波兰裔的美国人。为什么我们不能说个波兰人的笑话来听听呢？”

“算了吧，”朋友坚持，“不要告诉我任何波兰人的笑话。”

这个例子中所蕴藏的正是一种“说不清道不明”的微妙情绪，如果冒犯它无疑会引发冲突，从而带来感情的破裂。

反向求因

反向求因幽默法就是要求在推理过程中善于钻空子，特别是往反面去钻空子，把极其微小的巧合的可能性当作立论的出发点。

在生活中有某种常态，在思维中有某种常理，人们的联想都为这种习惯了的常态和常理反复训练达到自动化的程度，以致一个结果出来，便会自动地联想到通常的原因。

反向求因法的特点，就是把一个极其微小的可能性当成现实，虽不能最后取消对方提出的另一种更大的可能性，但这种类型的方法更具有喜剧性，是另一种完全否定了原来因果关系的幽默方法。

有一次，萧伯纳收到英国著名女舞蹈家邓肯一封热情洋溢的信。

信中说，如果他俩结合，养个孩子，那对后代将是好事，“孩子有你那样的脑袋和我这样的身体，那将会多美妙啊！”

在回信中，萧伯纳表示受宠若惊，但他不能接受这样的好意。他说：“那个孩子的运气可能不那么好，如果他有我这样的身体和你那样的脑袋，那可就糟透了。”

萧伯纳用的方法就是反向的求因法，他是向反面，把哪怕是极其微小的巧合的可能性当成立论的出发点，构成对方期待的落空。在这里，萧伯纳的幽默的特点是把自我调侃（长得不好看）和讽喻他人（脑袋不聪明）巧妙地结合在一起了。

爱因斯坦初到纽约，在大街上遇见一位朋友，这位朋友见他穿着一件旧大衣，劝他更换一件新的。爱因斯坦回答说：

“没关系，在纽约谁也不认识我。”

几年以后，爱因斯坦名声大振。这位朋友又遇见他，他仍然穿着那件大衣。这位朋友劝他去买一件新大衣。爱因斯坦说：

“何必呢，现在这里的每一个人都认识我了。”

爱因斯坦的过人之处不仅在于淡泊，而且在于肯定相同衣着时，却运用了形式上看来是互不相容的理由，以不变应万变。不管情况怎么变幻，行为却一点也不变。

反向求因幽默术在人际交往中很有实用价值，它能让你在情况极端变幻的情况下，找到有利于自己的理由，哪怕互相对立的理由，也都能为己所用。

当然，这种幽默术的功能不但能用于松弛人与人之间的紧张关系，有时也可以用相反的目的，使人与人之间的关系保持紧张。

某甲很穷，但他从来不肯奉承富人。

某富翁曰：“我有无尽钱财，你为何不奉承我？”

某甲答道：“家财是你的，你又不分点给我，为什么要我奉承你呢？”

富翁说：“好吧，我把家财分两成给你，你该奉承我了吧？”

某甲笑着说：“两成？这样分法太不公平了，我不会奉承你。”

富翁想了片刻说：“那分一半给你，总该奉承我了吧？”

“到那时，你我已经平起平坐。”某甲说，“我为什么还要奉承你？”

富翁把心一横说：“我把家财全送给你，怎样？”

“哈哈哈！”某甲纵声大笑道，“到那时，你穷我富，该你来奉承我了。”

喜剧性产生于矛盾的层层转化，富翁越是期待奉承，就分给某甲越多的财产；越是多分出财产，就越是减少了被奉承的可能性，直至完全丧失可能。

这种方法的好处并非重新另找一个相反的因果，而是由本身演绎出相反的因果线索来。原来是有财要求奉承，要求奉承的结果变成了无财，而无财却只能去奉承别人。

比他更荒谬

归谬法，归根到底是将对方的观点归结到荒谬的程度，从而显现其荒谬性，同时，产生了幽默。这在中国古代经常可以见到。

古代，有个叫徐雅的读书人，非常爱护树木。一天，他看见邻居正挥动着大斧，砍伐院内一棵枝叶茂盛的大桂树，忙上前阻止说：“这棵树长得这么好，您为什么要砍掉它呢？”

邻居叹息道：“我这院子四四方方，院中有这么一棵树，正好是个‘困’字，我怕不吉利，所以才忍心砍去。”

徐雅听后笑道：“依照您的讲法，砍去这棵树后，院中只留下人，这岂不成了囚犯的‘囚’字，不是更不吉利了吗？”邻居听了连连点头称是，收起斧子再也不砍树了。

“囚”比“困”更不吉利，从而使追求吉利的邻居幡然醒悟。

再如，《列子》中记载了下面一个故事。

齐国有一位姓田的大贵族，家里食客千人，异常阔绰。

有一天，田家大摆筵宴，客人中有献上鱼和雁作为礼物的。主人看了很高兴，并感慨地说："上天对我们真优厚啊！你看，这些鱼儿、雁儿，不都是为着我们的口腹享受而生的吗？"客人们听了，点头附和着。

座中有一位鲍家的孩子，还只有13岁，站起来说："我不同意你这种说法。人也是天地万物中的一个种类，由于大小智力的不同，生物界有弱肉强食的情况，但并没有什么由上天注定谁为谁生的道理。人类选择可吃的东西做食品，这些东西难道是上天特意为人类创造的？正如蚊子吸人的血，虎狼吃人的肉，也是上天特意要生出人来给它们做食品的么？"

"上天特意要生出人来给它们做食品的"，这显然是荒谬的，13岁的孩子，比主人的见识还高！连锁归谬法是归谬法的经典展现，利用连锁反应"一是百是，一非百非"的特点，推出荒唐的结论。我们通常用"连锁反应"一词来表示一事物发展过程中呈现出的严格因果联系，其实在幽默的具体应用中往往也有相同的情况。然而简单而一般的因果推理并不见得就有出其不意的幽默功能，为了将幽默的主题不断推向高潮，强化幽默的效果，还必须将连锁推理与归谬法有机地结合起来，归谬是就推理的结果而言的。在具体推理过程中用连锁法，在最后结论上用归谬法，这就是这里所说的连锁归谬法的基本程序。

东汉哲学家王充，曾和一些有迷信思想的人有过一场辩论。有人说："人死了，人的灵魂就变成了鬼，鬼的样子和穿戴跟人活着的时候一模一样。"

王充反驳道："你们说一个人死了，他的灵魂能变成鬼，难道他穿的衣服也有灵魂，也变成了鬼吗？照你们的说法，衣服是没有精神的，不会变成鬼，如果真的看见了鬼，那它该是赤身裸体，一丝不挂才对，怎么还穿着衣服呢？并且，从古到今，不知几千年了，死去的人比现在活着的人不知多多少。如果人死了就变成鬼，就应该看到几百万、几千万的鬼，满屋子、满院子都是，连大街小巷都挤满了鬼。可是，有几个人见过鬼呢？那些见过的，也说只见过一两个，他们的说法是自相矛盾的。"

有人辩解说："哪有死了都变成鬼的？只有死的时候心里有怨气、精神没散掉的，才能变成鬼。古书上不是记载过，春秋时候，吴王夫差把伍子胥放在锅里煮了，又扔到江里。伍子胥含冤而死，心里有怨气，变成了鬼，所以年年秋天掀起潮水，发泄他的愤怒，可厉害呐，怎么能说没有鬼呢？"

王充说："伍子胥的仇人是吴王夫差。吴国早就灭亡了，吴王夫差也早就死了，伍子胥还跟谁作冤家，生谁的气呢？伍子胥如果真的变成了鬼，有掀起大潮的力量，那么他在大锅里的时候，为什么不把掀起大潮的劲儿使出来，把那一锅滚水泼在吴王夫差的身上呢？"

王充在这里反驳论敌时就是使用了条件归谬式。他先假设论敌的观点是正确的，由此推出了一系列的荒谬结论，这就给了论敌当头一棒，使他们张口结舌，哑口无言。

归谬法幽默不仅可以用来批判错误观点，也可以用来教育学生。

某小学一位语文老师拿着一叠作文本走进教室，进行作文评讲。作文题目是《记一件好事》，结果全班50个同学中，有40个同学分别写救了一个落水的小孩。这位语文老师决定要学生重写一篇作文，他是这样对学生说的："同学们，这次作文写得好不好呢？我先不下结论，下面先请大家算一道算术题。一个班级50个学生，有40个学生分别救起一个落水小孩，按这个比例，全校1300个学生一共救了多少落水小孩？全国两亿学生一共救起多少落水小孩？"

全班学生哄堂大笑起来！许多学生异口同声地说："老师，让我们重新写一篇真实的！"

这个带有启发性质的归谬法幽默，教育效果是如此之高，学生们异口同声地主动要求重写作文，从另一个侧面展现了归谬法幽默的魅力。在运用归谬法的时候，所引申出来的谬论要求越荒谬越好，越荒谬幽默色彩越强烈。看一个古希腊的幽默小故事：

一场可怕的暴风雨过去后，一位大腹便便的暴发户对阿里斯庇普说："刚才我一点也没害怕，而你却吓得脸色苍白。你还是个哲学家，真不可思议。"阿里斯庇普回答说："这并不奇怪，我害怕，是因为想到希腊即将失去一位像我这样的哲学家……但是，你有什么可担心的呢？你如果淹死了，希腊最多也不过是损失了一个白痴！"

故事中，阿里斯庇普没有否认自己的害怕，他的聪明之处是在暴发户结论的基础上，另辟蹊径，为暴发户的结论作了一个更加幽默的解释，从而将暴发户的结论推上不打自败的境地。这种方法从表面上来看是荒谬的，但实际上通过智慧的转化，往往能够谬中求胜。从这一点来看，它一点也不荒谬，而且处处闪耀着智慧的灵光。

这种以谬攻谬的幽默的特点是后发制人的。关键不在于揭露对方的错误，而是在荒谬升级中共享幽默之趣。想要达到这个目标，得有模仿对手推理错误的能耐。

19世纪末，伦琴射线发现者收到一封信，写信者说他胸中残留着一颗子弹，须用射线治疗。他请伦琴寄一些伦琴射线和一份说明书给他。

伦琴射线是绝对无法邮寄的，如果伦琴直接指出这个人的错误，并无不可，但多少有一点居高临下的教育的意味，伦琴采用了以谬还谬法。

伦琴提笔写信道："请把你的胸腔寄来吧！"

由于邮寄胸腔比邮寄射线更为荒谬，也就更易传达伦琴的幽默感。

这样的回答是给对方留下了余地，避开了正面交锋的风险。在家庭生活中、社会交际中，针锋相对的争执常引起不良的后果，而以谬还谬的幽默，把一触即发的矛盾缓和了。

在人际交往中，互相幽默地攻击有两种。一种是纯粹戏谑的，主要为了显示亲切的情感引起对方的共鸣，或者为了展示智慧，引发对方欣赏。一种是互相斗智性的，好像进行幽默外的比赛，互相争上风，这时的攻击性更重要。当然有时攻击性是很凶猛的，但表现形式是很轻松的。不管有无攻击性，都以戏谑意味升级为主。将谬就谬乃是使戏谑意味升级的常用办法，即明明知道对方错了，不但不予以否定，反而予以肯定，而肯定的结果是更彻底的否定。

适当曲解，营造幽默

故意对某些词句的意思进行歪曲的解释，以满足一定的语言交际需要，造成幽默风趣的言语特色，叫人忍俊不禁，从而营造轻松愉快的谈话气氛，更好地协调人际关系。

有一年，在一次座谈会上，有几位同志为鬼戏鸣不平，说是神戏上演了，所谓妖戏也上了舞台，唯独未见鬼戏登台。一位同志脱口而出："这叫作'神出鬼没'。"

这位同志对成语"神出鬼没"进行了曲解。作为成语，"神出鬼没"中"出没无常，不可捉摸"的意思，这里却曲解为"神（仙戏）出（现了），鬼（戏还）没（有上舞台）"。

一位姑娘问自己的恋人："小张，你怎么夏天胖，冬天瘦啊？"

小伙子应声而答："这叫热胀冷缩嘛！"一句话逗得姑娘咯咯笑个不停。

这里，小伙子对"热胀冷缩"作了曲解。

词语有它固定的含义，绝大多数不能按其字面的意思来机械解释，而曲解词语法却偏偏"顾名思义"，突破人们固定的思路或者说跳开常理，从而产生幽默感。

曲解词语法除了经常"顾名思义""利用多义"之外，还常利用音同音近的谐音。比如，歇后语即是用这种曲解词语的手法创造产生的。当你使用这些歇后语时，也就是在不知不觉地使用曲解词语法。如：

嗑瓜子嗑出臭虫来了——什么仁（人）儿都有

石头蛋子腌咸菜——一盐（言）难近（尽）

一二三五六——没四（事）

从上面我们可以看出，强烈的幽默效果往往产生在故意曲解某些词语的含义中。所以，当你使用曲解词语法时，一定要让人感到你是故意曲解词语，而不是“无意”，否则，也许会让人以为你是天字第一号的大傻瓜。当然，特定的语境加你的聪慧，会使你成功的。

“望文生义”的原意是：只按照字面去牵强附会，而不探求其确切的含义，含有明显的贬义。望文生义法，即明知故错地只按照字面解释词义，得到与原解释截然不同的结果，使说话十分诙谐，充满幽默感。

有位同志主持会议，开宗明义地宣布：“今天的会议十分重要，研究全厂改革大计，故应明令禁止说普通话。”

与会者不禁愕然：普通话是宪法规定的大力推广的汉民族的共同语，为什么要禁止呢？不说普通话，莫要说方言或英语不成。

望着众人迷惑不解的目光，主持人这才缓缓解释说：“所谓普通话，就是指那普普通通、平平庸庸、四平八稳、不痛不痒、没有独到见解、缺乏实际内容的套话、空话。这种话难道不应禁止吗？所以，我提议在今天的会上，大家一定要说切实有用的话！”

听到这里，众人才恍然大悟，全场大笑，鼓掌表示赞同，主持人巧用望文生义法，开场白极富幽默感，既点出会议的宗旨，又活跃了会场的气氛。

望文生义法是一种巧妙的幽默技巧。运用它，一要“望文”，即故作刻板地就字释义；二是“生义”，要使“望文”所生之“义”变异和与这个“文”通常的意义大相径庭，还要把“望文”而生之“义”引向一个与原意风马牛不相及的内容上，从而在强烈的不协调中形成幽默感。因为所有的幽默，从总体上说，都来源于不协调。

逻辑上，一个词语可以表达不同的概念，将错就错、巧换概念就是在论辩中故意曲解某一词语在对方论辩中的意思，巧妙换意，出其不意地驳倒对方。

威尔逊在任新泽西州州长时，接到来自华盛顿的电话，说新泽西州的一位议员，即他的一位好朋友刚刚去世了。威尔逊深感震惊和悲痛，立刻取消了当天的一切约会。几分钟后，他接到了新泽西州的一位政治家的电话。

“州长，”那人结结巴巴地说，“我，我希望代替那位议员的位置。”

“好吧，”威尔逊对那人迫不及待的态度感到恶心，他慢吞吞地回答说，“如果殡仪馆同意的话，我本人没有什么意见。”

面对这位迫不及待地企望登上议员位置的新泽西州的政治家，沉浸在深深悲痛之中的威尔逊非常委婉幽默却又毫不留情地予以了嘲讽和回击。威尔逊运用的幽默手法，是用曲解的办法暗中转换了对方话中的希望得到的“位置”的概念。对方原来觊觎的是议员的席位，而威尔逊故意临时置换为已去世的议员在殡仪馆所在的位置，从而在幽默之中表达了对对方的反感和讽刺。

歪解幽默法就是以一种轻松、调侃的态度，对一个问题进行自由的解释，硬将两个毫不沾边的东西捏在一起，以造成一种不和谐、不合情理、出人意料的效果，在这种因果关系的错位和情感与逻辑的矛盾之中，产生幽默的手法。

歪解就是歪曲、荒诞的解释。一本正经地从事实出发、从科学出发、从常理出发，那就找不到幽默。说咸鸭蛋是咸水煮的不是幽默，说咸鸭蛋是咸鸭子生的这才是幽默。

请看这样一则幽默：

三位母亲自豪地谈起她们的孩子，第一位说："我之所以相信我家小明能成为一名工程师，是因为不管我买给他什么玩具，他都把它们拆得七零八散。"

第二位说："我为我的儿子感到骄傲。他将来一定会成为一名出色的律师，因为他现在总爱和他人吵架。"

第三位说："我儿子将来一定会成为一名医生，这是毫无疑问的，因为他现在体弱多病。俗话说'久病成良医'。"

读到这儿，我们都会忍俊不禁。这种幽默的力量是从哪来的呢？很显然，是从这三位母亲滑稽的解释中得来的。如果说儿子能当上工程师是因为喜欢用积木搭桥盖房子，说儿子能当律师是因为喜欢法官的大盖帽，说儿子能当医生是因为他常玩给布娃娃打针的游戏，那就没有多少幽默可言了。这种解释是从生活中的常理来的，人们听来毫不觉得意外，所以并不可笑。

而这里的三位母亲却都从这些常理中跳了出来，给这些问题找到了一个似是而非、牛头不对马嘴的解释，结果和原因之间显得那样不相称、那样荒谬，两者之间的巨大反差就形成了幽默感，这就是歪解幽默的奥秘所在。

幽默不是科学，不是逻辑，而是一种雍容豁达的生活态度，是用巧妙的手段来宣泄情感而又不致造成伤害的一种方式。只有把握了幽默只属于人的情感、人的心灵这一本质，才能潇洒自如地突破常规，用看似荒谬的理由去解释生活，解释自己与他人，为生活制造一点笑声、一点乐趣。歪解幽默法最常用于自嘲。

某人有一次在宴席上问鲁迅："先生，你为什么鼻子塌？"

鲁迅笑答："碰壁碰的。"

这个回答里面，既有对社会现实的不满，又有对自己生活经历坎坷的嘲讽，这样丰富且具有社会意义的内容与“塌鼻梁”这样一个具有丑陋因素的自然生理特征结合在一起，便产生了无法言喻的幽默感。

有人问一个作家：“你为什么能写那么长的大部头小说？”

作家答道：“因为我有失眠症，晚上只好做点文字游戏来解闷。”

这种自嘲都透着一种自信，而不是把自己说得一文不值。

歪解幽默法作为一种幽默技巧，并不神秘，也不深奥，只要是出于表达情感的需要，只要是不那么死心眼地有一说一，有二说二，那么，在日常交际中，谁都可以用它来幽默一下。

婉言曲说成幽默

有些事直接发表自己的见解不太合适，容易让人误解或不愉快，婉言曲说是很好的方法，而且这种婉言曲说不同于修辞格里的委婉修辞方法，它是形成幽默的一种语言艺术。

王麻子是个极爱占小便宜的人，常常在别人家白吃白喝，吃完了上顿等下顿，住了两天住三天。一次，他在一朋友家里吃了三天后，问主人道：“今天弄什么好吃的呀？”

主人想了想，说：“今天我们弄麻雀肉吃吧！”

“哪来那么多麻雀肉呢？”

主人说：“先撒些稻谷在晒场上，趁麻雀来吃时，就用牛拉上石磨一碾，不就得了吗？”

这个爱占便宜的人连连摇手说：“这个办法不行，还不等石磨过来，麻雀早就飞跑了。”

主人一语双关地说：“麻雀是占惯了便宜的，只要有了好吃的，怎么碾（撵）也碾（撵）不走。”

现在我们谈论的“婉言曲说”的幽默法，可以说是“婉曲”的变格，它是说话人故意把所要表达的本意绕个圈子曲折地说出来，利用婉言来获得幽默效果。

克诺先生来到一个陌生的城市，走进一家小旅馆，他想在那儿过夜。

“一个单间带供应早餐要多少钱？”他问旅馆老板。

“不同房间有多不同的价格，二楼房间15马克一天，三楼房间12马克一天，四楼10马克，五楼只要7马克。”

克诺先生考虑了几分钟，然后提起箱子就走。

“您觉得价格太高了吗？”老板问。

“不，”克诺回答，“是您的房子还不够高。”

一般说来，幽默应避免敌意和冲突，否则，幽默就会被减弱或者消亡。从这个意义上讲，婉言曲说最适合构成幽默。

一个法国出版商想得到著名作家的赞扬，借以抬高自己的身价。他想，要得到一个大人物的好感，必须先赞扬赞扬他。

这天，他去拜访一位知名作家。他看到作家的书桌上正摊着一篇评论巴尔扎克小说的文章，便说：“啊，先生，您又在评论巴尔扎克了。的确，多少年来，真正懂得巴尔扎克作品的人太少了，算来算去，也只有两个。”

作家一听就明白了出版商的意图，便让他继续说下去。“这两个人，其中一个是您了。可是还有一个呢？您说，他应当是谁？”

作家说：“那当然是巴尔扎克自己了。”

出版商顿时像泄了气的气球，悻悻地走了。

出版商想求得知名作家的赞扬，故意登门拜访。作家呢，不好直接拒绝，就来了个婉言曲说。出版商把世间懂巴尔扎克作品的人确定为两个，一个，他自然要送给作家了；另一个，他是给自己预备的。但自己说出来，那太没涵养，况且自己认可的东西并不一定能得到作家的赞同，还是启发作家说出来吧。由此，出版商一直沿着自己的设计和思路，准备着一种情感——他期待着作家的赞扬，让作家指出他是懂巴尔扎克作品的人。

作家并不回绝对方的话，因为那太扫人兴了。但是他有意漠视对方的“话外音”，一句答话，让对方的期待栽了个大跟头，作家回答的是，另一个懂巴尔扎克的人是巴尔扎克自己。于是双方没戏唱了，只好散场。

凡有大成就者，向来都是舌吐方圆的专家，他们不仅仅专长于自己的一份事业，而且在待人接物上有着独到的迂回之术，他们能够在让人发笑的过程中不知不觉地加入自己的观点。

著名的法国钢琴家乌尔蒙，年轻时有一次弹奏拉威尔的名曲《悼念公主的孔雀舞曲》，节奏太慢，正在听他弹奏的拉威尔忍不住地对他说：“孩子，你要注意，死的是公主，而不是孔雀。”

在这里，拉威尔将公主与孔雀这两种原来互不相干的事物，出人意料地联系起来，使人们产生惊奇，并在笑声中意会到拉威尔话语的真正含义。

拉威尔对乌尔蒙的演奏“节奏太慢”，并不是采取直接批评的方式，而是采用婉转的暗示：“死的是公主，而不是孔雀。”这样，使演奏者首先得回味一下，拉威尔的话到底是什么意思？弄清楚了，便意识到自己处理作品中的失误。应该加快速度，快到什么程度呢？拉威尔的话给了提示，是孔雀舞曲。演奏者的脑海中定会浮现出美丽的孔雀翩翩起舞的英姿。拉威尔的旁敲侧击，使乌尔蒙明白了自己的毛病所在。

阿凡提讽刺人从来不露骨，相反，他的话总是带刺却让人想笑。

阿凡提带着他7岁的儿子，拿着一份报告去找科长。

科长接过报告，不禁哈哈大笑：“阿凡提啊阿凡提，别人都说你聪明，你怎么糊涂起来了？你才40多岁，你儿子才7岁，怎么打起退休离职报告来了？”

阿凡提不紧不慢地说：“科长，按照你的工作效率，当你把这份报告批下来时，我和儿子的年龄就都够了！”

阿凡提说：“当你把这份报告批下来时，我和儿子的年龄就都够了”，从40多岁到60岁，中间有10多年的时间，阿凡提在拐弯抹角的夸张中制造了笑料。

上面是针对工作效率的低下，下面则是讽刺工作效率的“高超”了。

一群人围在伦敦白厅前，中间躺着一个小男孩，蜷缩在地，痛苦地呻吟着。原来他吞了一枚10英镑的金币到肚里。围观的人眼看孩子痛得不行了，都急得不知如何处置。这时，从人群中走出一位先生，他走到小孩身边，抓住小孩的腿，把他倒提起来，猛力地摇晃了几下，忽然听到“呼”的一声，那枚金币从小孩子的嘴里喷了出来。围观的人舒了一口气。

一位旁观者问那位先生：“你是医生吗？”

“不！”那人回答，“我在税务局工作，叫花子见到我都逃。”

此幽默令人喷饭，把税务局抠钱的本领夸张得无以复加。

幽默是一种高超的语言艺术，这种艺术是在婉言曲说中产生的。说话直愣的人不可能创造出幽默来。按部就班，一是一，二是二，实说实，虚说虚，没有任何的发挥就不可能碰撞出幽默的火花。

第四章　高明的人能把批评的话说得委婉动听

给他尊严的安全感

做错事就得挨批评，这是理所当然的事，但是批评别人的时候，必须给他尊严的安全感。每个人都有自尊，都爱面子，被批评是不光彩的，当然也就不愿让别人知道。作为上级，批评下级时一定要注意事后不可声张，批评的目的毕竟不在于伤人，而在于帮其改正错误。有的上级前脚离开下级，后脚就把这事告诉了别人；或者事隔不久批评另一个人时，又随便举这个人做例子，无意间将批评之事散布出去，弄得风言风语，增加了当事人的思想压力和反感情绪。

人人都有自尊，都有保护自尊的心理倾向。领导批评下级，就要爱护下级，尽量将其心理振荡控制在最低程度，绝不能在无意中增加新的干扰因素，影响下级接受批评，改正错误。实际上，口舌不严，随处张扬是领导人不负责任、没有组织纪律的一种恶劣作风，亦在受批评之列。会做工作的人，在对别人进行批评教育时，总是三言两语见好就收，不忘给对方留一定的余地，而有的人就不是这样了，他们总是不肯善罢甘休，非把对方批得“体无完肤”不可，结果过犹不及，往往把事情推到了反面。

工厂一位李姓工人私自把仓库里的钢筋拿了一根回家，安在窗户上，这事让厂领导知道了。领导抓住这一点，把李某狠狠地批评了一通。当然，李某也认识到自己的确错了，很诚恳地向厂领导认错。这件事本该到此为止，但厂领导并没有善罢甘休，非让李某写下书面保证并公开在厂里认错不可。书面保证可以写，但公开认错就有点勉为其难了。这类事本来不光彩，如果让厂里同事都知道了，李某觉得很难堪，可是寻思来寻思去，仍找不到下台的办法，于是便离厂了。

一般来说，批评应该适可而止，没有必要把对方置于死地，让他感到再无颜面见人，因为我们批评的目的是为了“治病救人”，是为了帮助别人。

从另一角度来看，人与人之间的个人感情是不能回避的，随着社会的发展，人与人之间的人情味也会越来越浓。社会越前进，社会分工越细，人与人之间的感情依存越强，人的情感就更加显得可贵。这个问题有利也有弊，作为领导者应该正视这个问题，尽力做好工作。比如，一些影响不大，又不属于原则性的错误，进行了批评，达到了批评的目的，最好就不要再声张。有时也可直接告诉被批评者，说明到此为止，不再告之他人。这都可使对方得到人格的、尊严上的安全感，产生情感约束力。有些并非原则性又确是比较严重的错误，不得不在一定的范围内公开，但传出去又有损犯错者的人格形象，也应把事情严格限制在尽可能小的范围内。日本有一位国家高级检察官，在书店里偷了一本书，此事不但在日本被传扬出去，我们中国的广播电台也作了报道。这就很不利于事情的恰当处理。这位检察官很可能因深感自卑而觉得没脸见人，由此一蹶不振。实际上，问题并没严重到如此地步。

大多数人对待工作都是积极的，毕竟那种消极怠工的“油条”型人物是少数。大多数人都有很强的自尊心，不可以随便伤害，俗话说：“人要脸，树要皮”，批评教育一定要注意维护他人的尊严，给他尊严的安全感。

批评之言夸奖占一半

在批评他人时，辅之以夸奖的语言，能更容易让人接受，同时也保全了对方的面子。这种方式有三种形式，一种是未批先夸；一种是批后再夸；还有一种是未批先夸，批后再夸。

未批先夸实际上是一种欲抑先扬的做法，即在批评别人时，先对对方的长处称赞一番，然后再提出批评，最后再说一些鼓励性的话语。这种方法使人认为你的批评是公正客观的，自己既有过失，也有成绩。这样就减少了批评所带来的抵触情绪，收到良好的批评效果。例如，某领导发现秘书写的总结有不妥之处。他是这样批评秘书的：“小张，这份总结总的来说写得不错，思路清楚，重点突出，有几处写得很有见地，看来你下了功夫。只是有几个地方提法不妥，有些言过其实，有的地方尚缺定量分析，麻烦你再修改一下。你的文笔不错，过去几次写总结也是越修改越好，相信你这次也一定能改出一个好总结来。”这样说，秘书会感到领导对自己很公正，很器重，充满期望和信任，因而很卖力地把总结改好了。

当某人听到别人对他的某些长处表示赞赏之后，再听到对他的批评，心里往往会好受得多。比如，你刚在某人左脸上亲吻了一下，当他还在回味那甜蜜的感觉时，你再在他右脸上给一巴掌，这时他疼痛的感觉肯定没有只打不亲时强烈。

柯立芝任美国总统期间，一天对女秘书说："你今天穿的衣服很漂亮，你真是一位年轻迷人的小姐。"

女秘书受宠若惊，因为这可能是沉默寡言的柯立芝对她的最大夸奖了。但柯立芝话锋一转，又说："另外，我还想告诉你，以后抄写时标点符号要注意一下。"

像柯立芝这样在批评之前先表扬对方，以表扬来营造批评的氛围，这能让对方在愉悦的赞扬中同样愉悦地接受批评。

然而有许多人在真诚的赞美之后，喜欢生硬地加上"但是"两个字，然后开始一连串的批评。举例来说，有人想改变孩子漫不经心的学习态度，很可能会这样说："小虎，你这次成绩进步了，我们很高兴。但是，你如果能多加强一下代数那就更好了。"

在这个例子里，原本受到鼓舞的小虎，在听到"但是"两个字后，很可能会怀疑原来的赞美之词。对他来说，赞美通常是引向批评的前奏。如此不但赞美的真实性大打折扣，对小虎的学习态度也不会有什么助益。

如果我们改变一两个字，情况就会大为改观。我们可以这么说："小虎，你这次成绩进步了，我们很高兴，如果你在数学方面继续努力下去的话，下次一定会跟其他科目一样好。"

这样，小虎一定会接受这番赞美，因为后面没有附加的批评。由于间接提醒了小虎应该改进的注意事项，他便懂得该如何改进以达到家长的期望。

鉴于未批先夸这种形式存在弊端，不妨采用第二种形式批后再夸。

有的领导认为先讲赞扬的话，再批评，带有操纵人的意味，用意过于明显，所以不喜欢用。这种说法也有一定道理，因为当你找到某人就表扬他，他根本听不进你的表扬，他只是想知道，另一棒会在什么时候打下来——表扬之后有什么坏消息降临。所以在更多的时候，许多领导会把表扬放在批评之后，当以表扬结束批评时，人们考虑的是自己的行为，而不是你的态度。

先贬后褒的批评法，先在个别问题上给对方以严厉的批评，然后又在主流问题上给对方充分的赞扬。这种方法同样能使被批评者感动，收到与先褒后贬一样好的效果。

“如果你已经了解我说的话，明天起就小心一点行事。另外，前一阵子部长夸奖你签下那份合约，说你是个有用的人才，所以，以后不要再做那些无聊的事。”

“加油！全看你的了。”

这样的说法，可以有效地使对方铭记于心，时时注意及反省自己做过的事。

如果对方说：“既然还会那么认真地听，表示还有救！我了解你的斗志比任何人都强，而那也正是你最好的财产，好好地珍惜！”听者就会继续加油。

欧美一些企业家主张使用“三明治”批评方法，即在批评别人时，先对对方的长处赞美一番，然后再提出批评，而且力图使谈话在友好的气氛中结束，同时再使用一些赞扬的词语。这种两头赞扬、中间批评的方式，很像三明治这种中间夹馅儿的食品，故以此为名。用这种方式处理问题，对方可能不会太难为情，减少了因被激怒而引起的冲突。这种方法在很多情况下是比较有效的。它综合了前两种批评形式的优点。批评时的氛围很重要，在冷冰冰的气氛里很难收到良好的批评效果。如果在批评中适度加入对对方某一长处的赞赏，肯定对方的价值，满足其某种心理需要，那么就能够制造出较好的气氛，一方面削弱批评本身让人难以接受的程度，另一方面也使被批评者不致产生逆反心理。至于选择三种形式中的哪一种，可以依情况而定。

响鼓不用重槌敲

“响鼓不用重槌敲”实则表明了在说话中暗示的巨大作用，有时碍于对方的面子，就不适宜直言相告，这时就要用“暗示”巧妙点拨，达到目的。

唐代的魏徵一向为唐太宗所重用，唐太宗却也因为面子的事儿欲杀掉魏徵！

一次上朝，魏徵当着朝臣之面犯颜直谏某事，顶得唐太宗面红耳赤，大丢脸面。但唐太宗还算是一个开明有为的皇帝，考虑到自己曾叫大臣“事有得失，毋惜尽言”，所以当堂不好发作。罢朝之后，却怒气冲冲地嚷道：“总有一天我要杀掉这个乡巴佬！”长孙皇后问他要杀谁，太宗说：“魏徵常常在大臣面前羞辱我。”皇后闻言心中大惊，因为唐太宗就有过不听大臣劝谏而杀人的事，而且她知道太宗的脾气，于是急中生智，用当面恭贺的办法使唐太宗突然醒悟，才免了魏徵死罪。不过，在魏徵死后，唐太宗仍派人去推倒他的墓碑，这大概是心中之怒长期郁结不得消散之故吧！

试想，如果唐太宗并没有这么英明，并没有这么大的胸怀和气量；如果长孙皇后没有想出一个好办法替魏徵说情；如果唐太宗对魏徵并不是那么信任和了解，恐怕魏徵的脑袋早就搬家了。这其中的经验与教训让我们不得不三思并引以为戒。

批评的话毕竟是逆耳之音，如果太直接，再大度、再通情达理的人都是忍受不了的。因此，我们不妨采取一种暗示的方法来批评。

以暗示的方法间接指出别人的错误，要比直接说出来得温和，且不会引起别人的强烈反感。那些对直接的批评会非常愤怒的人，间接地让他们去面对自己的错误，会有非常神奇的效果。

宋朝益州知府张咏，听说寇准当上了宰相，对其部下说："寇公奇才，惜学术不足尔。"这句话一语中的。张咏与寇准是多年的至交，他很想找个机会劝劝老朋友多读些书。

恰巧时隔不久，寇准因事来到陕西，刚刚卸任的张咏也从成都来到这里。老友相会，格外高兴。临分手时，寇准问张咏："何以教准？"

张咏对此早有所考虑，正想趁机劝寇准多读书。可是又一琢磨，寇准已是堂堂宰相，居一人之下，万人之上，怎么好直截了当地说他没学问呢？张咏略微沉吟了一下，慢条斯理地说了一句："《霍光传》不可不读。"

回到相府，寇准赶紧找出《汉书·霍光传》，从头仔细阅读，当他读到"光不学无术，于大理"时，恍然大悟，自言自语地说："此张公谓我矣！"是啊，当年霍光任过大司马、大将军要职，地位相当于宋朝的宰相，他辅佐皇帝立有大功，但是居功自傲，不好学习，不明事理。

这与寇准有某些相似之处。虽然张咏与寇准过去是至交，但如今寇准位居宰相，直接批评效果不一定好，而且传出去还会影响寇准的形象；批评太轻了，又不易引起其思想上的变动。在这种情况下，张咏的一句赠言："《霍光传》不可不读。"可以说是绝妙的。仅仅一句话，胜过了千言万语。"不学无术"，这是常人难以接受的批评，更何况是当朝宰相，而张咏通过教读《霍光传》这个委婉的方式，就使寇准愉快地接受了自己的建议。正所谓："借它书上言，传我心中事。"

暗示式批评就是不正面提出批评，而把批评的意思暗示在谈话之中，让被批评者自己去理解、接受。这种方式常常应用于上级对下属。

某公司总经理的助理欧贝和他的女友莎拉决定要旅行结婚，到风光如画的瑞士度蜜月。他正做行前准备的时候，公司的总经理问他："你们已经决定要旅行结婚了？"

欧贝说："决定了。"

总经理又问："真心祝福你们，什么时候走呀？"

欧贝高兴地说："就这几天吧！"

总经理无可奈何地说："唉！公司正要与一位客户谈判并签订一份重要的合约，你是唯一的谈判人选，你走了谁能代替呀？"

在这次对话中双方都有理由：欧贝与女友旅行结婚已经决定，无可非议；总经理有一个重要的合同要签订，唯一的谈判人选不能离开。公司总经理无法批评助手欧贝，但在强调欧贝的谈判地位时就暗中含有批评之意，当然也含有期望。聪明的欧贝不会不了解，其结果不说也可想而知。对于一些年轻人，更要注意保护其自尊心，我们可以以故事的形式来做暗示，这属于启发式批评，教育意义和效果都非常强，被批评者不会被直接揪出来，而又能够在暗示中逐渐被敲醒。

据某单位几位老同志反映，晚上住在机关宿舍楼上的青年同志不注意保持安静，老同志在楼下睡不好。党委书记和这些年轻人闲谈时，讲了一则笑话进行暗示：

有个老头神经衰弱，稍有响动，就很难入睡。恰好楼上住了一个经常上晚班的小伙子。小伙子每天下班回家，双脚一甩，将鞋子"噔噔"踢下，重重地落在地板上，每次都将好不容易才入睡的老头惊醒。老头提了意见。当晚小青年下班回来，习惯地把脚一甩，突然记起老头的话，于是轻轻脱下第二只鞋。第二天一早，老头埋怨小伙子说："你一次将两只鞋甩下，我还可以重新入睡，你留下一只不甩，害得我等你甩第二只鞋等了一夜。"

笑话说完，小青年们哄堂大笑之后，悟出了笑话的所指，以后就注意改正了。

这种暗示手法不会激起丝毫的逆反情绪，被批评者会自动检讨，主动改正。

有一次，几个属鼠的男同学在期中考试中考了满分，挺得意，有点飘飘然。他们的班主任发现了，就对他们说："怎么，得意了？你们知道得意意味着什么吗？请注意今天下午的班会。"那几个男学生猜想：糟了！在下午的班会上，等待他们的准是狂风暴雨！可奇怪的是，在班会上，班主任的批评却妙趣横生，他说："树林子要是大了，就什么鸟儿都有，自然，天下大了，就什么老鼠都有。我就听说过这么一个故事。有只小老鼠外出旅游，恰好两个孩子在下兽棋，小老鼠就悄悄地看。它发现了一个秘密，那就是，尽管兽棋中的老鼠可以被猫吃掉，被狼吃掉，被虎吃掉，却可以战胜大象。于是立刻认定，我才是真正的百兽之王呢！这么一想，小老鼠就得意起来了，从此瞧不起猫，看不起狗，甚至拿狼开心。有一天，它还大摇大摆地爬到老虎的背上，恰好老虎正在打瞌睡，懒得动，就抖了抖身子。小老鼠于是更加得意，它还趁着黑夜钻进了大象的鼻子。大象觉得鼻子痒痒，就打了个喷嚏，小老鼠立刻像出膛炮弹似的飞了出去。就这么飞呀飞呀飞，好半天才'扑通'一声掉在臭水坑里！好，现在就请大家注意一下，'臭'字的写法，怎么写的呢？'自大'再加一点就是'臭'。有趣的是，今年正好是鼠年，咱们班有不少属鼠的同学，那么，这些'小老鼠'们会不会也掉到臭水坑里呢？我想不会，但必须有一个条件，这就是永不骄傲！"说到这，这位班主任还特意看了看那几个男同学，那几个男同学当然明白，老师的批评，全包含在那个有趣的故事中了！他们挺感激老师，很快改正了自己的缺点。

这就是暗示的效用之所在，对方很容易主动去接受，因为在这种批评形式下，没有人被单独拿出来评价，避免针对性是这种批评方法的一大要点。

给对方铺退路

当有些错误必须要当面指出的时候，有一件事是你一定要做的，那就是批评之后给对方铺退路。

为了给对方"铺退路"，你可以假定双方在一开始时没有掌握全部事实。例如，你可以这样说：

"当然，我完全理解你为什么会这样设想，因为你那时不知道那回事。"

"在这种情况下，任何人都会这样做的。"

"最初，我也是这样想的，但后来当我了解到全部情况时，我就知道自己错了。"

一家百货公司来了一位顾客，要求退换她买的一件外衣。她已经把衣服带回家并且穿过了，只是她丈夫不喜欢。她坚持说"绝没穿过"。

售货员检查了外衣，发现有明显干洗过的痕迹。但是，直截了当地向顾客说明这一点，顾客是绝不会轻易承认的，因为她已经说"绝没穿过"，而且精心伪装了穿过的痕迹。这样，双方可能会发生争执。于是，机敏的售货员说："我很想知道是否你们家的某位成员把这件衣服错送到干洗店去洗过了。我记得不久前我也有过同样的经历，我把一件刚买的衣服和其他衣服一起堆放在沙发上，结果我丈夫没注意，把这件新衣服和一大堆脏衣服一股脑儿地塞进了洗衣机。我怀疑你是否也遇到了这种情况，因为这件衣服的确有已经被洗过的明显痕迹。不信的话，你可以跟其他衣服比一比。"

顾客比较了一下后知道无可辩驳，而售货员又为她的错误准备好了借口，给了她一个后退的余地，于是她顺水推舟，乖乖地收起衣服走了。

精明的人在说话时都懂得不撕破脸，在对方没有退路时给对方铺退路。这样对方也会自知理亏而早早收场，不再纠缠。

有一位老师曾遇到过这样一件事：下课了，有个学生向老师反映，昨天她爸爸作为生日礼物送给她的一支黑色派克钢笔不见了。老师观察了一下全班同学的表情，发现坐在该女生旁边的那个学生神情惊慌，面色苍白。钢笔可能是她拿的。当面指出吧，苦于没有充分的证据，搜身吧，又不近情理。这位掌握有一定技巧的老师想了想说："别着急，肯定是哪个同学拿错了。只要等会儿她发现了，一定会还给你的。"说完，老师看了看那个学生。果然，下课以后，那个拿了钢笔的同学趁旁人不在的时候，赶紧把钢笔送还到那个女同学的笔盒里。

说话不能说绝了，把退路都堵死了，难免会令对方灰心、失望，相反，我们应该使对方再燃起"明天起要再加油"的决心。

经常会听到有人斥责说："事情到了这种地步，你说该怎么办？"对方或许会想，要是知道该怎么办的话，也不会到了这种地步。于是只好回答："为了负责，我辞职好了。"真正可以使对方发愤图强的斥责，是当对方诚心诚意地道歉时，问他："到底是怎么一回事？""对不起，因为我的疏忽，所以……""如果你真的觉得不对的话，那么先到客户那里道个歉。取得对方的谅解之后，明天再开始加倍地努力工作！"如此，不但不会伤害对方的自尊心，还可有效地提升其斗志，使之更加努力。

一些学生做得不够好，可能并不是故意要把功课做错、做不好，老师绝对不能一句话把他说死，让他无路可退，颜面尽失，这肯定不利于学生将来的发展。

吴铭是个自尊心很强的同学，每次老师布置论文他都很认真地去写，成绩也相当出色。但有一次老师发现吴铭的论文内容不好，没有写出他真正理解了的东西。怎么办呢？如果直截了当地说出来，会使吴铭非常难堪。于是老师心生一计，他把吴铭找来，绝口不提论文的事，而是问吴铭对什么最感兴趣，吴铭说最喜欢狗。

老师说："很凑巧，我也是个狗迷。"

接着，他们从各个角度谈起了狗，竟然谈了一个半小时。

到最后，吴铭说："我应该换个主题来写那篇论文，我差不多已经有了新的构想，就是刚才我们谈到的关于'宠物'的问题，我想这次一定能把它写好。"

果然，吴铭的这篇论文从"宠物热"这一角度着手，分析了现代家庭问题，写得相当出色。

这位老师相当成功，他的批评如和风细雨一般，句句在给对方留面子，铺退路。同时还起到了很好的引导作用。

有时候，为了让对方下台，尤其是那种位高权重的人，不妨先把实话说出来，然后再对对方赞扬一番，既让对方知道自己的错误，也能让对方高高兴兴地下台。

1909年德皇威廉二世执政，他目空一切，发表了一篇荒诞绝伦的演说，他说德国是世界和平的主宰，只有德国建立强大的陆海军才能稳定欧洲，并且维持英国的利益。他还声称自己是英国友人，他曾使英国不受俄法两国的压力在非洲获得胜利。

这篇演说在每日新闻上刊登，举世震惊，并把整个局势搅得越发混乱。世人都对这篇骄横狂妄的演说加以攻击评论，尤其是在英国最为激烈，连德国的政客亦不胜惊惶，德皇至此也后悔不该说那么露骨的话。为了保持自己的尊严，德皇就把责任推到总理大臣布洛克亲王身上，叫他来声明那篇演说是出自亲王的建议。布洛克得知此事后就对德皇说："陛下，恐怕世人不会相信它是事实。"德皇闻之大怒，便说："你以为我是笨猪，能犯你永不犯的错误。"布洛克立即发现自己的错误，于是连忙改正说："陛下，我说的话绝无这个意思，实际上陛下各方面的学识都远胜过我，我所懂的只是军事和外交上的一些粗浅知识，而陛下在这方面懂得比我多得多，并且精通一切自然科学。陛下每次谈及各种科学原理时，我都深感佩服，因为我完全是个外行，一点儿都不懂。"

德皇经过他这样一补充，心中的不快顿时全消，因为他相信布洛克没有鄙视之意，并且敬佩自己的才能，于是很高兴地握着布洛克的手说："我们继续互相合作，团结一致，如果有人说布洛克不好，我将对他的鼻子猛击一拳！"

其实，事后德皇也心知肚明自己的不足，重新考虑了布洛克所说的话，只不过当时，被人弄得下不了台，自然是非常恼火的。在这个时候，指责的人就要赶快给他铺条退路，好让他风风光光地退场。

诙谐式批评

赤裸裸地批判别人的不是，必然会引起别人的怨恨。如果对方是自己的上司，自己的前途势必大受影响。可是，如果对方的表现，实在有令人不吐一言则不快时，最有效与灵验的方法是，说一句幽默式的笑话吧！

身为主管的人，难免有不得不斥责下属的情况。可是有许多人不会处理，却转而变成喜欢唠叨的人，斥责别人时，最大的难点是，稍有不当就会伤害到对方的自尊心。所以，不能伤其自尊，而且要设法让他们愿意自动自发认错改错。这就需要培养自己的幽默感。

当然幽默风趣的话跟笑话是不同的。一般的笑话，或许会博人一笑，可是除了引人发笑之外，在说服、辩解、反论上不会有丝毫效果。而一则幽默的话，在事后会让听者有如梦初醒的顿悟。例如，在绝大多数的公司中，从业人员经常会有一些轻微的过失发生，令管理人员有说也不是、不说又不行的苦楚。其中最共通的问题，尤以下属的迟到和缺勤最令人头痛。

下属真的生病或有其他不得已的原因，那就另当别论，问题在于有的下属常喜欢寻找借口，而主管却又不能戳破其真相并加以制止。

以下介绍几则斥责迟到的幽默范例：

在临下班前，经理把那位喜欢喝酒而经常上班迟到的职员叫来说：

“今晚你有没有空？哦不！应该说是不是与什么人有约会？”

职员听经理这么说，以为可能是经理要请他喝酒，于是喜出望外，赶紧摇头说：

“怎么可能有人找我呢？今天晚上我一点事也没有。”

经理于是接着说：

“哦！既然如此，那么今晚就早点睡，明天应该就不会再迟到了吧！”

虽然这种话似乎有点欺诈的味道，但对于斥责别人有所顾虑的管理者来说，实不失为一种好方法。

有个总是迟到的职员，某一天仍不改常习，一进入办公室后，马上就去向经理叙述迟到的原因：

“今天早上，在车站的阶梯上滑了一跤……”

经理一听，很惊讶地说：

“你上班的时间是8点，但现在已经是9点了。这么说来，难道在阶梯上跌一跤，竟然就要花你一个小时的时间爬起来。”

对这位迟到的职员，他想要说的是因为跌了一跤受了伤所以无法赶来上班。可是经理却无视于此，而简单地就时间差距的观点作答。这不也是很耐人寻味的吗？

往往下决断或批判他人时，都会影响到人际关系。而许多批评又是必须给予的，那么要想顺利地提出自己的批评而又能保住人际关系，这就非要求助于幽默的说话艺术了。有一个关于苏东坡的幽默笑话是很好的例子。

有一天，一位秀才兴冲冲地拿着自己刚刚作的诗，跑到苏东坡的住处去请教。苏东坡读完他的诗后说：

“100分！”

这位秀才真是喜出望外，不过他却硬是要求苏东坡进一步说明何以会得满分。于是苏东坡淡淡地说：

“你的声音有70分，剩下的30分就是你的诗。”

我们不妨也学学苏东坡的幽默艺术。

上司或许可应用这则轶事来评论部属的不精确的计划书：

“你的字可以得90分，剩下10分就是你的企划案的得分。”

美国著名的幽默作家马克·吐温也创造了许多批评式的幽默。有一次，一个人带着自己写的作品来请求批评。

“不管您有任何感想请尽管明言。”

这个人非常谦虚地说着。可是马克·吐温并不直接回答，只说：

“哦！不，还是让我们保持友谊吧！”

这里有则德国名作曲家布塔姆斯的逸事。

有位年轻的作曲家带着他自己的作品来请教。只是布塔姆斯看了乐谱后，却说：

“你用的这张五线谱的纸，实在很好，哪里买的呢？”

以上虽然都是很好的幽默例子，但是如果是对一些反应迟钝的人，可能会弄不清别人在说些什么。对这种情况则可以参考下列一些较平易的幽默。

有一天，某人带着两本剧本来请小仲马批评。

小仲马看了其中的一本后，就下了评语说：

“另外一本比较好！”

“咦？可是另外一本您还未过目呀！”

“哦！我想应该不会比我看的这一本还沉闷吧！”

小仲马通过欲抑先扬的方式批评了这位剧作家，几乎是不留痕迹，大有弦外之音的功效。

有一位老师，他的批评简直就是艺术。

在一次数学考试之后，他发现班上的女生普遍考得比男生好，就在班会上给大家讲了个故事：“昨天我做了个梦，梦见我的老师在课堂上问我，来生当男生还是当女生，我就回了一句，当女生！我的老师就问我，为什么？我说，男生与女生下棋时，要是女生赢了，她就会立刻被大伙称为女才子，要是输了，人们也不会责怪她；可男生就惨了，要是他下赢了，肯定没人说他是男才子，可要是下输了，人们又立刻会说他是个大草包。天！亏不亏！”听到这个奇怪的梦，大家全都笑出了声，他仍旧从从容容地接着说：“不过今天我不说梦，而是要表扬咱们班的女生，为什么？因为她们考得好，超过了男生！这说明，不仅下棋，考试也一样，女才子特别多！因此，我既要为我们班女生们的胜利而骄傲，也要为我们班男生们的谦虚而骄傲！”哄的一声，大家又一次快活地笑了！女生们笑，是因为老师在夸她们；男生们笑，则是因为老师的妙侃是对自己的一个极巧妙的批评。

很多谈话高手在批评别人时，都会选择一种委婉的方式，而不是直言直语。高明的批评者，总是把批评和责备隐藏于嬉笑怒骂之间。这种批评方式是极为隐藏和巧妙的，因此对方较容易接受。一个人说话幽默风趣，能使听者在含笑中评判是非、领悟哲理、增长智慧。风趣幽默是在说话中将人的智慧和语言技巧巧妙地结合起来，揭示出事物的深刻含义，富有哲理，含不尽之意于言外。诙谐式批评，不仅使人感到轻松、愉快，而且寓意深刻，也使人在笑声中领悟到其中的哲理。

先拿自己开刀

有些人很喜欢指责他人，一旦出现问题，他们首先想到的就是如何将责任推卸于人；还有些人，他们本来自己在某方面做得并不好，却非要拼命地去批评别人。这种批评怎会令人信服呢？所以，当我们批评他人时，先想想自己："我做得怎样？是否应该完全怪罪他人？"这样你也许会改变自己的想法和行为，并与他人保持一种良好的人际关系。

承认自己的错误——就算你还没有改正过来，也可以帮助改善行为。下面是克莱伦斯·泽休森讲述的故事。

他发现15岁的儿子正学着抽烟，"我自然不愿意大卫抽烟，"泽休森说道，"但是他的妈妈和我都抽烟，我们一直给孩子做出了不好的榜样。我向大卫解释，自己如何也在年轻的时候开始抽烟，如何为烟瘾所害，到现在已经是无法戒除了。我提醒他，我常咳嗽得很厉害，如果他抽上几年，情形也会跟我一样。"

"我没有劝他不抽，或是警告他抽烟的危险。我只是指出自己如何染上烟瘾，然后受到如何的影响。"

"大卫想了一阵子，决定在高中毕业前暂不抽烟。好几年过去了，大卫一直没有再抽烟，也没有想抽的意思。"

"那次谈话之后，我也决定戒烟，在家人的支持和帮助下，我终于成功了。"

领导在批评下属的时候，不妨放下自己的架子，先拿自己开刀，做个自我检讨。

否定和批评下级，固然因为下级有了过失，但与此同时，处于指挥和监督岗位的上级，也有不能推卸的间接责任。领导真心承担责任有三个好处：一是做了表率；二是找到了自己的问题；三是便于确定下级的问题。假如领导仿佛自己没事儿一样，盛气凌人，只把下级批评一顿，却不肯承担领导责任，好像自己一贯正确，这样至少在他人看来很不谦虚。于是，下级便有自己在领导心目中一无是处的委屈之感，虽表面不会反驳什么，但心中已耿耿于怀，成了上级工作的对立面。因此，在批评下级时，领导最好首先自责，进而再点出下级的错误，使其有领导与他共同承担错误之感，首先产生负疚之情。这样，在以后的交谈中领导说多说少、说深说浅，下级不仅基本能承受得了，而且融洽了彼此之间的感情，不至于弄得不欢而散。

1964年，日本轻型电器业因受经济不景气的影响而动荡不安，于是松下电器企业公司决定召开全国销售会议。

会议的空气中都充满了火药味。在170家公司中，只有20几家公司经营良好，其他公司的经营都出现极严重的亏损赤字。

“有什么意见都可以说出来。”松下先生一语未了，某销售公司的经理立即冲破水闸般地发泄他的不满：“公司的赤字到这种地步，主要在于松下电器的指导方针太差，作为公司的负责人一点都不检讨自己是否有不足之处……”

“我方的指导当然有误，可是再怎么困难也还有二十几家同仁获利。各位不觉得你们太缺乏独立自主的精神，太依赖他人，以至于招致今天的后果吗？”松下先生反驳道。

“还谈什么精神，我们今天来的目的不是听你说教，是钱！”也有人这么露骨地反唇相问。

三天零十三个小时，松下先生就站在台上不断地反驳他们的意见，而他们也立即反击，大骂松下公司。就在会议即将结束，决裂的局面即将出现时，情况发生了转折的变化。

第三天最后一次会见，松下先生走到台上，“过去两天多时间大家相互指责，该说的都说了，我想没有什么好再说的了。不过，我有些感想，给大家讲讲。走到今天这个地步，所有责任我们要共同负责。松下电器有错，身为最高负责人的我在此衷心向大家致歉。今后将会精心研究，让大家能稳定经营，同时考虑大家的意见，不断改进。最后，请原谅松下电器的不足之处。”说完，松下先生向大家鞠躬。

突然间，整个会场出现了不可思议的现象——整个会场顿时静了下来，每个人都低着头，半数以上的人还拿出手帕擦泪。

“请董事长严加指导。我们缺点太多了，应该反省，也应该多加油去干！”

随着松下先生的低头，人人胸中思潮翻涌。随后又相互勉励，发誓要重新振作起来。

由此可见，自我批评比针锋相对、指责效果要好得多。

在批评他人之前先谈一谈自己从前做过的类似错事，一方面可以为对方提供活生生的例证，让他从例证中认识到犯错的严重后果，另一方面也可以带给对方一定程度的认同感，拉近彼此的心理距离，营造出心胸开阔、坦诚相见的良好批评氛围，从而使对方更容易接受。

有个叫约瑟芬的食品店店员，在一次运货时因马虎而使食品店损失了两箱果酱。为此，老板对他进行了如下一番批评：“约瑟芬，你犯了个错。但上帝知道，我犯的许多错误比你还糟。你不可能天生就万事精通，那只有在实际的经验中才能获得。而且，你比我在这方面强多了，我还曾做出那么多愚蠢的事，所以，我不愿批评任何人，但你难道不觉得，如果换一种做法的话，事情就会更好一点吗？”约瑟芬愉快地接受了老板的批评，从此做事认真多了。

越是地位崇高的领导者，越是懂得带头做自我批评。先做自我批评的方法，能够减轻下属的心理负担和抗拒心理，使他们能够接受批评，冷静地审视自己的错误。

意外的“赞许”

D先生掌握卓越的技术，早已闻名金融界，以下是他任职总经理时发生的事。

有两位部下到酒店喝酒，直到打烊时间还赖着不走，酒店老板只得请警察来处理。结果双方发生冲突，其中一位柔道两段的部下，把警察打得头破血流。第二天，其他同事到警察局去看他们，看到他们两人很自责，后悔做事太冲动。同事向D先生报告实情后，D先生立刻开口说：“原来我们公司也会出英雄，值得称赞！”

而那两位部下听到D先生的话，更加自我反省，以后的工作态度也完全改变了。表面看来，这是荒谬的批评方法，但站在心理学的观点上，却也十分巧妙。

任何人做事失败时，或多或少都会反省。这时领导如果再加批评，部下的工作士气不免会低落，同时也不会反省，心想：“我在公司已经没有前途了……”反抗心将会更明显。

再看看D先生的部下，本以为会挨一顿臭骂，不料却获得意外的称许，而这称许仿佛一盏明灯，照亮了部下的心灵，勉励自己不再犯错。

如此看来，能确实掌握对方的反省方向，才能加强对方的反省念头。某教练接受杂志采访时，发表了以下这番发人深省的谈话。据他表示："每位选手都希望在球场上努力表现，而要求自己不失误。如果那位选手虽已尽力却仍犯错。然而他能自我反省，我就不会再施加压力加以批评。"在这个时候采取一种正话反说的形式对他"赞扬"一番，可以缓和紧张气氛，促其反思。

有一则宣传戒烟的公益广告，上面完全没提到吸烟害处，相反却列举了吸烟的四大好处：一省布料：因为吸烟的易患肺痨，导致驼背，身体萎缩，所以做衣服就不用那么多布料；二可防贼：抽烟的人常患气管炎，通宵咳嗽不止，贼以为主人未睡，便不敢行窃；三可防蚊：浓烈的烟雾熏得蚊子受不了，只得远远地避开；四永葆青春：不等年老便可去世。

这就是所谓的正话反说，说出来的话，所表达的意思与字面意思完全相反。表面上说吸烟的好处，实际上说吸烟的危害。要么字面上肯定，而意义上否定；要么字面上否定，而意义上肯定。

秦朝有个很有名的幽默人物优旃。有一次，秦始皇要大肆扩建御园，多养珍禽异兽，以供自己围猎享乐。这是一件劳民伤财的事，但大臣们谁也不敢冒死阻止秦始皇。这时优旃挺身而出，他对秦始皇说："好，这个主意很好，多养珍禽异兽，敌人就不敢来了，即使敌人从东方来了，下令麋鹿用角把他们顶回去就足够了。"秦始皇听了不禁破颜而笑，并破例收回了成命。

优旃利用"赞扬"达到了批评的目的，同时也保全了自身性命。表面上是赞同皇上的主意，言外之意则说如果按此以往，国力必将空虚，敌人就会趁机进攻。

反语是指所说的道理或所举的事例全是和真理明显相违背

的。这种手法贵在故意送明显的悖谬给对方，使对方在明显的悖谬中省悟到自己也同样错了，因此而改变主意。

反语批评在特殊的场合或特殊的人物面前若运用得好，常常能收到意想不到的效果。这种手法无论对什么样性格的人都适用，就连残虐无比的秦始皇，也被优旃的反语批评说服了。

无独有偶，古代君王大都喜好玩乐，而他们身边总是有那些懂得以“赞”促“改”的贤臣才子对其加以劝谏。

战国时齐景公爱喝酒，连喝七天七夜不停止。

大臣弦章上谏说：“君王已经连喝七天七夜了，请您以国事为重，赶快戒酒，否则就请先赐我死。”

晏子后来觐见齐景公，齐景公便向他诉苦说：“弦章劝我戒酒，要不然就赐死他；我如果听他的话，以后恐怕就尝不到喝酒的乐趣了；不听的话，他又不想活，这可怎么办才好？”

晏子听了便说：“弦章遇到您这样宽厚的国君，真是幸运啊！如果遇到夏桀、殷纣王，不是早就没命了吗？”

于是齐景公果真戒酒了。

君王难免有吃喝玩乐的癖好，倘若直言劝谏，告诉他那是大错特错的，有很多坏处，恐怕他是很难听进去的，反而会大发雷霆。把话的角度调转180度，效果也会相应调整180度。

对于一些有自知之明的人来说，根本用不着太严厉的批评，采用这种正话反说的批评方式最好不过了。

第五章　让别人都照你的意思办

说服从“心”出发

日本有一个这样的故事。真田广之替已过世的父亲守灵。他的老家离东京很远，即使坐电车也要花三个钟头。而且那时的电车还不像现在这样每小时发一班车，所以可以说交通很不方便。当时他心里想：“外地的亲戚朋友是不可能前来凭吊的了。”但出乎意料的是，在整个晚上都没有任何一个亲属到来的情况下，一个女子突然出现在他的面前。

“田中小姐，你怎么来了……”

当时真田简直感动得难以言表，因为她不过是他的一名同事而已，真难以想象她会在下班之后，搭乘电车赶到他的老家来。况且当时天色已经很晚，她又不太认得路，肯定是挨家挨户询问才找到他家的。“你经常来这里？”

“不，今天是第一次，我只是想来凭吊一番……”

“太谢谢你了，太谢谢你了！”

真田简直感动得不知道该说什么才好，心里只是觉得她是个多么好的同事啊！这位同事的确拥有很好的人际关系，在公司里，不论男女都是这么认为的。她得到了大家的信任，只要是她说的话，大家都认为不会错，而且也愿意按照她说的去做。这同时也表示，她是个说服力极强的人。

经过那晚的谈话，真田明白了她之所以说服力极强的秘密。也就是她总是能以情动人，而说服别人按照自己的意图去办事的秘诀就在于攻心。平时别人遇到什么麻烦，田中小姐总是会伸出援助之手，这令所有人都为之感动。先得了人心，别人自然会心甘情愿听她的话。

可能平时我们没有太多时间和精力去助人为乐，但该事例告诉了我们一个关键信息，就是说服他人的核心点在于征服他人的内心，使对方在情感上产生共鸣。

文学家李密，曾在蜀汉时担任过尚书郎的官职，蜀汉灭亡后，则居家不出。晋武帝知道他有才干，便下诏命他进朝为太子洗马，但李密拒绝了。为此，晋武帝大怒。在这种情况下，李密写了一封信给晋武帝。

"……我想晋朝是以孝来治理天下的，凡是老年之人，都得到朝廷的怜恤和照顾，何况我祖孙孤零困苦情况更为严重。"

"我年轻的时候在蜀汉朝做官，任职郎中，本来就希望仕途显达，并不矜持名声节操。现在我是败亡之国的低贱俘虏，身份卑微的人，受到过分提拔，恩宠优厚，哪里还敢迟疑徘徊，有更高的渴求呢？"

"只是因为我祖母刘氏如西山落日，已经是气息短促，生命不长。我如果没有祖母的抚育，就难以有今日。祖母如果失去了我的奉养，也就无法多度余日。祖孙二人，相依为命，因此我实在不能抛开祖母离家远行。"

"微臣李密今年44岁，祖母刘氏今年96岁。这样，我为陛下尽忠效力的日子还长，而报答祖母养育之恩的日子短呀！故此我以这种乌鸦反哺的私衷，乞求陛下准允我为祖母养老送终。”

“恳请陛下怜恤我的一片愚诚，慨允我微小的志愿，使祖母刘氏可以侥幸安保晚年，我活着以生命奉献陛下，死后也要结草图报。臣内心怀着难以承受的惶恐，特地作此书，奏闻圣上。”

这就是流传百世的《陈情表》。将心比心，以情说理，李密在柔言细语中陈述自己的处境。武帝颇为感动，心头怒火也自然平息了，赐给李密奴婢二人，并令郡县供养其祖母。

杰克·凯维是加勒福尼亚洲一家电气公司的一位科长，他一向知人善任，并且每当推行一件计划时，总是不遗余力地率先做榜样，将最困难的工作承揽在自己的身上，等到一切都上了轨道之后，他才将工作交给下属，而自己退身幕后。虽然，他这种处理事情的方法是很好的，但他太喜欢为他人表率，所以常常让人觉得他似乎太骄傲了。

最近不知怎么回事，一向精神奕奕的凯维却显得无精打采。原来最近的经济极不景气，资金方面周转不灵，再加上预算又被削减，使得科里的运转差点停顿。凯维看这种情形若继续下去，后果一定不可收拾。于是他实施了一套新方案，并且鼓励职工：“好好干吧！成功之后一定不会亏待你们的。”但没想到眼看就要达到目标，结果还是功亏一篑，也难怪他会意志消沉了。平日对凯维就极为照顾的经理看到这样的情形后，便对他说：“你最近看起来总是无精打采的，失败的挫折感我当然能够理解，但是我觉得你之所以会失败，是因为你只是一味地注意该如何实现目标，却忽略了人际关系这种软体的工程，如果你能多方考虑，并多为他人着想，这种难题一定能够迎刃而解。”经理停顿了一下，又接着说：“大丈夫要能屈能伸，才是一个好的管理人员。我觉得你就是进取心太急切了，又总喜欢为职工做表率，而完全不考虑他们的立场，认为他们一定能如你所愿地完成工作，结果倒给了职工极大的心理压力。大概也就是因为这个缘故，所以大家都说你虽能干，但你的部属却很为难。每个人当然都知道工作的重要性，所以你实在大可不必再给他们施加压力。你好好休息几天，让精神恢复过来，至于工作方面，我会帮助你的。”

杰克·凯维的一段亲身经历让我们知道，必须站在别人的立场，将心比心才能真正达到说服对方的目的，否则，再多的自信和能力也无法让别人信服你。会打棒球的人都知道，当我们要接球时，应顺着球势慢慢后退，这样的话球劲便会减弱，与此相似，我们在说服他人的时候，如果能将接棒球的那一套运用过来，相信说服会变得更容易。

唐代大诗人白居易说：“动人心者莫先于情。”意思是说，要说服人、打动人，必须动之以情。言语必须是诚心诚意、发自内心、富有人情味和同情心的，让人听后觉得你是真心为他好，是设身处地地为他着想，而不是在应付他。相反，冰冷的态度，程式化的言辞，都会引起对方的逆反心理，增加说服的难度。

林肯在当律师时曾碰到这样一件事：

有一位老妇人是独立战争时一位烈士的遗孀，每月只靠抚恤金维持风烛残年。前不久出纳员非要她交纳一笔手续费才准领钱，而这笔手续费相当于抚恤金的一半，这分明是勒索。

林肯知道后怒不可遏，他安慰了老妇人，并答应帮助她打这个没有凭据的官司，因为出纳员是口头勒索。

开庭后，因原告证据不足，被告矢口否认，情况显然不妙。林肯发言时，上百双眼睛都盯着他。

林肯首先把听众引入对美国独立战争的回忆，他两眼闪着泪花，述说爱国战士是怎样揭竿而起，又是怎样忍饥挨饿地在冰天雪地里战斗。渐渐地，他的情绪激动了，言辞挟枪带剑，锋芒直指那个企图勒索的出纳员。最后他以严正地设问，做出了令人怦然心动的结论：

"1776年的英雄早已长眠地下，可是他们那衰老而可怜的遗孀还在我们面前，要求代她申诉。这位老人也曾是位美丽的少女，曾经有过幸福愉快的生活。不过，她已牺牲了一切，变得贫穷无依，不得不向自由的我们请求援助和保护，而这自由是用革命先烈的鲜血换来的。试问，我们能熟视无睹吗？"发言至此，戛然而止。听众的心腑早已激动了：有的捶胸顿足，扑过去要撕扯被告；有的泪涕涟涟，当场解囊捐款。在听众的一致要求下，法庭通过了保护烈士遗孀不受勒索的判决。

这就是感情的力量。唯有真挚的感情才能打动人、说服人，才能唤起民众、唤醒民心。

婆婆是家里的一把手，财政大权控于掌中，媳妇感到很不愉快。一天晚饭后，她诚恳地对婆婆说："您老人家操管全家的生活，真是辛苦。有些事，我们可以办的，您尽管吩咐。现在大家收入增加了，不愁吃穿，生活可以安排得更丰富些。家里的经济收支，您安排得很好，以后您可以让我们试试，如果您觉得不对的地方，也好帮我们改正。"

婆婆非常乐意地接受了媳妇的要求。家庭气氛一如既往，其乐融融。

这就是感情的威力，说服不是一项硬件工程，它需要先让人心动，然后才能把人说动，一切从“心”出发吧！

百事利为先，言辞晓以利

你是否会为他人着想，为他人做一点事呢？几乎所有脱离群体、以自我为中心的人，他们的座右铭都是“人不为己，天诛地灭”，这也就是为什么一旦有人优先考虑他人所托之事时，就会传为美谈，而且备受众人称颂和尊重的原因了。因为这样的人实在是太少！对于我们这些平凡人来说，要我们自动自发地为别人做一点事是多么不容易啊！

是的，通常我们行动的目的都是“为自己”，而非“为别人”。如果能够充分理解这一点，那么想要说服他人就有如探囊取物般容易了。只要了解对方真正想追求的利益何在，进而满足他的欲望便可达到目的。

肿瘤患者放疗时，每周测一次血常规，有的患者拒绝检查，主要是因为他们没意识到这种监测的目的是保护自己。

一次，护士小王走进4床房间，说：“王大嫂，该抽血了！”

患者拒绝说：“不抽，我太瘦了，没有血，我不抽了！”

小王耐心地解释：“抽血是因为要检查骨髓的造血功能是否正常，例如白细胞、红细胞、血小板等等，血象太低了，就不能继续做放疗，人会很难受，治疗也会中断！对身体也不好。”

患者更好奇地说：“降低了，又会怎样？”

小王说：“降低了，医生就会用药物使它上升，仍然可以放疗！你看，别的病友都抽了！一点点血，对你不会有什么影响的。再说还可以补充过来呀。”患者被说服了：“好吧！”

相信很多人都经历过，在说服人或想拜托别人做事情时，不管怎样进攻或恳求对方，对方总是敷衍应付，漠不关心。这时你首先要用利益来唤起对方的关心，然后再说服诱导。在推销方面，推销员为了唤起顾客的注意，并达到80%的购买率，往往是先诱导，后说服。

在英国工业革命方兴未艾时，以发明发电机而闻名的法拉第，为了能够得到政府的研究资助，他去拜访首相史多芬。

法拉第带着一个发电机的雏形，非常热心并滔滔不绝地讲述着这个划时代的发明，但史多芬的反应始终很冷淡，一副漠不关心的样子。

事实上，这也是无可奈何的事情，因为他只是一个了不起的政治家，要他看着这种周围缠着线圈的磁石模型，心里想着这将会带给后世产业结构的大转变，实在是太困难了。但是法拉第在说了下面这段话后，却使原本漠不关心的首相，突然变得非常关心起来，他说道：“首相，这个机械将来如果能普及的话，必定能增加税收。”

显而易见，首相听了法拉第所说的话后，态度突然有了强烈的转变。其原因就是因为这个发动机，将来一定会获得相当大的利润，而利润增加必能使政府得到一笔很大的税收，而首相关心的就在于此。

在很多人眼里都把利益看成最首要的，那么以“利”服人是一大先决条件，但是，将这条最基本要件抛于脑后的却大有人在。他们没有满足对方最大的利益，一心一意只是想要满足自己的私欲。

某酒厂的负责人成功研发了新水果酒，为求尽快让产品打进市场，于是他决定说服社长批准大量生产。

“社长，又有新的产品研发出来了。这次的产品是前所未有的新发明，绝对能畅销。连我都喜欢的东西，绝对有市场性。我敢拍胸脯保证。”

“什么新产品？”

“就是这个，用梨汁酿制的白兰地。”

“什么？梨汁酿的白兰地？！那种东西谁会喝？况且喝白兰地的人本来就少，更甭说用梨汁酿的白兰地……就是我也不会去喝。不行！”

“请你再评估评估，我认为很可行。用梨汁酿酒本来就不多见，再加上梨子有独特的果香，一定很适合现代人的口味。”

“嗯，我觉得还是不行。”

“我认为绝对会畅销……请您再重新考虑一下。”

“你怎么这样唠叨？不行就是不行。”

这样的劝说不仅充分显露不顾他人立场的私心，还打算强迫他人赞同自己的意见。

“好歹也要试试看才知道好坏，这是好不容易才研发出来的呀！”

“够了，滚吧！”

最后，社长终于忍不住发火。这位负责人不仅没能说服社长，反而砸掉自己的名声。

碰到这种自私自利、妄自尊大、不知天高地厚的家伙，别人只会感觉：“听他口气，根本是个主观、只会考虑自己的家伙，还想把个人意见强加于别人！”如此一来，怎么可能做到成功说服呢？因此，无论如何，你都应该考虑以对方利益为出发点的劝说方式。

读到这里，你一定会有“不可能有那样的事，怎么会有人不为自己设想呢？世界上没有不替自己谋利的劝说。”然而，这是可能的。

该如何做呢？首先应充分考虑对方的利益何在，再考虑自己的利益何在，然后将两者合并起来，找出双方共有的利益所在，最后再着手进行劝说。先不要急着说双方没有共同的利益，一定会有的。重要的是，不要放弃，直到找出为止。

不要忘记，凡是人，都想追求以自我为中心的利益。

下面我们再看一个例子。

卡内基作为钢铁大王却对钢铁制造不甚了解。那么他成功的原因是什么呢？关键就在于他知道如何统御众人。

他知道名字对一个人的重要。当他还是个孩子的时候，在田野里抓到两只兔子，他很快就替它们筑好了窝，但发现没有食物，因此他想到了一个妙计，把邻居小孩找来，如果他们能为兔子找到食物，就以他们的名字来为兔子命名。

这个妙计产生了意想不到的效果，因此卡内基永远也忘不了这个经验。

当卡内基与乔治·波尔曼都在争取一笔汽车生意时，这位钢铁大王又想起了兔子给他的经验。

当时卡内基所经营的中央能运公司正在与波尔曼的公司竞争，他们都想争夺太平洋铁路的生意，但这对彼此的利益都有很大的损害。当卡内基在与波尔曼都要去纽约会见太平洋铁路公司的董事长时，他们在尼加拉斯旅馆碰面，卡内基说：“波尔曼先生，我们不要再彼此玩弄对方了。”

波尔曼不悦地说：“我不懂你的意思。”

于是，卡内基就把心里的计划说出来，希望能兼顾两者的利益，他描述了合作的好处以及竞争的缺点，波尔曼半信半疑地听着，最后问道："那么新公司要叫什么名字呢？"卡内基立刻答道："当然是叫波尔曼汽车公司啦。"

波尔曼顿时展露了笑容，说道："到我的房间来，我们好好讨论讨论这件事。"

我们都知道说服他人要攻其要害，而逐利就是每个人的通病。

一个人可能会同时具有想去相信人，却并不真正相信别人的两种心态。谨慎而顽固的人多持不信任人的态度，并以这种心态来左右自己的行为。他并不是没有相信人的意念，但他更具有希望人家能信任他的强烈意念。对于这种人，先为他设计一套理由："你这么做，不但对你自己，对他人也是有帮助的。"以此来晓以大义，将更有说服力，毕竟利益是多多益善的。

譬如，一位买卖宝石或毛皮的推销员对一个正在犹疑不决的主妇说：

"你用这些东西一定能使你更美，而你的先生也会更喜欢你。"

这句话的含意是说你这么做并非全是为了自己，同时也为了你先生。她必定极乐意买下。如果更进一步地说：

"即使你买了它，若想脱手也能高价卖出，这样对于你的家，又何尝没有帮助。"

对方一听说，必定会认为她买下这个东西并非为她一人，也是为了家等等。对于一个正在犹豫不决的主妇来说，最好的方法是对她说"不仅对你好，对整个家都好"等类的话语，必定很容易将货品推销出去。

在被劝说者缺乏自信心的时候，为了将其导向你所设置的既定目标，必须突出这样的利与得，而这样的害与失最好避而不谈，这是说服对方所采取的一种策略。

让对方多说“是”

有个日本小和尚聪明绝顶，他的名字可以说是家喻户晓。他最擅长的说服方式就是诱导对方说“是”。这位小和尚的名字叫一休。足利义满把自己最喜爱的一只龙目茶碗暂时寄放在安国寺，没想到被一休不小心打碎了。就在这时，足利义满派人来取龙目茶碗。

大家顿时大惊失色，不知所措，茶碗已被一休打碎，拿什么去还呢?

一休道：“不必担心，我去见大将军，让我来应付他吧！”

一休对将军说：“有生命的东西到最后一定会死，对不对？”

足利义满回答：“是。”

一休又说道：“世界上一切有形的东西，最后都会破碎消失，是不是？”

足利义满回答：“是。”

一休接着说：“这种破碎消失，谁也无法阻止是不是？”

足利义满还是回答：“是。”

一休和尚听了足利义满的回答，露出一副很无辜的神情接着说：“义满大人，您最心爱的龙目茶碗破碎了，我们无法阻止，请您原谅。”足利义满已经连着回答了几个“是”字，所以他也知道此事不宜再严加追究了，一休和尚和外鉴法师便这样安然地渡过了这一难关。

在说服过程中，可以让对方在没有防备的情况下，诱其说

"是"。

诱使对方说"是"的方法是，开头切勿涉及有争议的观点，而应顺应对方的思路强调彼此有共同语言的话题，从对方的角度提出问题，诱使对方承认你的立场，让对方连连说"是"，与此同时，一定要避免对方说"不"。

一个人的思维是有惯性的，当你朝某一个方向思考问题时，你就会倾向于一直考虑下去，这就是为什么有些人一旦沉醉于某些消极的想法之后，就一直难以自拔的道理。在人际交往中我们应懂得并运用这一原理。与人讨论某一问题时，不要一开始就将双方的分歧亮出来，而应先讨论一些你们具有共识的东西，让对方不断说"是"，渐渐的，你开始提出你们存在的分歧，这时对方也会习惯性地说"是"，一旦他发现之后，可能已经晚了，只好继续说下去。

使对方产生"是"的反应其实是一种很简单的技巧，却被大多数人所忽略。懂得说话技巧的人，会在一开始就得到许多"是"的答复。这可以引导对方进入肯定的方向，就像撞球一样，原先你打的是一个方向，只要稍有偏差，等球碰回来的时候，就完全与你期待的方向相反了。也许有些人以为，在一开始便提出相反的意见，这样不正好可以显示出自己的重要而有主见吗？但事实并非如此，在现实生活中，这种使对方说"是"的技术很有用处。詹姆斯·艾伯森是格林尼治储蓄银行的一名出纳，他就是采用这种办法挽回了一位差点失去的顾客。

"有个年轻人走进来要开个户头，"艾伯森先生说道，"我递给他几份表格让他填写，但他断然拒绝填写有些方面的资料。

"在我没有学习人际关系课程以前，我一定会告诉这个客户，假如他拒绝向银行提供一份完整的个人资料，我们是很难给他开户的。但今天早上，我突然想，最好不要谈及银行需要什么，而是顾客需要什么。所以我决定一开始就先诱使他回答'是，是的'。于是，我先同意他的观点，告诉他，那些他所拒绝回答的资料，其实并不是非写不可。

"'但是，假定你碰到意外，是不是愿意银行把钱转给你所指定的亲人？'

"'是的，当然愿意。'他回答。

"'那么，你是不是认为应该把这位亲人的名字告诉我们，以便我们届时可以依照你的意思处理，而不致出错或拖延？'

"'是的。'他再度回答。

"年轻人的态度已经缓和下来，知道这些资料并非仅为银行而留，而是为了他个人的利益。所以，最后他不仅填下了所有资料，而且在我的建议下，开了一个信托账户，指定他母亲为法定受益人。当然，他也回答了所有与他母亲有关的资料。

"由于一开始就让他回答'是，是的'，这样反而使他忘了原本存在的问题，而高高兴兴地去做我建议的所有事情。"

促使对方说"是"的方法很多，但很多人的做法却是以最简单的方式使对方说"不"。

当你与别人交谈的时候，不要先讨论你不同意的事，要先强调，而且不停地强调你所同意的事。因为你们都在为同一结论而努力，所以你们的相异之处只在方法，而不是目的。

让对方在一开始就说"是，是的"。假如可能的话，最好让你的对方没有机会说"不"。

很多人先在内心制造出否定的情况，却又要求对方说"好"，表现肯定的态度，这样做是不可能让对方点头的。假如你要使对方说“好”，最好的方法是制造出他可以说“好”的气氛，然后慢慢诱导他，让他相信你的话，他就会像是被催眠般地说出“好”。

换句话说，你不要制造出他可以表示否定态度的机会，一定要创造出他会说“好”的肯定气氛出来。

当你向别人发问，你可以连续不断地追问下去，而最后使对方不得不说“好”。这是制造肯定气氛最高明的技术，也是让对方点头的第一种妙方。

譬如当你看到某种东西，你先连续问对方五六次：“它的颜色很漂亮吧？”“它的手工很精细吧？”“它的造型很完美吧？”“它的……”让对方答出一连串的“是”之后，你再问他原先你想获得他肯定回答的问题，那他一定会说“是”。因为在此之前，他已被你催眠似地说“是”，很自然地，在回答你这关键问题时，他也会说“是”。

所以，要使对方回答“是”，问问题的方式是非常重要的。什么样的发问方式比较容易得到肯定的回答呢？当然是你的问题已经暗示了你所想要得到的答案，这就是使对方点头的第二种妙法。

譬如当你在说服别人购买你的商品时，不应该问顾客喜不喜欢、是否想买。你应该问他：“你一定喜欢，是吧？”“你一定很想买，是吧？”。你可用“这颜色很漂亮吧？”来代替“这颜色很漂亮吗？”因为，你问他“颜色漂亮吗？”他可以回答“不漂亮”。可是，你问他“颜色很漂亮吧！”他就不得不回答“很漂亮”。

你一定在电影上看过那些老谋深算的律师，在法庭为被告辩护时，一定是一步一步诱导原告说出对被告最有利的情况。

第三种使对方点头或说出肯定答案的妙方是，当你向对方发问而他还没有回答之前，自己也要先点头。你一边发问一边点头，可以诱导他更快点头。因为你的行动和态度会诱导对方的行动和态度。所以只要善用此原理，就会更快地得到对方肯定的答案。

那么要如何才能诱导对方做出你所期待的行动和态度呢？关键在于你说话的语气和态度。

刚柔相济，恩威并重

强硬与温和，两者分开来用，人人都可以将其发挥到极致，然而这样效果往往不好，如果将两者结合起来，双管齐下，则会取得极佳的效果。

张嘉言驻守广州时，沿海一带设有总兵、参将、游击等官职。总兵、参将部下各有数千名士兵，每天的军粮都要平均分为两份。

参将的士兵每年汛期都要出海巡逻，而总兵所管辖的士兵都借口驻守海防，从来不远行。等到每过三五年要修船不出海时，参将部下的士兵只发给军粮的一半，如果没有船修而不出海，就要每天减去军粮的三分之一，以贮存起来待修船时再用。只有总兵的部下军粮一点也不减，当修船时另外再从民间筹集经费。这种做法已沿袭很久，彼此都视为理所当然。

不料，有一天，巡按将此事报告了军门，请求以后将总兵部下的军粮减少一些，留待以后准备修船时再用。恰巧，这位军门和总兵之间有矛盾，于是就仓促同意削减军粮。

总兵各部官兵听到消息后，立即哄然哗变，他们知道张嘉言在朝廷中很有威信，就径直围逼到张嘉言的大堂之下。

张嘉言神色安然自若，命令手下人传五六个知情者到场，说明事情真相。士兵们蜂拥而上，张嘉言当即将他们喝下堂去，说：

“人多嘴杂，一片吵闹声，我怎么能听清你们说些什么。”

士兵们这才退下。当时正下大雨，士兵们的衣服都淋湿了，张嘉言也不顾惜，只是叫这几个人将情况详细说明。这几个人你一言我一语，都说过去从来没有扣减总兵官兵军粮的先例。

张嘉言说：“这件事我也听说了。你们全都不出海巡逻，这也难怪上司削减你们的军粮了。你们要想不减也可以，不过那对你们并没有什么好处。上司从今以后会让你们和参将的士兵一样每年轮换出海巡逻，你们难道能不去吗？如果去了，那么你们也会同他们一样，军粮会被减掉一半。你们费尽心机争取到的东西还是拿不到的，肯定要发给那些来替换你们的士兵。如果是这样，你们为什么不听从上司，将军粮稍微减少一点呢？而你们照样还可以做你们大将军的士兵，你们再认真考虑一下吧！”

这几个人低着头，一时无法对答，只是一个劲地说：“求老爷转告上司，多多宽大体恤。”

张嘉言问：“你们叫什么名字？”

他们都面面相觑不敢回答。

张嘉言顿时骂道：“你们不说姓名，如果上司问我，‘谁禀告你的？’让我怎么回答！”

这几个人只好报了自己的姓名，张嘉言一一记下，然后，对他们说：

“你们回去转告各位士兵，这件事我自有处置，劝他们不要闹了。否则，你们几个人的姓名都在我这儿，上司一定会将你们全部斩首。”

这几个人顿时吓得面容失色，连连点头称是，退了出去。

后来，总兵部下的士兵每日被扣军粮银一钱，士兵们竟然再也没有闹事的。张嘉言的这招恩威并施堪称经典。

在说服他人的过程中，采用刚柔相济的劝诫之术，一方面能使别人能体面地“退”，另一方面又坚持自己的原则，使自己的主张得到采纳，这种方法使许多事情的处理尚有余地。

太史公司马迁在《史记·滑稽列传》记载：战国时期，齐威王荒淫无度，不理国政，好为长夜之饮。由于上行下效，僚属们也全不干正事了，眼看国家就要灭亡，可是就在这种节骨眼上却没有谁敢去进谏。最后只好由“长不满四尺”的淳于髡出面了。但是淳于髡并没有气势汹汹、单刀直入地向齐威王提出规谏，而是先和他搭讪聊天。

他对齐威王说：“咱们齐国有一只大鸟，落在大王的屋顶上，已经3年了，可是它既不飞，又不叫，大王您知道是什么原因吗？”

齐威王虽然荒淫好酒，但是他本人却不是一个笨伯，和夏桀、商纣一样的坏进骨子里去的人物有着巨大的不同，所以当听到淳于髡的隐语之后，他就被刺痛并醒悟了，于是很快回答说：“我知道。这只大鸟它不鸣则已，一鸣就要惊人；不飞则已，一飞即将冲天。你就等着看吧！”

说毕立即停歌罢舞，戒酒上朝，切实清理政务，严肃吏治，接见县令共72人，赏有功1人，杀有罪1人。随后领兵出征，打退要来侵犯齐国的各路诸侯，夺回被别国侵占去的所有国土，齐国很快又强盛起来。

淳于髡并没有以尖锐的语言来进行劝谏，而是避开话锋，柔语细说中又带有一丝强硬与责备，这样对方很容易主动接受建议。

刚柔相济的方法还可以以两种人合作的形式来实施。

有一位深受青年喜爱的作家，经他的原著改编而成的影片倍受观众喜爱，影院的观众席都爆满了，观众不时为其故事的新颖奇妙鼓掌喝彩，就像20世纪30年代的美国人为卓别林的表演忍俊不禁一样。影片是侦探片，而最吸引人的是影片中审讯犯人的绝妙技巧：警员声色俱厉地威胁、恐吓犯人，把他逼到山穷水尽的困境。这时又有一位陪审的警员出场，他态度十分温和地对罪犯表示信任和理解。无论是在影片中还是现实生活中，我想无论是哪个罪犯都会受这种技巧所驱使，十有八九会坦白认罪的。

而现实中警界的审讯，虽没有影片中表现得那么生动活泼，基本上方法也是如出一辙。首先罪犯由攻击型的警员来审问，以凌厉的攻势摧毁对方的意志，向他说明他的罪证确凿、他的同伙都招供了等等，把他逼到进退两难的边缘。接受了这样的审讯后，有的人会屈服，而顽固的罪犯则会死不认罪。

这种情况下，则派另一位温和型的警员审问他。警员完全站到罪犯的立场上，真心地安慰他、鼓励他："你的兄长都希望你得到宽大处理，希望你为他们考虑"等。对这种软招，罪犯往往会自惭形秽，坦白自己的一切犯罪行为。

这种手法是一种奇异的心理法则，又称"缓解交代法"。由缓特征与急特征的两个人合作，一方首先把对方逼到心理的死胡同里去，令他一筹莫展。这时另一个人出来指点给他一条逃避的暗道。自然这种情况下的对方会自然地奔向那条可以脱身的暗道了。

保持缄默的说服力

大家都认为既是说服，当然就得凭借好口才。其实，偶尔采取沉默战术同样可以达到说服的效果。沉默可以引起对方注意，使对方产生迫切想了解你的念头。下面我们就来看看一个利用沉默说服成功的例子。

一家著名的电机制造厂召开管理员会议，会议的主题是“关于人才培育的问题”。会议一开始，山崎董事就用他那特有的声音提出自己的意见。

“我们公司根本没有发挥人才培训的作用，整个培训体系形同虚设，虽然现在有新进职员的职前训练，但之后的在职进修却成效不彰。职员们只能靠自己的摸索来熟悉自己的工作，很难与当今经济发展的速度衔接在一起，因而造成公司职员素质水平普遍低落、效益不高。所以我建议应该成立一个让职员进修的训练机构，不知大家看法如何？”

“你所说的问题的确存在，但说到要成立一个专门负责培训职员的机构，我们不是已经有OJT（On the Job Training职员训练）了吗？据我了解，它也发挥了一定的功用，我认为这一点可以不用担心……”

“诚如社长所说，我们公司已经有OJT组织，但它是否发挥实际作用了呢？实际上，职员根本无法从中得到任何指导，只能跟着一些老职员学习那些已经过时的东西，这怎么能够将职员的业务水平迅速提升呢？而且我观察到许多职员往往越做越没有信心、越做越没干劲。所以，我认为OJT的功能不彰，所以还是坚持……”

“山崎，你一定要和我唱反调吗？好，我们暂时不谈这个话题，会议结束后，我们再作一番调查。”

就这样，一个月后公司主管们重新召开关于人才培训的会议。这次社长首先发言。

“首先我要向山崎道歉，上次我错怪他了。他的提案中所陈述的问题确实存在。这个月我对公司的OJT进行了抽样调查，结果发现它竟然未能发挥应有的功效。因此，今天召集大家开会是想讨论一下应该如何改变目前人才培育的方法，请大家尽量发表意见吧！”

社长的话一出口，大家就开始七嘴八舌地提出建议，但令人奇怪的是，这一次山崎董事却始终一语不发地坐在原位，安静地聆听着大家的意见，直到最后他都没说一句话。

会议结束以后，社长把山崎董事叫进社长办公室晤谈。“今天你怎么啦？为什么一句话也不说？这个建议不是你上次开会时提出来的吗？”

“没错，是我先提出来的。不过上次开会我把该说的都说了，其实那无非是想引起社长你对这问题的重视罢了。现在目的已经达到，我又何必再说一次呢？还不如多听听大家的建议。”

“是吗？不错，在此之前我反对过你的提议，你却连一句辩解也没有。今天大家提出的各种建议都显得很空洞，没有实际的意义，反倒是你的沉默让我感到这个问题带来的压力。这样吧，这件事就交给你去办好了！从今天起由你全权负责公司的人才培训工作。请好好努力吧！”

在特定的环境中，缄默常常比论辩更有说服力。我们说服人时，最头痛的是对方什么也不说。反过来，如果劝者什么也不说，对方的错误意见就找不到市场了。

不同的缄默方式有不同的作用，运用时必须恰到好处。

咄咄逼人的缄默能使人不攻自破：

有一个出生在有一定教养家庭的小学生，一天他拿了同学一件好玩具，晚饭前回来，装出一副若无其事的样子，同往常一样笑吟吟地说："妈，我回来了！"缄默。"姐，我饿了。"缄默。"怎么了？"缄默。"我没做错事啊！"也是缄默。妈妈眼睛瞪着他，姐姐背对着他，全家都冷冰冰地对待他。他终于不攻自破了："妈，姐，我错了……"

平平淡淡的缄默能发人深省：有些人态度很积极，但发表意见时不免有些偏颇，直截了当地驳回，又易挫伤其积极性，循循诱导又费时，精力也不允许，最好的办法便是平平淡淡地缄默。他说什么，你尽管听，"嗯""啊"……什么也不说，等他说够了，告辞了，再用适当的不带任何观点的中性词和他告别："好吧！"或"你再想想。"别的什么也不说。如此，他回去后定然要竭思尽虑："今天谈得对不对？对方为什么不表态？错在哪里？"也许他会向别人请教，或许会自己悟出真谛。

转移话题的缄默能使人乐而忘求：对要回答的问题保持缄默，而选准时机谈大家的热门话题并引人入胜，使对方无法插入自己的话题，且从谈话中悟出道理，检讨自己。

义无反顾的缄默能使人就范：某领导有一次交代属下办一件较困难的任务，当然，他能胜任。交代之后，对方讲起了"价钱"。于是该领导义无反顾地保持缄默，连哼也不哼。"困难如何大……""条件如何差……""时间如何紧……"，说着说着他就不说了，最后说了一句："好，我一定完成。"

沉默是金，有时沉默不语能够出奇制胜，如果滔滔不绝，反而有理说不清。

有时候，在沉默的同时再附加上一些实际行动，那么说服的效果就会妙上加妙。

就拿作为领导来说，其行动对他的部下必然产生很大的影响，因此，领导要有身先士卒、上最前线的风范，以推动工作的开展。

建立起西武王国的康次郎曾经多次教育他的儿子——长大后成为日本西武铁路公司总裁的堤义明说："要让职员们跟随你，你必须要比别人多干三倍的工作。"

康次郎是以他的经验教育经营者应该具有的态度，这句话也同样适合于任何一位担任领导和主管工作的人。

要想别人做到的，首先要自己带头去做，否则不但说服起不了什么效果，部下也不会服从。"比别人多干三倍的工作"比使用任何语言更具说服力。

"身体力行是说服部下的先决条件。"

光说不干，指手画脚，是绝不可能充分说服部下开展工作的。俗语说得好："说一千，道一万，不如自己干一干。"自己率先行动的态度，比对部下讲大道理更具说服力。此种无言的说服是最好的说服。

开门见山话明了

谈话是一门艺术，尤其是领导干部找人谈话，既能看出谈话者的水平，又能感觉得到谈话者的风格与个性。中国伟人邓小平作为一位杰出的领导人，其语言特点是一针见血，往往几句话就能切中要点，能够高效地解决问题。他曾经和数不清的人谈过话，不少听过邓小平谈话的人虽然都有不同的感受，但有一条是共同的，那就是：他的谈话很有"小平特色"——言简意赅，切中要害，忌大话、空话。

我们在说服别人时，也应该在适当时候学习伟人邓小平这样的说话风格，语不多而精，切中要害。

对一些认为不对者，可以一针见血指出其错误。

有一位中学生，自以为看破红尘，认为世人都是虚伪的，并多次在作文与言行中流露出走的想法。有次不顾劝阻，真的出走了。班主任知道后，立即骑车追寻，好不容易找到了他。回校后，班主任针对这位学生存在的糊涂认识，一针见血地指出其错误："你认为人与人之间不存在真实，可是，你临走时给我写信，这说明你对老师的爱是真实的；你信中说要我多送几个同学升学，这也说明你对我们班的爱是真实的；你对父母、姐姐的爱也是真实的。在你身上存在着这么多真实的成分，难道别人就会是虚伪的吗？"

老师的话字字如针，扎在他心中，引起他强烈的震动，他沉痛地垂下了头。

理不说不明，纸不捅不破。很多话不说破说透，执迷不悟的人只会积久成疾。而捅破窗户纸，就可能有消散阴云的一天。

《红楼梦》第四部中，凤姐使用"调包计"，诱骗贾宝玉与薛宝钗成婚。婚后，宝玉对林黛玉朝思暮想，以至病势日见沉重。贾母等为了不刺激贾宝玉，不敢对他言明黛玉已死的事实。薛宝钗冷眼旁观，知宝玉之病因黛玉而起，欲使其好转，也必应以黛玉为契机。所以在一次他们两人谈话提及黛玉时，宝钗果断地告诉宝玉，"林妹妹已经亡故了"。宝玉听到后，痛不欲生。但大痛过后，想到人死再不能复生，也就无可奈何了，就这样心中多日郁结的萦挂思恋，被宝钗猛一点破，身体竟慢慢地好了。

宝钗这一做法，确是比贾母等高明多了，实际上，窗户纸不点破，有的人便心存侥幸。遇到此种情况，何不学学薛宝钗，令其一时痛苦，以免日后烦恼。从而能够真正面对现实，重新振作起来。

在很多商业场合，如果不及时抓住机会，把意图直截了当地表达给对方知道，往往会错过很好的合作项目。

只要抓住机会，开门见山要求客户下订单，成功就不会像人们想象的那么艰难。

一家小公司的业务工作刚打开局面，有一天，总经理终于约见了几个月来一直想拜见的一家大公司的总裁以及好几位副总裁，希望为这家大公司生产配套产品。整个会谈进行得十分顺利，但是大公司的人到了最后的关头却沉默了。

错过这个机会，再和他们在一起就会非常难。于是，小公司的总经理直截了当地向大公司的总决策人提出了自己的想法："我们刚才非常荣幸地向各位介绍了本公司能为贵公司提供的配套服务，对于双方今后的合作计划、前景也得到了各位一致的赞同，这项合作计划对我们双方都将是有利可图的。但是如果我们一离开这房间，这项业务就可能因为对贵公司的大业务来说算不上什么而被暂置一旁。我们公司为这个非常重要的业务已经等待了四个月的时间，既然我们都认为这是一个可行的合作项目，何不趁总裁先生和几位副总裁都在场的机会把合作协议签了，为我们的初次合作画上一个完满的句号呢？希望能原谅我的冒昧请求。"

那位大公司的总裁先生从沙发上站了起来，握住了小公司总经理的手，说了一声："好！"

于是，合作协议就这样签约了。当小公司的总经理回到公司把结果告诉同仁，他们都感到非常惊奇而难以置信，不到一个上午的会就大功告成。

这就叫“该出手时就出手”，时机成熟，就千万不要再扭捏作态，含蓄牵强，很多说服工作都是水到渠成的，关键结尾处，务必干脆利落，开门见山地亮出自己的观点。

引经据典可以一当十

经典大都是前人留给后辈的思想文化遗产。经典的文化内蕴博大精深，涉及方方面面的领域。

人们崇尚经典，那是因为经典的语言，常被后人视做明辨是非的指导；经典的人物，常被后人当作效仿的楷模；经典的故事，能给后人留下一部部助益无限的读本。人们崇尚经典之余，还喜欢运用经典。有了经典这种武器，无论是行为还是语言便都有了充实的依据。

有许多人在和别人说理时，为使自己的“理”能服人，便以引用经典的方法来补充自己的观点立场的正确性，增加对手辩驳的难度。辩论也不外乎如此。我们将这种办法称为“引经据典，以理穿幽”。

所谓引经据典，就是在谈话中根据情况巧妙地引用典故警句、成语、歇后语、故事等形式，以达到叙事论理引人入胜、生动形象的说服效果。

任何一个说服者都希望自己的说辞能具感染力和说服力。感染力和说服力来自发散型逻辑思维和妙语连珠的有机组合。引经据典正是以此来增加这种有机结合的分量。这种分量，在言简意赅地明晰自己观点的同时，也能更坚定自己达到说服目的的信心。

一个温地人去东周都城，周人不准他进去，问他，“你是外地人吧？”温人回答道：“我是这儿的主人。”可是问他所住的街巷，他却说不上来。东周官吏就把他囚禁了起来。

东周国君派人问他：“你是外地人，却自称是周人，这是什么道理？”他回答说：“我小时候就读《诗经》，《诗经》里说：‘普天之下，没有哪里不是天子的土地；四海之内，没有哪个不是天子的臣民。’现在周天子统治天下，我就是天子的臣民，怎么是周都的外来人呢？所以说我是这儿的主人。”东周君听了，就命令官吏释放了他。

典故、名言、名句都是传统文化的精粹，蕴藏着丰富的思想内涵，有着以一当十的威力，说辩者引经据典如能恰到好处，自然能加重说服言辞的分量，赢得说理的优势。

历史就是一面镜子，用历史的经验和教训作为论据，极富说服力。常言道，事实胜于雄辩，而那些经典历史篇章是经过时间考验与广泛评说的前人的实践，是具有压倒性征服力的。

汉文帝时，魏尚做云中太守。当时，匈奴人时常侵扰边塞，使北方诸郡不得安宁。魏尚任云中太守以后，开始整顿军队，积极抵抗，一时声威大震。匈奴人闻知魏尚智勇兼备，不敢轻易进犯云中。一次，匈奴的一支军队进入云中境内，魏尚便率军迎击，打退了匈奴的入侵。由于疏忽，魏尚在向朝廷报功时，多报了6个首级。汉文帝便认为魏尚冒功，撤销了他的职务，并让官吏依法治罪。大臣们都感到魏尚获罪有些冤枉，但是，却无法解救他。

一天，文帝看见了做郎署长的冯唐，问他：“你是什么地方人？”冯唐回答说：“我是赵人。”文帝一听，便来了兴致，说："以前我听说赵国的将领李齐十分了得，巨鹿大战时，威震敌胆。现在，每当我吃饭的时候都想起他。"冯唐回答说："李齐远不如廉颇、李牧。"原来，赵国在战国时有很多良将，廉颇、李牧是当时十分著名的将军。文帝听后，叹道："可惜，我没有得到廉颇、李牧那样的将才，如果有他们那样的人为将，我就不担忧匈奴人了。"冯唐见时机已到，忙说："陛下即使得到像廉颇、李牧那样的将才，也不一定会用。"汉文帝十分惊诧地问道："你怎么知道呢？"冯唐回答说："古时候的帝王派遣将领出征，总是说：'大门以内我负责，大门以外，由将军治理。'军队里依功行赏，本来是将军们的事，由他们决定以后再转告朝廷。过去，李牧在赵国做将军，所在地的租税都自己享用了，赵王不责怪他，所以李牧的才智得到了充分发挥，赵国也几乎成为霸主。而当今，魏尚做云中太守，其所在地的租税收入，全部用来供养士卒，因此，匈奴惧怕他，不敢接近云中的边塞。而陛下仅仅因为6个首级的误差，便将他下狱治罪，削掉了他的官爵。所以，我才敢说，陛下即使有廉颇、李牧那样的将才，也不能够很好地任用他们。"

汉文帝听了冯唐这些话之后，感触良深。当天，就派冯唐拿着符节到云中赦免魏尚，恢复了他云中太守的职位。

在日常生活或事务处理中，引用典故时最好要将其引用具体一些，这样会更有说服力。

据《贞观政要》载：唐太宗有一匹骏马，他特别喜爱，长期在宫中饲养。有一天，这匹马无病而暴死，太宗大怒，要把马夫杀掉。这时，长孙皇后劝谏道：

从前，齐景公因为马死的原因要杀马夫，晏子控诉马夫的罪行说："你把马养死了，这是第一条罪状；你使得国王因为马的原因杀人，老百姓知道了，必定怨恨国君，这是你的第二条罪状；邻国诸侯知道这件事，必定会轻视我们的国家，这是你的第三条罪状。”结果齐景公赦免了马夫。陛下读书曾见过此事，难道你忘记了吗？

唐太宗听后，怒气全消，遂赦免了马夫。

现实是，唐太宗的马死了，太宗要处死马夫；历史上齐景公的马死了，要处死马夫，这是何等相似的事。长孙皇后巧妙地引用晏子谏齐景公这一史实，使唐太宗从愤怒中清醒过来，改变了自己错误的决定。

由此可见，在与人说理时引用典故是纠正对手、巩固自己观点的一种绝妙的手法。通过引用典故，让古人替今人说话，让经验为探求者开道。这种手法的妙用，不但能使对手心悦诚服，同时，也让自己更有信心、更有把握地按照自己的正确想法去拓展。

绕个圈子表达——旁敲侧击

西方人有个习俗：男子戴帽，入室必摘下。而女士戴大檐帽，在室内可以不摘。

某电影院常有戴帽的女观众，坐在她们后排的人，十分反感，便向经理建议，请其通行禁令。

经理不以为然，说：“公开禁令不妥，只有提倡戴帽才行。”提建议者听罢大失所望。

第二天，影片放映前，银幕上果然打出一则启事：“本院为了照顾衰老高龄的女客，允许她们照常戴帽，不必摘下。”

通告既出，所有戴帽者“唰”一声全都摘下，无一例外，因为西方人忌讳别人说自己老，尤其是女性。

可见，说服他人做什么事可以根本不用面对面提出你的意愿，也不用说得直白无误。采用一种旁敲侧击的方法有时候更奏效。

公元前636年，在外流浪19年的晋公子重耳，在秦穆公的帮助支持下，就要回国为王了。

渡河之际，壶叔把他们流亡时的旧席破帷仍然当宝贝似的搬上船，一件也不舍得丢掉。重耳一看，哈哈大笑，说自己就要回国为王了，还要这些破烂干什么？他命令将这些东西全部抛弃，狐偃对重耳这种未得富贵先忘贫贱的言行非常反感，担心以后重耳会像抛弃破烂一样，把他们这些陪伴他长期流浪的旧臣也统统抛弃。

于是，他当即向重耳表示，他愿意继续留在秦国，因为在外奔波了19年，自己现在心力俱悴，身体已经像刚才重耳丢弃的旧席破帷一样无法再用，回去也没有什么价值了。

重耳一听便明白了狐偃的意思，马上做了自我批评，并让壶叔把东西一一拣回，表示返回国后，一定不会忘掉狐偃的功劳和苦劳，同心同德，治理晋国。

在对别人进行劝服时，由于种种原因不好直说，往往不能直截了当地点出对方的意见和观点是错误的，这时若能旁敲侧击，以事物启发人，会更通俗易懂并为对方所接受。

著名的出版业巨人哈斯特是从创办一份小型报纸起家的，经过几年的奋斗，他拥有了23家报纸和12种杂志。一次，这位杰出的人物遇到了一件令人烦恼的事情：著名的漫画家纳斯特为他绘制了一幅令他大失所望的漫画。

哈斯特觉得这样子可不行，一定要想办法让他重画一张令人满意的图画才行，可是怎样才能让那位著名的漫画家能够重画一张杰出的作品呢？而且，还有一个问题就是，这样一来原先那幅失败的作品就会因此而报废，他一定会有受挫感的，怎样才能让他愉快地重画呢？

当天晚上，大家一起共进晚餐的时候，哈斯特着重对那幅失败的作品好好地赞赏了一番，他表示："本地的电车时常让许多小孩子不慎伤亡，有的时候，驾驶电车的司机看上去简直不像活人，倒像个死人。照我自己看来，那些人好像只是瞠目结舌地看着孩子们在街上玩耍，却毫无顾忌地冲上前去。"这时，纳斯特激动地一跃而起，惊奇地说道："老天！哈斯特先生，这个场景足以画出一张让人震撼的图画来啊！你把我那张画作废吧，我给你重新画一张更出色的。"就这样，纳斯特异常激动地待在旅馆里，连夜赶制这幅漫画，第二天果然就送来了一幅异常深刻的漫画。

精明的哈斯特诱使纳斯特主动提出将自己的画作废，并自愿加班赶制一幅新的画卷，是哈斯特利用暗示来将看似突发奇想的灵感不着痕迹地移植到了纳斯特的心里，以致纳斯特兴致勃勃地完成了一幅新的杰作。

对于有抵触情绪的人正面说服虽然能够表达说服者的诚心，却不能达到消除对方抵触的目的，而如果在形式上加以改变，就能达到正面说服所不能达到的效果。

日本在第二次世界大战末期仍有部分士兵负隅顽抗，但有位美国兵曾用一句玩笑话，使十几个拼死抵抗的日本兵乖乖地投降。

那是第二次世界大战末期，美军付出很大代价攻占了太平洋上的一座日本岛屿。最后的十几名日本士兵退到一个山洞里。无论洞外美军怎么喊话，他们拒不缴枪，并拼命朝外射击，美军此时真是无可奈何。忽然有位美国兵灵机一动，半开玩笑式地向洞里的日本兵做出一个许诺：如果投降，就让他们去好莱坞一游，看一看影星们的风采。没想到这句话引来了意想不到的效果。枪声停止了。那些刚才还开枪顽抗的日本兵一个个爬出了洞穴，缴枪投降了。最后，美军司令部为了维护信誉，竟真的安排这些俘虏飞抵好莱坞，大饱了一次眼福。

侧面说服并非是歪打正着。二十几岁的日本兵虽被灌输了不少武士道精神，但正当年少，哪个不做少年郎的梦？好莱坞是个梦幻的世界，它吸引着成千上万世界各地的年轻人的心，对于这些无视生命的日本兵来说却有着超凡的魅力。美国兵正是利用了这种心态，达到了说服的效果。

约翰的公司正值生意兴隆之际，忽然因一件意外的事件濒临破产。约翰回到家中，痛哭流涕，想到这20年的艰难创业即将毁于一旦，他的精神陷入极端绝望的境地。他不吃饭不睡觉，心里满是自杀的念头。妻子琼开始也和约翰一样悲痛欲绝，但她看到约翰的样子，明白该是自己拿出勇气的时候了。她一遍遍地劝慰约翰，说些“忘记这一切，从头干起”的鼓励话。但约翰好像没有听到，依然沉湎于自己的绝望心境中。琼看到正面的劝慰不能奏效，心中一动，计上心来，她坐在约翰的身旁，大哭了起来，一边哭一边诉说起今后生活的可怕。“你的公司破产了，我们这个家可怎么办，两个孩子的学费怎么筹，我怎么和孩子们去解释，他们将不能和同学一起去度假。”琼哭得那么伤心，约翰因为妻子的哭声从迷茫的状态下慢慢清醒了过来。他想起了自己对妻儿的责任，想起这个打击也同样降临到了家人身上。他立刻收起了悲伤，对琼说：“不要难过，我们重新开始。”琼笑了，对约翰说：“看来得要扮演被安慰者才行。”

关键时刻，琼调转了角色，变换了角度，使约翰重新恢复了勇气。

我国的古人很喜欢采用一种叫“隐语”的手法来表达自己的意见。这种方法更为含蓄，给人一种优美、曲折的感觉。通常是借别的词语或手势做出暗示，让对方猜测。巧妙使用隐语不仅可以把话讲得生动、脱俗，而且容易引起对方的注意和兴趣。

周武王灭殷，入纣都朝歌。听说殷有位德高望重的长者，于是武王前去面见，询问殷朝所以灭亡的原因。

殷长者对武王说：“您要知道这个答案，请以某一天的中午时分为期，到时再谈。”约定的日期到了，可是殷长者没有来。武王感觉很奇怪。周公说：“我已经知道了。此人是个君子，礼义要求他不能非难自己的君王，所以不能明言直说。至于他期而不到，言而无信，实际上暗示了殷所以灭亡的原因。他是在用隐语来回答我们的问题啊。”

齐景公伐鲁，接近许城时，找到一个叫东门无泽的人。齐景公问他：“鲁国的年成如何？”东门无泽回答说：“背阴的地方冰凝到底，朝阳的地方冰厚五寸。”齐景公不明白，把这事告诉了晏子。晏子回答说：“这是一位有知识的人，您问年成，而他回答冰，这是合于礼的。背阴地方的冰凝固，朝阳地方冰结五寸，这表明节气正常，节气正常意味着政治平和，政治平和上下就团结，上下团结年成自然好。您攻打一个粮食充足、群众团结的国家，恐怕会把齐国百姓弄得很疲惫，会死伤不少战士，结局恐怕不会如您的愿。请对鲁国以礼相待，平息他们对我国的怨恨，遣返他们的俘虏，来表明我们的好意吧。”齐景公说：“好！”决定不再伐鲁了。

隐语需要对方有一定的领悟能力，否则也达不到预期的效果。因此，我们在对对方进行旁敲侧击的同时，必须考虑到对方的心理和立场。

有高度自然有风度

再固执的人，当被赞扬时都会变得不再固执，他可能会拿出风度乖乖地聆听你的意见。

人人都喜欢听好话，但有很多人，当别人称赞他，他心里得意，嘴上故作谦虚。而有些人听了赞美，会落落大方地说：“谢谢！”

有一则趣闻：一次，达尔文去赴宴，席间，与一个年轻美貌、衣着时髦的女郎坐在一起。

这位美女带点玩笑的口吻向科学家提出问题：“达尔文先生，听说您断言，人类是由猴子变来的。我也属于您的论断之列吗？”

如果达尔文先生严格按科学的原理，大讲物竞天择、适者生存的进化论，恐怕这位漂亮的女士会溜之大吉的。但达尔文与众不同之处在于他的冷静和机敏善辩，并揣测年轻女子爱漂亮的心理，巧妙地来了一句：“是的。人类是由猴子变来的。不过，小姐您不是由普通猴子变来的，而是由长得非常迷人的猴子变来的。”说这话的时候，他显得彬彬有礼，煞有介事。美女心中顿时消除了原有的怀疑和反对，并且对达尔文有了一点敬佩之意。

如果你希望对方达到什么样程度，不妨赞扬他一下，他一定会不负众望，勇往直前的。

自从塞德默斯来到奇异电器公司任主任管理员后，他管理的部门越来越糟。但老板并不责难他，因为他们了解塞德默斯并非庸才，相反他是一个很有能力、感觉和思维都十分敏锐的人。他们很有技巧地对他使用了一点机智术。

他们在无形中使塞德默斯享有两个头衔，一个是职务上的，一个是非职务上的。职务上的头衔是正式的，那就是奇异电器公司的顾问工程师，这是公司内外人人皆知的；非职务上的头衔是非正式的，称他为“最高法庭”，这是促使他的属下称呼他的尊号，表示他是公司生死成败的最高决策者。

果然，没过多久，塞德默斯连续创造出许多电器史上的奇迹，随之，公司的面貌也焕然一新。这个巧妙而有成效的谋略，不是别的，正是赏给头衔的方法。

这种“头衔方法”就是赞扬的一种运用，故意抬高一个人的高度，以此达到促其向上的目的。

从孩子的天性，我们可以发现一点：当我们称赞夸奖他们时，他们是何等高兴满足。其实，他们并不一定具有我们所称赞的优点，而只是我们期望他们做到这点而已。在我们与人交往时，何不也效仿这一做法呢？因为不管是大人还是小孩子，他们都喜欢别人给自己一个美名，如果他们没有做到这一点，内心里也会朝此目标努力，因为他们知道这样就可以得到一个美名，获得他人的赞许。

假如一个好工人变成粗制滥造的工人，你会怎么做？你可以解雇他，但这并不能解决任何问题。你可以责骂那个工人，但这只能引起怨怒。

亨利·汉克，是印第安纳州洛威市一家卡车经销商的服务经理，他公司有一个工人，工作每况愈下。但亨利·汉克没有对他吼叫或威胁他，而是把他叫到办公室里来，跟他进行了坦诚的交谈。

他说："希尔，你是个很棒的技工。你在这里工作也有好几年了，你修的车子也都很令顾客满意。有很多人都赞美你的技术好。可是最近，你完成一件工作所需的时间却加长了，而且你的质量也比不上你以前的水平。也许我们可以一起来想个办法解决这个问题。"

希尔回答说他并不知道他没有尽他的职责，并且向他的上司保证，他以后一定改进。

他做了吗？他肯定做了。他曾经是一个优秀的技工，他怎么会做些不及过去的事呢？

在当下，征得一笔巨额贷款是难上加难的事，不过，处理得当，问题就解决了。

约翰·强生是美国的大企业家。1960年，他决定在芝加哥为他的公司总部兴建一座办公大楼。为此，他出入了无数家银行，但始终没贷到一笔款。于是，他决定先上马后加鞭，设法将自己200万美元凑集起来，聘请一位承包商，要他放手进行建造，好让他去筹措所需要的其余500万美元。假如钱用完了，而他仍然拿不到抵押贷款，承包商就得停工待料。

建造开始并持续加工，到所剩的钱仅够再花一个星期的时候，约翰恰好和大都会人寿保险公司的一个主管在纽约市一起吃饭。他拿出经常带在身边的一张蓝图，想激起他对兴建大厦的投资兴趣。他正准备将蓝图推在餐桌上时，主管对约翰说："在这儿我们不便谈，明天到我办公室来。"

第二天，当主管断定大都会公司很有希望提供抵押贷款时，约翰说："好极了，唯一的问题是今天我就需要得到贷款的承诺。"

"你一定在开玩笑，我们从来没有在一天之内为这样的贷款进行承诺的先例。"主管回答。

约翰把椅子拉近主管，并说："你是这个部门的负责人。只有你才有足够的权力，能把这件事在一天之内办妥。"

主管满意地笑着说："让我试一试吧。"

事情进行很顺利，约翰在自己的钱花光之前几小时拿着到手的贷款回到了芝加哥。

说服，务必切中要害，用激将法迫使他就范。就这件事来说，要害是那位主管对他自己的权力观念。

没什么比对其权力的肯定更让人内心震动，这是对一个男人至高无上的赞誉。而对于一个女人来说，夸奖她的工作勤劳是她无法拒绝的美誉。

有一天早晨，苏格兰的一位牙医马丁·贵兹裕夫被当地的病人指出他用的漱口杯、托盘不干净时，他真的被震惊了。这表明他的职业水准是不够的。

这位病人走后，贵兹裕夫医生写了一封信给布利特— 一位女佣，让她一个礼拜来打扫两次，他是这样写的：

亲爱的布利特：

最近很少看到你。我想我该抽点时间，向你做的清洁工作致意。顺便一提的是，一周两小时，时间并不算少。假如你愿意，请随时来工作半个小时，做些你认为应该经常做的事。像清理漱口杯、托盘等等。当然，我也会为这额外的服务付钱的。

第二天他走进办公室时，他的桌子和椅子，擦得几乎跟镜子一样亮。他进了诊疗室后，看到从未有过的洁净。他给了她的女佣一个美誉促使她去努力，使她卖力地把工作做得最好。

我们应该学会在希望让某人做某事的时候，得体地赞扬他人。这样，难事都会变易事。

以谬制谬，以错纠错

在说辩中抓住对方命题中隐蔽的荒谬点，加以推衍，或由此及彼，或由小到大，或由隐到显，最后得出荒谬可笑的结论，从而证明对方的论点是错误的。这种顺言逆意的说辩谋略，在逻辑上属于引申归谬。虽带有某种讽刺意味，但多属善意的。

优孟是楚国的艺人，身高八尺，喜欢辩论，常常用诙谐的语言婉转地进行劝谏。楚庄王有一匹心爱的马，每天给它穿上锦绣做的衣服，让它住在华丽的房子里，用蜜渍的枣干喂养它。结果马得肥胖病死了，于是庄王让臣子们给马治丧，要求用棺椁殡殓，按照安葬大夫的礼仪安葬它。群臣纷纷劝阻，认为不能这样做。庄王急了，下令说：“有谁敢因葬马的事谏诤的，立即处死。”

优孟听到这件事，走进宫门，仰天大哭。庄王吃了一惊，问他哭的原因。优孟说：“这马是大王所心爱的，堂堂的楚国，只按照大夫的礼仪安葬它，太寒碜了，请用安葬国君的礼仪安葬它吧。”庄王问：“怎么葬法？”优孟回答说：“我建议用雕花的美玉做棺材，用漂亮的梓木做外椁，用枫树、豫樟各色上等木材做护棺，发动士兵给它挖掘墓穴，让年老体弱的人背土筑坟，请齐国、赵国的代表在前面陪祭，请韩国、魏国的代表在后头守卫，要盖一所庙宇用牛羊猪祭供它，还要拨个万户的大县长年管祭祀之事。我想各国听到这件事，就都知道大王轻视人而重视马了。”庄王说：“我的过错竟然到了这个地步吗？现在该怎么办呢？”优孟说：“让我替大王用对待六畜的办法来安葬它：堆个土灶做外椁，用口铜锅当棺材，调配好姜枣，再加点木兰，用稻米作祭品，用火光做衣服，把它安葬在人们的肚肠里吧！”庄王当即就派人把死马交给太官，以免天下人张扬这件事。

运用归谬方式使说服对象认识原来观点的错误，还可采用这样一套方式，即先提出一些问题让对方谈自己的见解，即便对方说错了，也不要急于直接指出，而要不断地提出补充的问题，诱导对方由错误的前提推到显然荒谬的结论上，使之不得不承认其错误，然后再设法引导他随着你的正确的思维逻辑，一步一步通向你所主张的观点，达到劝导说服的目的。

鲁迅的文章尖锐犀利，讽刺国民党的封建文化常采用这一手法，最经典的便是笑斥“男女大防”。

有一次，国民党政府的一个地方官僚禁止男女同学、男女同泳，闹得满城风雨。鲁迅先生幽默地说：“同学同泳，皮肉偶尔相碰，有碍男女大防。不过禁止以后，男女还是一同生活在天地中间，一同呼吸着天地间的空气。空气从这个男人的鼻孔呼出来，被那个女人的鼻孔吸进去，又从那个女人的鼻孔呼出来，被另一个男人的鼻孔吸进去，淆乱乾坤，实在比皮肉相碰还要坏。要彻底划清界限，不如再下一道命令，规定男女老幼，诸色人等一律戴上防毒面具，既禁空气流通，又防抛头露面。这样，每个人都是……喏！喏！”鲁迅先生一面站起来，模拟戴着防毒面具走路的样子。当时逗得大家笑得前俯后仰，事后又引起大家深深的思索。这固然是由于他采取了讽刺和幽默的形式，更重要的，还因为他揭开了矛盾，把大家的思想引导到事物内蕴的深度。

还有一次是鲁迅任厦门大学教授时，校长常常克扣教学经费。这钱不能花，那钱没有预算，再一笔钱又可以不花。老是这样刁难师生，弄得大家意见很大。

这天，校长又决定把经费削减一半。他把各研究院的负责人和教授们召集起来。一说出削减方案，马上遭到教授们的反对。大家说：“研究经费本来就少得可怜，好多科研项目不能上马，正进行的一些研究工作也日子难熬，不能往纵深发展。再说，许多研究成果、论著因没钱不能印刷，再削减经费怎么得了？不行，不行！”校长根本不认真倾听教授们的意见，他强词夺理，说：“对于经费问题，你们没有发言权。学校是有钱人掏钱办的，只有有钱人才可以发言，在这个问题上应充分重视有钱人的意见。”

校长话音刚落，鲁迅霍地起身，从长衫里摸出两个银币：“啪”的一声放在桌上，说：“我有钱！我有发言权！”接着，他力陈经费只能增加不能减少的道理。论据充分，思路严密，无懈可击，驳得校长哑口无言，只得收回主张。教授们胜利了。

鲁迅先生在这里巧妙地将校长所说的“钱”（即财富，广义的钱）偷换成一分二分的零花钱的狭义的“钱”，从而以两个银币的“钱”为引子提出了自己的理由，使校长无话可说。巧以对方的谬论“只有有钱人才有发言权”，将自己的“小钱”掏出来拿到发言权，既诙谐，又讽刺，又能把意见表达出来，鲁迅不愧为一代大文豪。

层层剥笋，步步逼近

笋在成为竹子之前，是有多层外皮包裹的，剥笋时总得一层层地剔开，才能剥到所需要的笋心。所谓层层剥笋，就是在说服他人的过程中紧扣主题，从一点切入，由小至大，由远至近，由浅到深，由轻到重，逐层展开，直至揭示问题的本质，进而达到说服目的。恰当地运用层层剥笋术，可使我们的论证一步比一步深化，增强我们语言的说服力量。

有一天，孟子觉得齐宣王没有当好国君，于是对齐宣王说：“假如你有一个臣子把妻子儿女托付给朋友照顾，自己到楚国去了，等他回来时，他的妻子儿女却在挨饿、受冻，对这样的朋友该怎么办呢？”

齐宣王不知道孟子的用意，于是非常干脆地回答说：“和他绝交！”

孟子又问：“军队的将领不能带领好军队，应该怎么办呢？”

齐宣王也觉得问题太简单，于是以更加坚定的口气回答：“撤掉他！”

孟子终于问道：“一个国家没有治理好，那又该怎么办呢？”

齐宣王这才明白了孟子的意思——国家治理不好，应该撤换国君。虽然齐宣王不愿接受这种观点，但是在孟子层层剥笋的巧妙言说之下，也只有忍受这种观点了。

复杂难说的事要由浅入深地论证说明，假如孟子一开始就提出第三个问题，齐王肯定要愤怒。我们在劝说领导的时候可以使用这种方法。

战国时，楚襄王是个昏庸的国君。大夫庄辛直言进谏，楚襄王非但不听，还训斥庄辛是“老糊涂”。庄辛只好离开，到了赵国。不久，秦国占领了楚国大片的国土。楚襄王有所醒悟，于是把庄辛找回来商量对策。

庄辛于是变直言进谏为层层剥笋，连设四喻，从小到大，由物及人，层层递进，步步进逼：

“蜻蜓捕食虫子，自以为很安全，却不知道小孩子用粘胶捕捉它，一不留神就会成为蚂蚁的食物。黄雀俯啄白米，仰栖高枝，自以为无患，谁知公子王孙将要把它射下，调成佳肴。天鹅直上云霄，自以为无患，谁知射手要把它射下来，做成食物。蔡灵侯南游高丘，北登巫山，饮茹溪之水，食湘江之鱼，左手抱了年轻的美女，右臂挽着宠幸的姬妾，不以国政为事，哪知道子发受了楚王之命要把他杀掉。大王您左边有个州侯，右边有个夏侯，御车后跟着鄢陵君和寿陵君，食封地俸禄之米粟，用四方贡献的金银，同他们驰骋射猎于云梦之间，而不以天下国家为事。您不知穰侯正接受了秦王的命令，他们的军队要占领我们的国家，把大王驱赶到国外去呢！”

一席话，听得楚襄王“颜色变作，身体战栗”，到了非纳谏不可的境地。

战国时期，说服秦王破六国合纵从而兼并天下的张仪采用的也是层层剥笋的方法，至此，秦王才有了趁胜统一六国的决心。

张仪认为秦国缺乏远大的战略眼光，不能抓住大好战机，穷追猛打，使山东诸侯得以喘息，卷土重来，合纵攻秦，以致出现六国“当亡不亡”，秦国“当伯（霸）不伯”的局面。为了促进秦国统一六国的大业，张仪向秦昭王献策说：

“我听说，天下诸侯——赵与北方的燕、南方的魏，联合楚，拉拢齐，又纠合残余的韩，结成了合纵的局面，将要向西来与秦国对抗，我私下里讥笑它们不自量力。世上有三种导致灭亡的情况，而山东六国都具备了，大概说的就是它们的合纵吧！我听人说：‘混乱的国家去进攻安定的国家，就会灭亡；邪恶的国家去进攻正义的国家，就会灭亡；倒行逆施的国家去进攻顺天应人的国家，就会灭亡。’现在六国的财物不足，粮仓空虚，他们即使出动全部的士民，扩大军队至几十万、上百万，临战之时，前面有敌人雪亮的刀剑，后面是自己一方斩伐逃兵的斧子，可是士卒还是纷纷后退不肯死战。不是他们的百姓不能死战，而是六国的君主不能够使百姓死战。该奖赏的不给奖赏，该处罚的不处罚，赏罚都不能兑现，所以百姓不肯拼死作战。

“现在秦国颁发号令，施行赏罚，有功无功都视其业绩而定，没有偏私。秦人虽说从小生活在父母的怀抱之中，生来是不曾见过敌寇的，但是一旦听说打仗，便跺脚脱衣，踊跃参战，冒着敌人的刀剑，踏过地上的火炭，决心拼死，勇往直前的人到处都是。决心拼死和贪生怕死是不同的，秦国士民能做到决心拼死，是因为秦国提倡勇敢。因此，一个可以战胜十个，十个可以战胜百个，百人可以战胜千人，千人可以战胜万人，有一万人就可以战胜天下诸侯了。现在秦国的土地，截长补短，方圆数千里，威名远扬的军队数百万，再加上秦国号令赏罚严明，地理形势有利，天下各国没有哪个比得上。凭借这些有利条件对付天下诸侯，统一天下是很容易的。由此可知，只要秦军出战，没有不获胜的，进攻没有不能攻下的，抵挡的敌人没有不被打败的。按说一战就可以开拓国土几千里，可以建立很大的功劳。可是眼下军队疲惫，百姓困苦，积蓄用尽，土地荒芜，粮仓空空，周围的诸侯不肯臣服，霸王的名声没有成就，这没有别的原因，是因为谋臣没有尽忠的缘故。

“而且我听说，‘诚惶诚恐，小心戒惧，就能一天比一天谨慎’。只要做到谨慎地选择达到目的的途径，就能够统一天下。怎么知道是这样呢？从前，纣做天子，统帅天下百万将士，向左饮水于淇谷，向右饮水于洹河，淇谷的水喝干了，洹河的水也不流了，用这样众多的军队和周武王对抗。武王率领穿着白色盔甲的3000将士，只经过一天的战斗，就攻陷了纣的国都，活捉了他本人，占据了他的土地，获得了他的人民，而天下的人没有谁为纣哀伤。智伯统帅智、韩、魏三家的军队，到晋阳去攻打赵襄子，挖开晋水淹晋阳，历经三年，晋阳将要陷落了。襄子派遣张孟谈暗中出城，策动韩、魏毁弃与智伯的盟约，得到两家军队的配合，去攻打智伯的军队，捉住智伯本人，成就了襄子的功业。现在秦国所拥有的有利条件，天下没有哪个国家可以比得上。利用这些有利条件秦国是完全可以统一天下的。

“我冒着犯死罪的危险，向您进献的方略可以用来一举拆散诸侯的合纵，攻下赵国，灭亡韩国，使楚、魏称臣，使齐、燕来亲近，使您成就霸王之业，让四邻诸侯都来朝拜秦国。假如大王听了我的主张，一举而诸侯的合纵不能拆散，赵国不能攻下，韩国不被灭亡，楚、魏不来称臣，齐、燕不来亲近，您霸王之业不能成就，四邻的诸侯不来朝拜，大王就砍下我的头在全国示众，把我看作替大王谋划而不尽忠的人吧！”

张仪的陈词慷慨洒脱，逻辑严谨，秦王因此被说动，为统一天下的大业拉开了序幕。

运用层层剥笋法进行说服，需要在说服前，把论证方案设计得环环相扣，天衣无缝。如此一来，对方才有可能在我们的说服逐层展开的过程中“束手就擒”。

正话反说，旁敲侧击

旁敲侧击，即明知对某人某事不满，但并不直接进行陈述，而是采用迂回的方式表露自己的想法。

有个人在朋友家做客，天天喝酒，住了很久还没有启程之意，主人实在感到讨厌，但又不好当面驱逐。

一次两人面对面坐着喝酒，主人讲了这么一个故事：“在偏僻的路上，常有老虎出来伤人。有个商人贩卖瓷器，忽然遇见一只猛虎，张着血盆大口，扑了过来。说时迟，那时快，商人慌忙拿起一个瓷瓶投了过去，老虎不离开，又拿一瓶投了过去。老虎依然不动。一担瓷瓶快投完了，只留下一只，于是他手指老虎高声骂道：‘畜生畜生！你走也只有这一瓶，你不走也只有这一瓶！’”

客人一听，拔腿就走了。

旁敲侧击的另一个妙用在这里得到了体现——逐客令。主人明说虎暗指客，达到了逐客的目的。对于那些不自觉的客人，我们不妨使用这样的逐客法。避免正面交锋。

对于一些顽固不化的人来说，循规蹈矩的劝说，根本达不到效果，还不如以反话切入。

某企业待遇苛刻，下级职员苦不堪言。

在经济紧缩、差事难谋的情况下，又不好“一怒之下，摔冠而出”，只好多次向老板进言，但均无功而返。

一天，某部门经理灵机一动，想了一个计策，决定在老板面前试一试。

他对老板说：“公司员工都表示待遇太低，生活太艰苦，别的花费暂且不说，每月上班的交通费，也不胜负荷，教他们如何解决呢？”

老板说：“叫他们安步当车，一文不费，而且借此还锻炼了身体，不是一个好办法吗？”

此君摇摇头表示不行：“走破了鞋袜，搞不好还没钱换新鞋呢？我倒有个建议，希望老板出一布告，提倡赤足运动，要求大家赤足上下班，问题不就解决了吗？谁教他们命运太差，偏偏生活在这个时代！谁教他们不去想发财的门路，偏偏来我们公司上这样辛苦的班！他们坐不起公车客运，也不能鞋袜整齐地到公司来，都是活该！”

部门经理一面说，一面笑，弄得老板也不好意思起来，只好答应调整一下待遇。

老板不能骂，那就“骂”下属，拿他们的委屈作为谈资，老板不会听不出下级对他的抱怨。使用这种方法跟上司交流时要注意辅以微笑，这样可以一面间接说出自己的意见，一面缓解双方的压力。

当一个上司要责备属下时，也必须使用这种技巧。譬如，虽然你明明是要责备乙的不是，但你并不正面指责，而以旁敲侧击的方式来责备甲，因为此时你若是责备乙，乙的心里必感到难受，对日后的改进不见得就会有效，何况你们二人之间尚有一段距离。

但是为何又要责备甲呢？因平时你与甲之间已不存有隔阂，即使甲也犯了同样过错而受到上司的指责，也不会感到十分在意。但是，因为当时乙也在场，他听后心里会在想“原来这样的过错我也犯过”，于是乎你的目的便可望达到。

而此时的乙也绝不会认为反正这是别人的错，不关已事，反而会因为原来上司是在说我，但他并不责骂我，反而责骂他人来顾全我的脸面而感激不尽。

旁敲侧击的指责方式，对下属们是很能奏效的。

旁敲侧击，应从两个方面理解。一是要运用各种谋略，施加压力配合行动。

旁敲侧击的好处，在于不直接针对具体对象，然而通过故事的情境性，又能转换出受众对强调之物的感受性——所谓说的是那里的闲话，指的其实是这里的事情。

我们要特别注意，旁敲侧击术不是一种常用的方法，只能用在某些特殊的、偶然的场合，如果滥用此术去攻击同志和朋友，只能导致众叛亲离的恶劣后果。

以喻晓理

譬喻，可谓说辩艺术之精华。譬喻是用具体的、浅显的、熟知的事物去说明或描写抽象的、深奥的、生疏的事物的一种手法。说理中，取喻明显，把精辟的论述与绘声绘色的描绘糅合为一体，既能给人以哲理上的启迪，又能给人以艺术上的美感。

古希腊哲学家亚里士多德说过："比喻是天才的标志。"的确，善于譬喻，是驾驭语言能力强的表现。说理时运用贴切、巧妙的譬喻，可以生动地表情达意，增强说理的魅力。

春秋时，孔子弟子宓子贱奉命去治理鲁国的县城父，宓子贱担心鲁国君主听信谗人的坏话，使自己不能实行自己的主张，便在告辞上任的时候，请求带上鲁君身边的两个官吏跟自己一起去。

到了父，当地的官吏都来朝见。宓子贱让那两个官吏做书记。但他们一动笔，宓子贱就从旁边拽他们的胳膊肘。待他们记完，字迹不清。宓子贱又为此而大发脾气。这两个官吏对他这种做法十分愤恨，就告辞请求回去。

两个官吏回去以后，向鲁国君主禀报说："我们不能给宓子贱这个人当书记。"鲁国君主说："为什么？"官吏回答说："宓子贱让我们书写，却不时地拽我们的胳膊肘，写得不好又大发脾气，这就是我们所以要告辞离开的原因。"鲁君长叹说："宓子贱是用这种方式对我的缺点进行劝谏啊。我扰乱宓子贱，使宓子贱不能实行自己的主张，这样的事一定多次发生过了。假如没有你们出的笑话，我几乎要犯错误。"

于是鲁君就派人去父告诉宓子贱说："从今以后，父不归我所有，归你所有。凡是对父有利的事情，由你自己决定去做吧。五年以后再报告施政的要点。"于是宓子贱在父开始实行自己的主张，把当地治理得很好。

没有太多的口舌，只凭借一个比喻，宓子贱就让鲁君明白了他的意愿。平常生活中，我们也时不时地会运用到比喻，而且总是用最熟悉的东西来打比方。

某大工具制造公司所属的工厂，安排召开一次预算标准成本的研讨会。开会时，成本设计部门的负责人应邀说几句话。

他手里拿着该公司生产的一件产品："我想大家都知道这是什么？"席间立即传来一片"是温度计"的回答。

成本部门的主管说："我看得出来你们非常了解自己所置身的企业，现在你们再看看这是什么？"他又拿起公司所生产的另一件"名产"。

"调温器。"底下又是一片叫声。

"大家又说对了。"这位主管说，"现在你们已经知道什么是会计，什么是预算。这种售价数百元的温度计是一种'测量'的工具，它告诉我们测知的温度，和会计的功用完全一样。"

"而调温器——我拿的这种产品在外面只卖几块钱，是专门用来'控制'的工具。它不但告诉我们现在的温度，还可将温度控制在一特定的范围内，而预算的功用也是如此。"

"这次研讨会的目的就是告诉大家有关测量与控制的细节！"

这位主管巧妙地引用员工自己最为熟悉的产品来比做"预算"和"控制"，使枯燥无味的研讨会变得生动有趣，大大增强了说服的魅力。

类比也是设喻中的一种，类比喻理之所以能够有较强的说服力，在于"类"是启发人的"思路导体"，通过它人们可以对原本抽象的东西有一个感性、直观的认识。类比可开阔视野，说理能启发心智。

春秋时，楚王任用昭奚恤做国相，只跟他商量国家大事，很少再与其他大臣议事。昭奚恤为巩固自己在楚王身边的地位，也经常阻止别人来见楚王。江乙几次来见楚王，都被昭奚恤拒之门外。

有一天，江乙终于见到了楚王。江乙对楚王说："有个宠爱自己狗的人，他的狗向井里撒尿，邻居看见了，想去告诉主人，却被狗堵住门咬，不让进去。现在昭奚恤常常阻挠我来见您，就像恶狗堵门一样。您对专说好话的人就亲近；对爱指出缺点的人就疏远。人世间有儿子杀父亲，臣下杀君主的恶人，被杀的人却始终不知道。原因就在于他们爱听人对自己的称颂，不爱听别人对自己的指责啊！"

楚王听后恍然大悟。

运用类比喻理时，必须是两类事物具备同类属性，其"理"也必须是相通的，这样才能启发人，说服人。

比喻说理，浅显易懂，感人至深，但是比喻要恰当，方能说理精辟，设喻类比则要能旁征博引，举一反三为佳。

退一步，进两步

如果你是对的，你要坚持自己的观点，说服别人接受，那么最好试着用一种温和的态度和技巧达到目的。退一步实际上可以让你进两步，这就是以退为进的战术。

在说服对方之前先承认自己的错误，这对于大多数人来说很难做到，然而这确实会有助于使对方就范。

从卡耐基住的地方，只需步行一分钟，就可到达一片森林。春天，黑草莓丛的野花白白一片，松鼠在林间筑巢育子，马草长到高过马头。这块没有被破坏的林地，叫作森林公园。

卡耐基常常带雷斯到公园散步，这只小波士顿斗牛犬，和善而不伤人。因为在公园里很少碰到人，卡耐基常常不替雷斯系狗链或戴口罩。

有一天，他们在公园里遇见一位骑马的警察，这位警察迫不及待地表现出他的权威。

“你为什么让你的狗跑来跑去，不给它系上链子或戴上口罩？”他申斥道，“难道你不知道这是违法的吗？”

“是的，我知道，”卡耐基轻柔地回答，“不过我认为它不至于在这儿咬人。”

“你不认为！你不认为！法律是不管你怎么认为的。它可能在这里咬死松鼠或咬伤小孩。这次我不追究，但下回再让我看到这只狗没有系上链子或套上口罩在公园里的话，你就必须去跟法官解释啦。”

卡耐基客客气气地答应照办。

他的确照办了——而且是好几回。可是雷斯不喜欢戴口罩，卡耐基决定碰碰运气。事情很顺利，但好运不长。一天下午，雷斯跑在前头，直向那位警察冲去。

卡耐基决定不等警察开口就先发制人。他说：“警官先生，这下你当场逮住我了。我有罪，我没有借口，没有托词了。你上星期警告过我，若是再带小狗出来而不替它戴口罩你就要罚我。”

“好说，好说，”警察回答的声调很柔和，“我知道在没有人的时候，谁都忍不住要带这么一条小狗出来溜达。”

“的确是忍不住，”卡耐基回答，“但这是违法。”

“像这样的小狗大概不会咬伤别人吧。”警察反而为卡耐基开脱。

“不，它可能会咬死松鼠。”卡耐基说。

“哦，你大概把事情看得太严重了，”他告诉卡耐基，

“我们这样办吧。你只要让它跑过小山，到我看不到的地方，事情就算了。”

卡耐基没有花很多功夫在说服对方放他一马上，他只是抢先道了歉，主动承认了错误，对方就妥协了。凡人都希望得到尊重与重视，卡耐基让那位警察获得一种重要人物的感觉。

退一步的目的是为了进两步，先表同感是为了进而诱导说服。

有一次，汤姆搭出租车，因为司机正在收听棒球比赛的实况，所以他和司机也顺便聊些有关球队的问题。如：乙队如何，甲队又如何等等，当然在他尚未明了他心中的意向之前，没有轻言反对观点，唯恐引起对方的不快而影响到自己乘车的安全。

开始时，汤姆只是适当地附和对方，当确知对方意向与自己不甚相符时，便暂依其意，之后再以缓缓导向方式使其趋向乙方。这么做更易为对方接受，而且能避免宾主间的不快。但这种方式只在对方无明确的主见，或其主张不理想时，方才适用。

对方正发表高见时，你不妨频频点头以表同感，使对方感到你与他属同一道上的人，即使你提出或多或少的异议，他也不会在意，于是，你便可一步步陈述自己观点，最后，对方已不知不觉地将自己整个看法推翻。

若一开始便与对方唱反调，反而对自己不利。

会议进行时往往都会有争论的情况发生，当双方争论得面红耳赤时，争论的重点已非原来的论据，而转为为争论而争论的情况。如果某方以正面反驳，对方是绝不让步的，最终闹成了僵局。此时不妨运用“推不成，拉却成”的方法试试。

如某会议的与会者分成了两派系，甲方赞同的是A策略，乙方却赞同B策略，双方正僵持不下时，甲方突有一人发表了较客观的论点，说：

“仔细推想起来，B策略也有它的好处，并非一无可取。”

听了甲方如此一说，乙方立刻便有一名代表起立说：

“说实在的，A策略确实相当不错，是有其利用价值的。”

于是双方局势已趋缓和，同时A、B两策略也同时被采用了，并且甲乙双方也互相道歉言和了事，这就是“推不成，拉却成”的典型例子。

社会上就是有许多人并非以论据去作反对，往往是意气用事，强硬说服，为反对而反对，若有一方能稍作让步，对方就会不再强烈反对从而使气氛和缓下来。

又如吵架的一方正欲向对方挥拳时，若对方以和善的语气向他道歉，本欲挥下的拳头顿时失去了目标而缓缓垂下，一场火药味浓烈的争斗也顿时熄灭。

若有人与你唱反调，不妨以否定自己论调的方式引出对方的赞同。